KB151576

애완동물사육

—— 애완견 · 고양이 · 토끼 · 햄스터

안 제 국

부민문화사

머리말

애완동물 관련 산업은 급속한 핵가족화와 경제성장 등 선진국형 사회로 진입하면서 사육인구의 증가와 연간 2조원의 대규모 산업으로 성장하면서 부가가치를 창출하는 21세기 신 산업분야가 되었다.

이제 애완동물(愛玩動物, pet)은 야생동물을 순화시킨 단순한 가축(家畜, domestic animal)이 아니라 인간과 더불어 살아가는 반려동물(伴侶動物, companion animal)로 자리 매김하고 있다.

반려동물과 윤택한 삶을 공유하기 위해서는 동물을 사랑하는 마음만이 전부가 아니라, 이들의 생활과 사양에 대한 전문적 지식과 기술을 필요로 한다.

이러한 관점에서 애완동물 사육 교과서는 [제1장] 애완견 사육 기술 [제2장] 고양이, 토끼, 햄스터 사육기술로 구성되었으며 각 장마다 사육 기원과 인간과의 관계, 형태와 특성, 품종과 선택, 번식 생리, 사양 관리, 미용 및 훈련, 질병의 예방과 위생 등 기초적인 이론과 실기를 현장 중심으로 편찬하여 실무능력을 배양할 수 있도록 하였다.

또한 복잡하고 어려운 내용을 이해하기 쉽게 그림, 삽화, 도표 등을 활용하여 시각적으로 명확한 이해를 도울 수 있도록 하였으며 문장의 어려운 내용을 풀이한 용어의 정의, 반드시 알아야 할 사항은 알아두기, 심화 학습이 필요한 부분은 보충학습 등으로 구분하여 학습 효과를 높이도록 하였다.

각 단원마다 필요한 실기 과제는 자기 주도적 실습이 이루어지도록 실습 단원을 두어 실기 능력 향상을 꾀하였고 애완동물에 관련된 상식, 뉴스 등의 읽을거리는 학습에 대한 흥미와 안목을 심어줄 것이다.

아무쪼록 이 책이 농업계 고등학교 학생, 펫숍 경영자, 번식업자, 가정에서 애완동물을 기르는 모든 분들의 벗이 되어 전문적인 지식과 감각, 기술을 겸비한 유능한 전문인이 되길 바란다.

지은이

차 례

제1장　애완견 사육 기술

Ⅰ　애완견의 이해

1 애완견의 기원과 정의 12
　1. 애완견의 기원 / 12
　2. 애완견의 분류와 정의 / 13

2 애완견과 인간 16
　1. 애완견 사육의 역사 / 16
　2. 인간과 애완견 / 16
　3. 우리나라의 토종견 / 18
　■ 학습 결과의 정리 및 평가 / 22

Ⅱ　애완견의 형태와 특성

1 애완견의 형태 26
　1. 외모와 골격의 형태 / 26
　2. 견체 부위별 형태와 특징 / 28

2 애완견의 특성 38
　1. 생리적 특성 / 38
　2. 감각적 특성 / 40
　3. 심리 · 행동적 특성 / 40
　4. 애완견의 본능과 능력 / 42
　■ 학습 결과의 정리 및 평가 / 45

Ⅲ　애완견의 품종과 선택

1 애완견의 주요 품종 50
　1. 초 소형견 품종 / 50
　2. 소형견 품종 / 52
　3. 중형견 품종 / 55
　4. 대형견 품종 / 56
　5. 초 대형견 품종 / 61

2 애완견의 선택 기준 63
　1. 사육장소에 의한 선택 / 63
　2. 가족 구성원에 따른 선택 / 64
　3. 암 · 수의 선택 / 65
　4. 체중과 크기에 따른 선택 / 66
　5. 성격과 외모에 따른 선택 / 67
　6. 용도에 따른 선택 / 68

3 애완견 선택의 실제 69
　1. 체형과 외모의 관찰 요령 / 69
　2. 건강 상태 관찰 요령 / 70
　3. 애완견의 구입 시기와 방법 / 70
　4. 애완견의 혈통증명서 / 72
　■ 학습 결과의 정리 및 평가 / 74

Ⅳ 애완견의 사육 시설과 기구

1 애완견사 ································ 78
  1. 실외형 애완견사 / 78
  2. 실내형 애완견사 / 80

2 애완견 관리 기구 ···················· 81
  1. 사양 관리 기구 / 81
  2. 운동 관리 기구 / 82
  3. 미용 관리 기구 / 83
  ▣ 학습 결과의 정리 및 평가 / 85

Ⅴ 애완견의 번식 생리

1 애완견의 생식 기관 ················ 88
  1. 수캐의 생식 기관 / 88
  2. 암캐의 생식 기관 / 90

2 애완견의 번식 생리 ················ 92
  1. 성 성숙과 번식 적령기 / 92
  2. 발정 / 92
  3. 교배 / 96
  4. 임신과 관리 / 98
  5. 분만과 관리 / 101

3 애완견의 인공수정 ················ 107
  1. 인공수정의 장 · 단점 / 107
  2. 정액의 채취 / 108
  3. 정액의 성상 / 109
  4. 정액의 주입 / 109
  ▣ 학습 결과의 정리 및 평가 / 112

Ⅵ 애완견의 사양 관리

1 영양소의 소화와 흡수 ··········· 118
  1. 소화 기관과 작용 / 118
  2. 영양소의 소화와 흡수 / 119

2 영양소의 대사작용 ··············· 120
  1. 영양소의 분류 / 120
  2. 영양소의 대사작용 / 121

3 애완견의 영양과 사료 ··········· 125
  1. 에너지 요구량 / 125
  2. 품종에 따른 영양소 요구량 / 126
  3. 애완견의 사료 / 126

4 애완견의 사양 관리 ··············· 131
  1. 포유기의 사양 관리 / 131
  2. 강아지의 사양 관리 / 133
  3. 성견의 사양 관리 / 133
  4. 계절에 따른 사양 관리 / 134
  5. 건강 상태에 따른 사양 관리 / 136
  ▣ 학습 결과의 정리 및 평가 / 138

Ⅶ 애완견의 미용 관리

1 목욕시키기(샴핑, 린싱, 드라잉) ······· 144
  1. 샴핑 / 144
  2. 린싱 / 145
  3. 드라잉(털 건조하기) / 145

② 발톱 깎기 · 치석 제거 ──────── 150
  1. 발톱 깎기 / 150
  2. 양치질과 치석 제거 / 152

③ 귀 청소 · 눈물 자국 지우기 ──────── 153
  1. 귀 청소하기 / 153
  2. 눈물 자국 지우기 / 153

④ 애완견의 털 손질 ──────── 155
  1. 털 손질 시기와 방법 / 155
  2. 털 손질 기구의 종류 / 155
  3. 털 손질 기구의 사용법 / 158

⑤ 애완견 염색하기 ──────── 160
  1. 염색 방법 및 순서 / 160

⑥ 래핑(종이 말아싸기) ──────── 162
  1. 래핑 시 주의 사항 / 162
  2. 래핑의 순서와 방법 / 162
  3. 미용 용어의 해설 / 164

⑦ 도그쇼(전람회) ──────── 165
  1. 도그쇼의 기원과 역사 / 165
  2. 도그쇼 심사의 종류 / 166
  3. 도그쇼 심사의 관점 / 167
  4. 도그쇼 용어 해설 / 168
  ■ 학습 결과의 정리 및 평가 / 169

Ⅷ 애완견의 훈련 (길들이기)

① 배변 훈련(대 · 소변 길들이기) ──── 174
  1. 배변 훈련의 시기 / 174
  2. 배변 훈련의 방법 / 174

② 애완견 훈련의 기초 ──────── 177
  1. 훈련의 중요성 / 177
  2. 훈련의 기본 자세 / 177

③ 훈련의 실제와 스포츠 ──────── 180
  1. 소형견의 실내 훈련 / 180
  2. 중 · 대형견의 실외 훈련 / 181
  3. 애완견 스포츠 / 184
  ■ 학습 결과의 정리 및 평가 / 188

Ⅸ 애완견의 질병과 위생

① 질병의 조기 발견 ──────── 192
  1. 질병 예방과 건강 진단 / 192
  2. 증상에 따른 질병의 진단 / 193

② 애완견의 전염병 ──────── 195
  1. 파보 바이러스 감염증 / 195
  2. 디스템퍼(홍역) / 196
  3. 전염성 간염 / 196
  4. 렙토스피라증 / 198
  5. 전염성 기관지염 / 199
  6. 코로나 바이러스성 장염 / 199

7. 광견병 / 200

8. 브루셀라 / 202

9. 톡소플라스마 / 202

3 애완견의 예방 접종과 간호 ·········· 204

1. 예방 접종 방법 / 204

2. 예방 접종 시 주의점 / 205

3. 애완견의 간호 / 206

4 애완견의 기생충 ·········· 207

1. 내부 기생충 / 207

2. 외부 기생충 / 211

5 애완견의 응급처치 ················· 212

1. 열사병과 일사병 / 212

2. 인공호흡법 / 212

3. 구토의 처치 / 213

4. 부상 동물의 취급과 처치 / 214

5. 쇼크의 처치 / 215

6. 이물질, 유독 물질의 섭취 / 216

7. 화상의 처치 / 216

■ 학습 결과의 정리 및 평가 / 219

제2장　　고양이 · 토끼 · 햄스터 사육 기술

Ⅰ　고양이 사육 기술

1 고양이의 기원과 특성 ·········· 226

1. 고양이의 기원 / 226

2. 고양이의 특성 / 226

2 고양이의 품종과 선택 ·········· 230

1. 고양이의 품종 / 230

2. 고양이의 선택 / 236

3 고양이의 번식과 육성 ·········· 238

1. 고양이의 번식 / 238

2. 고양이의 육성 / 240

4 고양이의 관리 ················· 243

1. 고양이의 이빨 관리 / 243

2. 고양이의 배변 길들이기 / 243

3. 고양이의 발톱 관리 / 244

4. 고양이의 털 손질하기 / 245

5. 고양이 목욕시키기 / 246

5 고양이의 질병과 예방 ──── 247
1. 고양이의 건강 관리 / 247
2. 고양이의 전염병 / 247
3. 전염병의 예방 접종 / 249
◼ 학습 결과의 정리 및 평가 / 250

Ⅱ 토끼 사육 기술

1 토끼의 기원과 특성 ──── 254
1. 토끼의 사육 기원과 분류 / 254
2. 토끼의 특성 / 256

2 토끼의 품종과 선택 ──── 260
1. 토끼의 주요 품종 / 260
2. 토끼의 선택 / 264

3 토끼의 번식과 육성 ──── 266
1. 토끼의 번식 / 266
2. 토끼의 사육 준비 / 269
3. 토끼의 영양과 사료 / 269
4. 토끼의 사양 관리 / 273

4 토끼의 관리 ──── 275
1. 토끼의 배변 훈련 / 275
2. 토끼 다루기 / 276
3. 토끼 손질하기 / 276
4. 토끼집 청소하기 / 277

5 토끼의 질병과 예방 ──── 278
1. 질병의 조기 발견 / 278
2. 질병의 예방과 치료 / 279
3. 전염병의 예방 접종 / 281
◼ 학습 결과의 정리 및 평가 / 282

Ⅲ 햄스터 사육 기술

1 햄스터의 사육 기원과 특성 ──── 286
1. 햄스터 사육의 기원 / 286
2. 햄스터의 형태와 특성 / 287

2 햄스터의 품종과 선택 ──── 290
1. 햄스터의 주요 품종 / 290
2. 햄스터의 선택 / 292

3 햄스터의 번식과 육성 ──── 293
1. 햄스터의 번식 / 293
2. 햄스터의 사육 준비 / 295
3. 햄스터의 사양 관리 / 296
4. 햄스터의 관리 / 298

4 햄스터의 질병과 예방 ──── 301
1. 질병의 조기 발견 / 301
2. 질병의 예방과 치료 / 302
◼ 학습 결과의 정리 및 평가 / 304

부 록

FCI의 애완견 그룹별 분류기준 ──── 306
찾아보기 ──── 311
참고문헌 및 인터넷 사이트 ──── 318

제 1 장

애완견 사육 기술

　국민소득의 향상과 함께 경제적, 시간적 여유로움이 생기면서 애완동물을 사육하는 인구가 급속히 증가하고 있다. 따라서 애완동물 산업의 발달로 인한 전문 인력의 양성이 시급한 실정이다.

　애견센터 경영인, 번식업자, 애견 미용사 등은 애완동물에 대한 전문적인 지식과 기술을 갖추어야 한다.

애완견의 이해

1. 애완견의 기원과 정의

2. 애완견과 인간

✽ 학습 결과의 정리 및 평가

I

애완견은 포유류 중 가장 먼저 가축화되었으며 전 세계에 400여 품종이 있고 인간의 반려동물로 사육 인구가 날로 증가되고 있다.

이 단원에서는 애완견의 기원, 분류와 정의, 인간과 애완견의 관계, 우리나라 토종견의 품종과 사육기원에 대하여 학습함으로써 애완견에 대한 폭넓은 이해를 돕기로 한다.

1. 애완견의 기원과 정의

학습목표

1. 애완견의 기원과 정의를 설명할 수 있다.
2. 애완견을 용도에 따라 분류할 수 있다.

1. 애완견의 기원

포유동물의 기원은 약 2억 년 전의 공룡시대이며 그 후 5~6천만 년 전 족제비나 스컹크를 닮은 마이어서스 (Miacis)가 갯과동물의 조상일 것으로 추정하고 있다.

애완견은 현존하는 갯과의 육식동물(고양이, 미국 너구리, 족제비, 곰, 하이에나, 망구스, 개) 중의 한 종류로 개의 진화에 대해서는 다양한 이론들이 있다. 늑대, 여우, 자칼은 개의 직접적인 선조라고 주장하는 이론과 품종의 다양성으로 미루어 야생 선조가 2종류 이상의 동물이라는 이론이 있다. 그러나 근대 진화론자들은 늑대가 인간에게 순화되어 진화되었을 가능성이 높다고 보고 있다.

늑대 두개골의 전두판, 이빨의 배열과 돌출 정도, 귀의 모양, 입의 위치 등 신체적인 특징과 늑대의 행동과 습성, 사회적인 구조와 생활상이 인간과 매우 유사하기 때문에 인간과 늑대의 공동생활이 가능해 졌을 것이고 이 과정에서 자연 발생적으로 또는 우리 인간의 목적에 맞추어 다양한 품종의 애완견이 만들어졌을 것으로 생각된다.

오늘날 우리가 볼 수 있는 애완견은 지금으로부터 1만 5천년 전 인도에 살고 있는 회색 늑대(학명: *Canis lupus pallipes*)의 소형 남방계를 개의 조상으로 보고 있다.

2002년 스웨덴 왕립기술연구소의 과학자들이 전 세계 500종 이상의 개의 DNA를 분석한 결과, 동아시아의 개가 유전적 다양성이 가장 풍부한 것으로 나타났다. 이는 이 지역의 개가 가장 오래 전에 가축화되었음을 의미하는 것이다.

따라서 지구상에 퍼져 있는 모든 개의 조상은 동아시아에서 길들여진 회색 늑대라는 연구 결과가 나왔다.(사이언스 2002. 11. 22)

오늘날 북미와 남미에 살고 있는 개와 과거 아메리칸 인디언이 길렀던 미국 토종개도 모두 이 지역 토종이 아닌 유라시아의 동일 모계의 후손임이 밝혀졌다. 연구팀은 인류가 1만 4천 년 전 베링 해협(러시아와 알래스카 사이)을 건너 미주 대륙에 정착할 무렵 가축으로 데리고 간 회색 늑대가 이들의 조상일 것으로 추정하고 있다. 당시 회색 늑대(회색 늑대는 이름과는 달리 털의 색깔이 매우 다양하다)는 유럽, 아시아, 북아메리카 대륙 등지에 널리 분포되어 있었으며 그 후 유럽 늑대, 티벳 늑대, 인도 늑대 등의 아종으로 분화되었다.

그밖에 인도 북부와 티베트에 서식하고 있는 털 많은 늑대와 중동 사막지방에 살고 있는 사막 늑대 등도 거론되고 있으나 확실하지는 않다.

2. 애완견의 분류와 정의

1. 애완견의 분류

애완견의 동물 분류학상 위치는 척추동물문(Vertebrata), 포유동물강(Mammalia), 식육목(Canivora), 갯과(Canidae), 개속(*Canis*), 개(*Canis familiaris*)에 속하는 동물로 한자로는 견(犬), 구(狗), 술(戌) 등으로 표기한다.

애완견의 염색체 수는 78개(우: 76XX, ♂: 76XY)로 현존하는 갯과 육식동물(고양이, 미국 너구리, 족제비, 곰, 하이에나, 망구스, 개) 중의 한 동물이다.

애완견을 분류하는 기준은 각 나라마다 차이가 있으며 그룹을 구성하는 품종에도 차이가 있다. 세계애견연맹(FCI)은 다음과 같이 10그룹으로 분류하고 있다.

참고 FCI(세계애견연맹) 1911년 5월 22일 설립되었으며 80여 개국이 가입되어 있다. 330여 종의 견종을 공인하고 있다.

- 1그룹: 목양견 그룹(Herding Group): 십 도그와 캐틀 도그(Sheep dogs & Cattle dogs)
- 2그룹: 사역견 그룹(Working Group): 핀셔, 슈나우저, 몰로시안, 스위스 캐틀 도그(Pinscher, Schnauzer, Molossian Type & Swiss Cattle dogs)
- 3그룹: 테리어 그룹(소형 조렵견 Terrier)
- 4그룹: 닥스훈트 견종(Dachshunds)
- 5그룹: 스피츠와 프라이미티브 견종(Spits & Primitive Types)
- 6그룹: 후각 수렵 견종(세인트 하운드견종; Scent Hounds)
- 7그룹: 조렵 견종(포인팅 견종; Pointing Dogs)
- 8그룹: 영국 총렵 견종(리트리버, 플러싱 독과 워터 도그 견종; Retrievers, Flushing Dogs & Water Dogs)
- 9그룹: 반려견과 애완 견종(Companions & Toys)
- 10그룹: 시각 수렵 견종(사이트 하운드 견종 Sighthounds)

미국의 AKC 분류방법으로는 목양견 그룹(Herding Group), 사역견 그룹(Working Group), 조렵견 그룹(Sporting Group), 대형 수렵견 그룹(Hound Group), 소형 수렵견 그룹(Terrier Group), 애완견 그룹(Toy Group), 논 스포팅 그룹(비 조수렵견; Non Sporting Group)으로 나누기도 한다.

보충학습   미국의 AKC 분류방법

▶ 스포팅 그룹(조렵견): 조류 사냥개로 사냥감을 발견, 몰이, 물어오는 개
▶ 하운드 그룹(수렵견): 대형 야생동물을 추적, 공격, 포획하는 개
▶ 워킹 그룹(사역견): 번견(문지기), 사냥개, 목양견, 썰매견, 맹도견, 구조견, 군용견 등
▶ 테리어 그룹(소형 수렵견): 소형 짐승과 굴속의 너구리 등을 잘 잡는다.
▶ 토이 그룹(애완견): 애완용으로 사육되는 소형의 개
▶ 논 스포팅 그룹(비 조수렵견): 어느 그룹에도 속하지 않는 품종
▶ 허딩 그룹(목양견 그룹): 양을 비롯한 가축 몰이를 하는 개

2. 애완견의 정의

1 협의의 애완견

협의의 애완견은 관상, 애완을 목적으로 사육하는 토이 도그(toy dog)로 장난감 같은 개 또는 장난감으로 기르기 위하여 개량된 품종의 견종을 말한다. 이 견종은 비교적 동작이 민첩하고 영리하며 실내에서 사육하기 쉬운 소형 또는 초소형 견종을 말한다.

일반적으로 다음과 같은 특징을 가진 품종을 애완견 그룹(토이 도그)이라고 한다.

① 소형 또는 초소형일 것(체고 25~28cm 이하, 체중 3.2~3.5kg 이하).

② 외관상 아름다움이 있을 것(털빛, 털 길이, 무늬, 촉감, 체형 등).

③ 영리하고 명랑하며 사람을 잘 따르는 성격일 것.

주요한 품종은 푸들, 치와와, 요크셔 테리어, 말티즈, 퍼그, 시추, 페키니즈, 미니어처 핀셔, 포메라니언 등이 있다.

2 광의의 애완견

광의의 애완견은 크기와 체중에 관계없이 모든 견종을 애완견으로 보는 입장이다. 따라서 털색이 아름다운 보르조이, 골든 리트리버, 시베리안 허스키 등 중·대형견들도 애완용으로 인식이 바뀌고 있다. 애완견은 혈통, 원산지, 체형의 크기, 사육 목적과 용도 등 다양하게 분류할 수 있으나 대부분 사육 목적과 용도에 따라 분류한다.

| 말티즈 | 요크셔 테리어 | 골든 리트리버 | 시베리안 허스키 |

그림 1-1-1   애완견의 품종

2. 애완견과 인간

1. 인간과 애완견의 상호 관계를 설명할 수 있다.
2. 우리나라 토종개의 종류와 특징을 설명할 수 있다.

1. 애완견 사육의 역사

그림 1-1-2

고대 벽화 속의 개와 인간

애완견은 포유류 중 가장 먼저 가축화되었으며 현재 세계 애견연맹(FCI)에 공인된 품종은 80여 개국의 약 331종에 달한다. 인간이 개를 사육했다는 가장 오래된 기록은 페르시아의 베르트 동굴의 것으로 BC 9천 5백 년경으로 추산되고 있다. 이어서 BC 9천 년경의 것으로 추산되는 독일 서부의 셍켄베르크 개는 크기와 두개골의 형태가 오스트레일리아의 딩고라는 품종과 놀랍게도 거의 같다.

그 후 신석기시대에는 몇 품종이 사육되었는데, 최초의 가축화는 적어도 제4빙하기로 거슬러 올라간다고 보고 있다. 고대 이집트의 여러 유물에는 개들이 다양하게 그려져 있었고 피라미드에서는 개가 파라오의 미이라와 같이 발견되었다.

신석기시대 이후부터 인간의 필요에 의해 개를 인위적으로 개량하여 많은 품종을 만들어 인간 가족의 일원이며 유익한 가축으로 사육해 왔다.

2. 인간과 애완견

애완견은 약 1만 2천 년~2만 년 전 구석기시대 후반기부터 인간과 동반자로서 생활하면서 맹수의 접근 감시, 집 지키기, 동반 사냥 등을 한 것으로 추정하고 있다.

애완견은 옛날부터 번견(番犬)으로 사육되어 왔으며 고대 이집트에서는 여자들의 방을 지키는 번견으로 사육되었고 고대 로마에서는 투견용으로 또는 군용견으로 전쟁터에서 쓰이기도 하였다.

우리나라에서 언제부터 개가 길러졌는지는 정확히 알 수 없으나 구석기시대 무덤에서 개의 뼈가 나온 것으로 미루어 기원전 4~5천 년 전으로 추정하고 있다. 이같이 오랜 세월을 거치면서 돌연변이나 교잡을 통해 생겨난 특유의 유전형질을 갖춘 품종이 지리적 요인에 의해 다양한 품종의 토종개로 고착화되었을 것으로 보고 있으며 외래종과의 교잡으로 멸종위기에 있다. 그러나 최근 삽살개, 진돗개, 제주개, 거제개, 오수개 등을 중심으로 보존운동과 정형화 노력이 이루어지고 있다.

우리나라에 전래되는 민속으로 흰 개는 병마, 재앙을 막는 능력이 있고 가운을 길게 한다고 여겼으며, 누런 개는 풍요와 다산을 상징하며 보신의 약효가 있다고 믿었다. 용맹스럽고 주인에게 충직하여 충견, 의견의 설화도 많이 전해 오고 있다. 한편 격이 낮고 비천함을 비유한 속담이나 욕설도 많이 있다.

오늘날 애완견은 가축의 범주를 벗어나 반려자로서 가족의 일원으로 생활하게 되었으며 용도는 매우 다양하다. 수렵, 경비, 목축(가축몰이), 추적, 수색, 정찰 및 탐색, 수레나 썰매 끌기, 군용, 맹인 안내, 인명구조, 투견, 스포츠, 경주(Race), 곡예, 애완용, 의학 실험용, 식용, 심부름, 통신수단, 작업개 등 아주 다양하게 이용되고 있으며 최근에는 정신과 치료, 소아 및 재활치료 등 폭넓게 활용되고 있다. 또한 복잡한 사회생활에서 오는 압박감이나 스트레스 해소, 생명의 신비와 존엄성, 사랑, 생명의 존엄성 등을 느끼게 해주는 역할까지도 하고 있다.

1874년 견종의 표준화와 품평회를 목적으로 케널 클럽(KENNEL club)이 설립되었고 인간과 애완견의 관계에 변화를 가져왔다. 우리나라는 1991년 5월 31일 동물보호법이 제정되었으며, 2002년 5월 31일 애견 관련 단체를 중심으로 '애견의 날'이 선포되었다.

참고 케널 클럽

견종의 표준화와 애완견의 품평회를 개최할 목적으로 설립된 단체를 말한다. 각국의 케널 클럽에서는 애완견의 혈통관리 및 증명서 발급, 견사호 등록 및 관리, 신품종 연구 및 국제공인시스템 구축, 교배 및 번식 감리, 품평회 개최, 애견훈련사 · 애견미용사 · 핸들러 교육 및 자격증 수여 등을 실시하고 있다.

3. 우리나라의 토종견

우리나라 개의 기원은 확실하지 않으나 중국 당(唐)나라 문헌에 제주에서 개를 사육하여 그 가죽으로 옷을 만들었다는 기록이 있는 것으로 보아 옛날부터 사육되었음을 추측할 수 있다. 예로부터 개가죽으로 장구를, 꼬리로 비를, 털가죽으로 방한용 외투와 모자 등을 만들었다. 한국·중국 등 동양의 일부에서는 식용으로도 이용하였다.

우리나라의 재래종 토종견은 진돗개, 풍산개, 삽살개, 제주개, 거제개, 오수개 등이 있으며 사냥용, 호신용으로 매우 우수한 품종으로 인정받고 있다.

1. 진돗개

그림 1-1-3   진돗개(백구와 황구)

진돗개는 전남 진도(珍島)가 원산지로서 털 빛깔에 따라 황색형(황구)과 백색형(백구), 흑색형(흑구), 네눈박이, 재색형 등이 있다. 머리가 역삼각형 또는 팔각형이며 배가 위로 올라붙었고 황색형은 주둥이 주변이 검은색이며 꼬리털은 몸 털에 비해 길다. 감각이 매우 예민하고 우수한 품성으로 충직성과 복종심, 귀가성, 비유혹성, 용맹성과 수렵성이 뛰어난 사냥개이다.

진돗개는 1962년 12월 3일 천연기념물 제53호로 지정되었으며 고유 혈통을 국가적인 차원에서 보존하기 위해 1967년 1월 16일 한국진돗개 보호육성법을 제정하여 세계적인 명견으로 보호·육성하기 위해 국가적인 차원에서 보존·관리되고 있다.

세계애견연맹(FCI)은 2004년 5월 9일 진돗개를 국제 공인견종으로 정식 등록키로 결정하였다. 이에 따라 2005년 아르헨티나에서 열리는 월드 도그쇼 기간 중 진돗개가 국제공인 견종 리스트에 오르게 된다. 현재 80여 개국 331종의 각국 대표 견종이 등록돼 있는 FCI로부터 우리나라의 개가 공인받기는 이번이 처음이다.

2. 풍산개

풍산개는 함경남도 풍산군(현재 양강도 김형권군) 풍산, 갑산, 혜산이 위치한 개마고원 일대가 원산지이며, 북한 천연 기념물 제128호로 지정된 토종개이다. 풍산개는 사람에게는 성질이 온순하지만 동물 앞에서는 민첩하고 용맹스러워 맹수 사냥개나 군견으로 활용되며, 몸집은 진돗개보다 체고가 10cm 정도 큰 중대형이다.

그림 1-1-4 풍산개

몸 전체가 황백색 또는 회백색의 빽빽한 털로 덮여 있고 동작이 빠르고 매우 영리하며, 머리는 둥근형이고 입이 크며, 굵은 목에 가슴 폭이 넓고 유난히 큰 발톱의 튼튼한 앞다리와 팔자로 벌어진 뒷다리의 체형을 갖고 있다. 추위와 질병에 강하며 후각과 청각, 수색능력이 매우 발달되어 천부적인 사냥 본능을 지니고 있다.

3. 삽살개

우리나라의 3대 토종개 중 하나로 '삽사리'라고도 불리는 삽살개는 강원도, 경북 경주지방을 중심으로 한반도의 남동부 지역에 서식하였으나 일제시대 때 토종개 박멸정책으로 거의 멸종되었다. '삽'(없앤다. 또는 쫓는다) '살'(귀신, 액운)개라는 이름에서도 알 수 있듯이 예전부터 '귀신 쫓는 개'로 알려져 왔다.

그림 1-1-5 삽살개

예로부터 용맹함과 강인함의 상징으로 되어 있으며, 체질도 강하여 추위를 잘 견디며 주인에 대한 복종심이 강하다. 온몸이 긴 털로 덮여 있고 귀는 축 늘어져 있으며 눈과 입가에 긴 털이 더부룩하게 나 있다. 털색깔에 따라 청 삽살개와 황 삽살개로 구분되는데, 청 삽살개는 흑색 바탕에 흰 털이 고루 섞여 흑청색 또는 흑회색을 띠고 달빛을 받으면 털이 푸르스름한 빛을 띤다. 황 삽살개는 황색 바탕이다. 이 둘은 색깔의 차이 외에는 구별점이 없다.

1992년 3월 7일 천연기념물 제368호로 지정되었으며 현재 '한국 삽살개보존회'에서 보호·육성하고 있다.

4. 제주개

제주견의 유래는 정립된 학설은 없고 도입경위도 불분명하나 약 5천 년 전에 중국의 절강견이 제주도가 몽고 지배권에 있을 때 몽고말을 지키기 위해 목마견으로 유입되었다는 설과 진도견이 유입되어 토착화되었다는 설이 있으나 문헌적인 기록은 없다.

제주개는 날렵하고 야성이 강해 노루, 꿩, 오소리 사냥을 잘했으며, 오소리 사냥 때에는 굴까지 따라 들어가는 것으로 전해지고 있다. 외형적 특징은 이마가 넓고 입술은 여우와 비슷하며 다리는 가늘고 가슴이 넓으며 꼬리털은 길고 낫을 거꾸로 세운 모양을 한 형태이다. 모발은 굵고 밀생하며, 모색은 황색을 띠고 체중은 12~20kg내외의 중형견이다. 청각, 후각, 시각 등 감각이 잘 발달되어 있으며 주인을 잘 따르고 귀소성이 강하다. 현재 제주도 축산진흥원에서 보존하여 육성하고 있다.

'애견의 날'제정

"사람과 개의 신의를 지킵시다!"

2002년 5월 31일 우리나라 최초로 '애견의 날'이 선포되었다. 이는 우리나라의 동물보호법(1991. 5. 31. 제정)이 최초로 제정된 날인 5월 31일을 기념한 것이다. 또한 지구상의 동물 중 학명에 '가족'이라는 뜻이 들어간 유일한 동물이 애완견(*Canis familiaris*)라는 점에서 가정의 달인 5월을 '애견의 달'로 지정하였다.

토론하기

개고기 식용 문제 – 어떻게 생각하는가?

2002년 한일 월드컵 행사 때, 프랑스의 여배우 브리지트 바르도가 한국의 개고기 식용문제에 대해 비난한 사실이 있다. 이에 우리나라 사람들의 일부는 문화의 다양성을 인정해야 한다는 논리로 대응하기도 하였다. 우리나라의 개고기 식용문화와 외국의 애견 문화를 비교하면서 토론해 보자.

충견 '진돗개 백구' 식음 전폐 그 날 이후

주인이 숨지자 곡기를 끊어 화제가 되었던 백구.
세간에 알려지지 않은 백구의 X파일을 공개한다.

1. 백구가 상복을 입을 뻔한 사연

백구의 주인 박○○씨가 숨을 거두자 백구는 3일 밤낮을 곡기를 끊은 채 시신 곁을 맴돌았다. 빈소를 찾는 조문객들이 뜸한 시간대에는 시신 곁에 다가가 앞발로 끌어안고 핥는 등 주인에 대한 진한 그리움을 드러냈다. 이 때문에 동네주민들은 백구에게 상복을 입혀 상주 노릇을 시켜야 한다는 진지한 논의가 벌어졌지만 실행에 옮겨지지는 않았다.

2. 백구는 개의 탈을 쓴 인간?

고인은 숨을 거두기 직전 자신의 시신을 전남대병원에 실습용으로 기증할 것을 당부했다. 이에 염을 담당하던 병원직원들은 고인의 두 손을 묶는 순간 깜짝 놀랐다. 쇠줄에 묶여 있던 백구가 이빨로 줄을 끊고 들어와 사납게 짖으며 작업을 못하게 방해를 했기 때문이다. 고인의 누나 박○○씨가 달래다 못해 매를 들이댔지만 백구는 침대에 머리를 처박고 꼼짝도 안 해 방안은 순식간에 숙연함이 감돌았다고 한다.

백구의 기행은 여기서 그치지 않았다. 백구는 고인의 유품을 정리하면서 태우기 위해 내다버린 옷을 모두 물어다 처마 밑에 쌓아 놨고, 비가 내리는 날에는 젖지 않도록 화분대 위에 올려놓는 영민함을 보이기도 했다.

3. 억만금을 주어도 못 사는 백구! 탐은 나지만 가질 수는 없다.

백구는 진도군 진돗개 심의위원회 주관으로 열리는 진돗개 심사에서 우수한 성적을 받아 순종으로 판정 받은 우수견이다. 진도군은 진돗개의 혈통을 보존하기 위해 제정된 '진돗개 보호육성법'에 따라 6개월 이상 된 개를 대상으로 매년 두 차례 정기심사를 거쳐 순종과 잡종견을 가려 순종으로 판정될 경우 외지로 반출이 금지된다.

(출처: 2002. 9. ○○뉴스)

단원 학습 정리

❶ 애완견은 현존하는 개과의 육식동물(고양이, 미국 너구리, 족제비, 곰, 하이에나, 망구스, 개) 중의 한 종류이다.

❷ 오늘날 우리가 볼 수 있는 애완견은 지금으로부터 1만 5천년 전 인도에 살고 있는 회색 늑대(학명: *Canis lupus pallipes*)의 소형 남방계를 개의 조상으로 보고 있다.

❸ 애완견은 동물 분류학상 척추동물문, 포유류강, 식육목, 갯과, 개속에 속하는 동물로 한자는 견(犬), 구(狗), 술(戌) 등으로 표기하며 학명은 *Canis familiaris*이다.

❹ 협의의 애완견은 관상, 애완을 목적으로 사육하는 토이 도그(toy dog)로 장난감 같은 개, 또는 장난감으로 기르기 위하여 개량된 품종으로 비교적 동작이 민첩하고 영리하며 실내에서 사육하기 쉬운 소형 또는 초소형 견종을 말한다.

❺ 애완견은 포유류 중 가장 먼저 가축화되었다. 전 세계에서 400여 품종이 사육되고 있으며 각국의 케널 클럽에 의해 공인된 품종은 약 310여 종에 달한다.

❻ 우리나라의 동물보호법은 1991년 5월 31일 제정되었으며, 2002년 5월 31일 우리나라 최초로 '애견의 날'이 선포되었다.

❼ 우리나라의 재래종 토종견은 진돗개, 풍산개, 삽살개, 제주개, 거제개, 오수개 등이 있으며 사냥용, 호신용으로 매우 우수한 품종으로 인정받고 있다.

1. 다음 중 애완견의 선조로 볼 수 있는 가장 유력한 동물은?
   ① 호랑이　　② 사자　　③ 너구리　　④ 늑대　　⑤ 하이에나

2. 다음 중 갯과 동물에 <u>속하지 않는</u> 것은?
   ① 고양이　　② 너구리　　③ 곰　　④ 망구스　　⑤ 치타

3. 가정이나 점포, 공장 등을 지키는 일을 하는 견종을 무엇이라고 하는가?
   ① 수렵견　　② 번견　　③ 개조견　　④ 투견　　⑤ 구조견

4. 맹인을 인도하는 맹도견으로 이용되고 있는 품종은?
   ① 시추　　② 진돗개　　③ 포메라니언　　④ 그레이트 데인
   ⑤ 골든 리트리버

5. 다음 설명은 어떤 품종의 토종견인가?

   · 예전부터 '귀신 쫓는 개'로 알려져 왔다.
   · 추위를 잘 견디며 주인에 대한 복종심이 강하다.
   · 귀는 밑으로 처져 있으며 눈과 입가에도 긴 털이 더부룩하게 나 있다.

   ① 거제개　　② 풍산개　　③ 제주개　　④ 삽살개　　⑤ 진돗개

6. 케널 클럽에 대한 설명으로 바른 것은?
   ① 동물 학대 방지 및 밀렵을 감시하는 단체이다.
   ② 희귀 동물의 보존과 번식, 보호 육성하는 국제단체이다.
   ③ 애완동물을 이용한 묘기 및 서커스 활동을 하는 단체이다.
   ④ 견종의 표준화와 애완견의 품평회를 개최할 목적으로 설립된 단체이다.
   ⑤ 환경오염과 대기오염 방지를 위한 국제 민간 기구이다.

애완견 이름의 유래

▶ 골든 리트리버: 사냥감을 물어오는 개로 황금을 가져온다는 뜻에서 유래됨.

▶ 닥스훈트: 다리가 짧아 굴속의 오소리 사냥을 잘 한다는 뜻에서 유래됨.

▶ 도베르만: 이 개를 개량한 독일인 루이스 도베르만의 이름을 따서 지었음.

▶ 라사압소: 티베트에서 신성시하며 수도(라사)와 짖는다(압소)는 뜻임.

▶ 로디지언 리치백: 등 쪽 일부분의 털이 거꾸로 자란다는 뜻에서 유래됨.

▶ 바센지: 아프리카 콩고의 숲 속에 사는 원주민이라는 뜻에서 유래됨.

▶ 바셋 하운드: 키가 작은 견종으로 프랑스어로 낮다(바스)는 뜻에서 유래됨.

▶ 보르조이: 늑대 사양개로 러시아어로 날렵하다는 뜻에서 유래됨.

▶ 복서: 싸울 때 앞발로 서로 때리는 모습이 복서(권투 선수)와 같아 유래됨.

▶ 블러드 하운드: 피(blood) 냄새를 추적한다는 뜻과 귀족혈통이라는 뜻이 있음.

▶ 비글: 프랑스어로 입을 크게 벌린다는 begueule에서 유래됨.

▶ 비숑 프리제: 프랑스어로 털이 곱슬곱슬하다는 뜻임.

▶ 살루키: 아라비아의 도시 살루크에서 유래됨.

▶ 세인트 버나드: 산악 인명 구조견으로 스위스의 성직자 버나드가 여행자를 위해 지은 숙박업소 세인트의 이름을 따서 지었음.

▶ 세터: 사냥감을 발견하면 몸을 바닥에 낮춘다는 뜻에서 유래됨.

▶ 셰틀랜드 십 도그: 스코틀랜드 셰틀랜드의 양을 지킨다는 뜻에서 유래됨.

▶ 시추: 얼굴의 털이 길어 사자와 같아 중국어로 사자개라는 뜻임.

▶ 슈나우저: 주둥이 모양이 특이하여 독일어로 주둥이라는 뜻임.

▶ 시베리안 허스키: 시베리아 원주민의 썰매견으로 짖음이 허스키하여 붙여짐.

▶ 콜리: 목양견으로 돌보던 양의 이름 콜리를 따서 지어짐.

▶ 파피용: 귀 모양이 나비와 같아 프랑스어로 나비라는 뜻임.

▶ 퍼그: 코가 납작하고 들창코이므로 작은 원숭이라는 뜻임.

▶ 포인터: 사냥감을 발견하여 지적해 주는 일을 하여 포인터라 불림.

애완견의 형태와 특성

1. 애완견의 형태

2. 애완견의 특성

✻ 학습 결과의 정리 및 평가

Ⅱ

애완견은 혈통, 원산지, 체형과 크기, 사육 목적과 용도에 따라 다양한 형태와 특성을 가지고 있다.

이 단원에서는 애완견의 형태와 특성, 생리적, 심리적, 행동적, 감각적 특성에 대하여 학습함으로써 애완견 사육의 폭넓은 이해와 지식을 습득하도록 한다.

1. 애완견의 형태

1. 애완견의 외부 명칭과 골격 명칭을 알고 지적할 수 있다.
2. 애완견의 형태적 특징을 설명할 수 있다.

1. 외모와 골격의 형태

1. 외모의 형태와 명칭

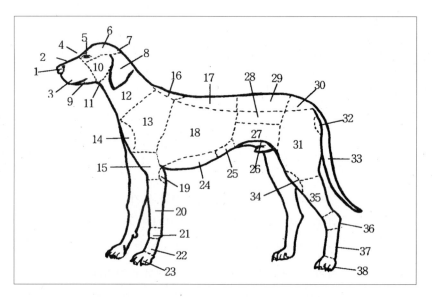

1. 코(nose) 2. 콧등(muzzle) 3. 입술 4. 이마 단(stop, 스톱) 5. 눈(eye) 6. 두개부(skull) 7. 후두부(occiput) 8. 귀(ear) 9. 아래턱 10. 뺨(cheek) 11. 인후(throat) 12. 목(neck) 13. 어깨(shoulder) 14. 견단(point of shoulder, 어깨 끝) 15. 상완(upperarm) 16. 기갑 (withers) 17. 등(back) 18. 갈비(rib) 19. 팔꿈치(elbow) 20. 전완(forearm) 21. 무릎 (knee) 22. 37. 중족(pastern) 23.38. 발(foot) 24. 앞가슴(brisker) 25 복부(abdomen) 26. 턱업(tuck up, 말려 올라간 부위) 27. 옆구리(flank) 28. 커플링(coupling, 늑골과 관 골 연결부) 29. 허리(loin) 30. 엉덩이(croup) 31. 대퇴부(thigh) 32. 좌골단(point of buttock) 33. 꼬리(tail) 34. 무릎관절(stifle) 35. 하퇴부(second thigh) 36. 비절(hock)

그림 1-2-1   외부의 명칭

애완견은 용도에 따라 품종이 개량되어 왔기 때문에 매우 다양한 형태를 가지고 있다.

애완견은 체구에 비하여 큰 눈과 큰 머리를 가지고 있으며 감각기관이 발달되어 있다. 머리의 형태는 두개골의 형태, 눈의 위치와 크기, 귀의 형태에 따라 결정된다. 꼬리가 비교적 짧고 몸길이의 절반 이하이며 귓바퀴는 거의 삼각형으로 크다. 동공은 원형이며, 입술이 두툼하고 코에서 눈 사이까지 뚜렷이 구분된다. 형태적으로는 늑대와 흡사하여 외형으로 서로 구별하기 쉽지 않다. 발가락은 앞발에 5개, 뒷발에 4개가 있으며 털은 긴 것, 중간 것, 짧은 것이 있고 빛깔이나 무늬의 종류가 다양하다.

2. 골격의 형태와 명칭

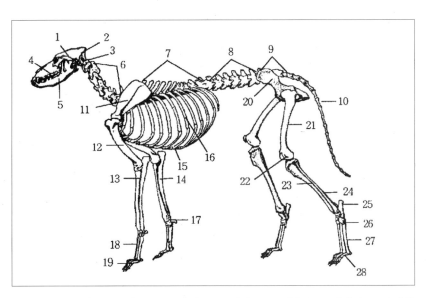

1. 두개골 2. 후두골 3. 측두골 4. 상악골 5. 하악골 6. 경추골 7. 흉추골 8. 요추골 9. 천추골 10. 미추골 11. 견갑골 12. 상완골 13. 요골 14. 척골 15. 흉골 16. 늑골 17. 수근골 18. 중수골 19. 지골 20. 관골 21. 대퇴골 22. 슬개골 23. 경골 24. 비골 25. 종골 26. 족근골 27. 중족골 28. 지골

그림 1-2-2   골격의 명칭

골격(Skeleton)은 뼈와 연골, 인대를 포함한 것을 말하며 다음과 같은 역할을 한다.

① 몸을 지탱하고 조직과 기관을 보호한다.

② 근육과 협동하여 지렛대 구실을 한다.

③ Ca, P 등의 무기물을 저장한다.

④ 적혈구 및 백혈구를 생산한다.

애완견의 골격은 경추가 짧고 두개골의 위치가 낮으며 경골과 비골이 발달되어 있고 음경골이 있는 것이 특징이다.

2. 견체 부위별 형태와 특징

1. 머리의 형태

머리는 견종의 특징이 잘 나타나는 곳으로 그 형태가 다양하며 앞머리, 뒷머리, 안면, 구문으로 구분한다.

표 1-2-1　　머리의 형태

머리의 형태	모양 및 품종
링클(Wrinkle)	앞머리 또는 얼굴 면이 쳐져서 주름진 모양(샤페이, 블러드 하운드)
발란스 헤드 (Balanced head)	머리 스톱을 경계로 머리와 얼굴의 앞부분의 길이가 동일하게 균형 잡힘(골든 세터, 아프간하운드)
블록키 헤드 (Blocky head)	길이에 비해 폭이 넓고 짧으며 네모난 머리형(보스턴 테리어)
애플 헤드 (Apple head)	뒷머리 부분이 눈에 띄게 부풀어 올라 있어 사과처럼 둥근 것(치와와)
클린 헤드 (Clean head)	주름이나 여분의 근육이 없고 앙상한 머리형(살루키)
턴업(Turn-up)	아래턱이 돌출되어 얼굴이 움푹 들어간 모양(불도그, 복서)
투 앵글 헤드 (Two angled head)	측면에서 보아 두개면과 주둥이의 평면이 평행하지 않고 각도를 가지고 있는 머리
페어 셰이프 헤드 (Pear-shaped head)	서양배형의 머리부(베들링턴 테리어)

2. 눈의 형태

① 아몬드 눈(Almond eye)

눈 끝의 양측이 뾰족한 아몬드 형태의 눈이다.

📖 바센지, 저먼 셰퍼드, 베들링턴 테리어

② 오벌 눈(Oval eye)

일반적인 계란형 또는 타원형의 눈이다. 📖 푸들

③ 트라이앵글 눈(Triangular eye)

눈꺼풀의 외측이 올라간 삼각형 모양의 눈이다.

📖 아프간하운드

④ 차이나 눈(China eye)

청색의 눈으로 황갈색 유전자를 가진 견종에
나타나는 불완전한 눈이다.

📖 콜리, 시베리안 허스키

그림 1-2-3   눈의 모양

3. 귀의 형태

애완견의 귀는 외이와 내이로 구분되며 형태가 다양하다. 또한 청력이 민감하게 발달되어 있어 청각 장애인을 위한 청도견으로도 이용된다.

	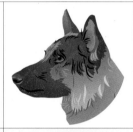		
단추 귀(Button ear) 반 직립, 귀 끝이 V자 모양으로 늘어짐(폭스테리어)	**직립 귀(Prick ear)** 앞 끝 부분이 뾰족하게 서 있음(저먼 셰퍼드)	**반직립 귀** **(Semi Prick ear)** 귀 끝이 앞으로 기울어짐(세틀랜드 십 도그)	**장미 귀(Rose ear)** 귀의 안이 보이며 뒤틀려 작게 늘어진 귀(불도그, 휘핏)

참고

• 비녀 귀: 앞에서 보아 귀의 앞
이 좌우 외측으로 열려 있는
귀

• 크로핑(Cropping): 귀를 세
우기 위해 자른 귀(도베르만,
그레이트 데인)

• 간격이 가까운 귀: 좌우의 선귀
가 머리 위에서 접근한 상태
(시베리안 허스키)

박쥐 귀(Bat ear)	튤립 귀(Turip ear)	늘어진 귀(Drop ear)
귀의 간격이 넓고 박쥐 같이 선 귀 (웰시코기)	날개 귀의 부착이 높고 좁으며 선 귀 (프렌치 불도그)	아래로 늘어진 귀 (말티즈, 시추, 바셋 하운드)

그림 1-2-4   귀의 모양

4. 코의 형태

애완견의 코는 질병의 유무와 건강을 측정하는 중요한 부분이며 호흡을 통하여 체온을 조절하는 기능이 있다. 또한 냄새를 감지하는 후각 세포와 대뇌 세포가 발달되어 있으며 형태가 다양하다.

① 버터플라이 코(Butterfly nose): 반점 모양의 코에 흑 반점이 있는 것.

② 더들레이 코(Dudley nose): 색소가 부족한 살빛의 코, 빨간 코라고 한다.

③ 로만 코(Roman nose): 매부리코, 앞머리부터 코앞까지 완만하게 부풀어 오른 것(예 보르조이).

④ 들보 코: 스톱에서 코까지 주둥이 상면, 코 근육, 노즈 브리지(nose bridge)라고도 한다.

⑤ 막힘 코: 코 들보가 짧은 것.

⑥ 내림 코: 주둥이 앞이 내려간 것.

5. 입의 형태

애완견의 입은 먹이를 먹는 것 뿐만 아니라 물건을 잡거나 운반하는 등 사람의 손과 같은 역할을 한다.

턱은 상악골과 하악골로 구성되고 입 안에는 혀와 42개의 이빨이 있으며 그 형태는 다음과 같다.

표 1-2-2　　입의 형태와 모양

입의 형태	모 양
오버 샷(Over shot)	위턱이 아래턱보다 전방으로 돌출된 형태(괴리교합)
언더 샷(Under shot)	아래턱이 위턱보다 전방으로 돌출된 형태(반대교합)
시저스 바이트 (Scissors bite)	위턱과 아래턱이 조금 접촉되어 맞물린 형태 (협상교합)
촙(Chop)	두껍게 늘어진 윗입술
라이 마우스 (Wry mouth)	비뚤어진 입, 짧은 얼굴의 견종에 많다.
피그 조우(Pig jow)	과도의 오버 샷

오버 샷　　　　　　　　언더 샷　　　　　　　시저스 바이트

그림 1-2-5　　정상 교합과 부정 교합

6. 목의 형태

① 드라이 넥(Dry neck): 느슨한 피부나 주름이 없이 잡아당긴 듯한 목으로 클린 넥(Clean neck)이라고도 한다.

② 웨트 넥(Wet neck): 피부가 느슨해져서 목 부분에 주름이 많은 것.

③ 앞으로 나온 목: 긴 목(폭스 테리어).

④ 학목: 학처럼 긴 목을 높게 든 것(도베르만).

그림 1-2-6
도베르만

7. 몸통의 형태

애완견의 몸통은 각종 장기를 수용하고 외부의 충격을 보호하며 등, 가슴, 배, 허리, 엉덩이로 구성되어 있다. 각각의 견종마다 특징적인 몸통의 형태가 있다.

퍼그

불도그

그림 1-2-7

몸통의 형태

① 구스 럼프(Goose rump): 엉덩이 골반의 경사가 급하고 꼬리가 낮게 부착된 것.

② 코비(Cobby): 몸통이 짧고 간결한 체형인 것(**예** 말티즈, 퍼그).

③ 클로디(Cloddy): 키가 작고 몸통이 두껍고 무거운 체형인 것.

④ 보씨(Bossy): 어깨의 근육이 너무 발달된 상태인 것.

⑤ 턱업(Tuck up): 몸통의 높이가 허리 부분이 낮고 복부가 올라간 상태인 것(**예** 휘핏, 그레이 하운드).

⑥ 슬로핑 숄더(Sloping shoulder): 어깨의 견갑골이 후방으로 경사진 것.

⑦ 아웃 엣 숄더(Out at shoulder): 두드러지게 벌어진 어깨인 것(**예** 불도그).

⑧ 다운 힐(Down hill): 등선이 허리부로 갈수록 낮은 것.

⑨ 레벨 백(Level back): 기갑부에서 허리에 걸쳐 등선이 수평인 것.

⑩ 카멜 백(Camel back): 기갑부와 좌골간의 등선이 낙타같이 부풀어 오른 등인 것.

8. 다리의 형태

애완견의 다리는 앞발과 뒷발로 이루어진다. 앞발은 착지할 때와 몸을 지탱할 때 이용되며 뒷발은 몸을 앞으로 전진시키는 추진력에 이용된다. 발가락은 5개이지만 엄지는 퇴화되어 위쪽에 붙어있으며 며느리 발가락이라고 한다.

① 카우 혹(Cow hock): 뒷다리의 양쪽 비절이 소처럼 안쪽으로 구부러진 것.

② 스트레이트 혹(Straight hock): 각도가 없이 수직으로 똑바로 선 뒷다리인 것.

③ 스트레이트 프런트(Straight front): 앞발이 평행하게 곧바로 연결되어 있는 상태인 것.

④ 와이드 프런트(Wide front): 앞가슴과 앞다리의 폭이 넓은 것(불도그).

⑤ 네로우 프런트(Narrow front): 앞가슴 폭과 앞다리 간격이 좁아진 것(보르조이).

보르조이

그림 1-2-8

다리의 형태

⑥ X형 다리: 다리의 양 관절이 안쪽으로 접근되고 발가락이 외측으로 되어 있는 것.

⑦ O형 다리: 다리의 양 관절이 바깥으로 벌어진 형태인 것.

9. 꼬리의 형태

꼬리는 감정을 표현하고 행동할 때 방향과 중심을 잡아주는 역할을 하는 기관으로 부착 위치, 굵기, 길이, 털의 상태, 부착 모양에 따라 구분한다.

꼬리의 형태는 견종마다 특징이 있으며 최근에는 미관상의 이유로 단미(꼬리 자르기)를 하는 경우도 있다.

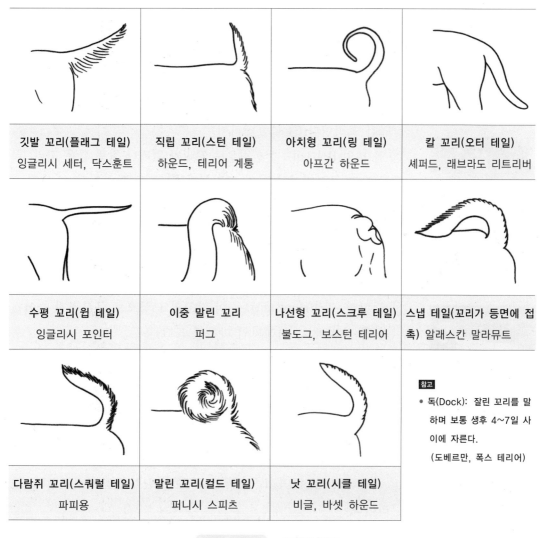

깃발 꼬리(플래그 테일)	직립 꼬리(스턴 테일)	아치형 꼬리(링 테일)	칼 꼬리(오터 테일)
잉글리시 세터, 닥스훈트	하운드, 테리어 계통	아프간 하운드	셰퍼드, 래브라도 리트리버
수평 꼬리(윕 테일)	이중 말린 꼬리	나선형 꼬리(스크루 테일)	스냅 테일(꼬리가 등면에 접촉) 알래스칸 말라뮤트
잉글리시 포인터	퍼그	불도그, 보스턴 테리어	
다람쥐 꼬리(스쿼럴 테일)	말린 꼬리(컬드 테일)	낫 꼬리(시클 테일)	
파피용	퍼니시 스피츠	비글, 바셋 하운드	

참고
• 독(Dock): 잘린 꼬리를 말하며 보통 생후 4~7일 사이에 자른다.
(도베르만, 폭스 테리어)

그림 1-2-9   꼬리의 형태

① 스냅 테일(Snap tail): 낫 모양 꼬리와 꼬리 끝이 등 면에 접촉되어 있는 것(예 알래스칸 말라뮤트).

② 소드 테일(Sword tail): 똑바로 아래로 늘어진 꼬리(예 래브라도 리트리버).

③ 오터 테일(Otter tail): 근원이 굵고 끝이 얇으며 꼬리가 두껍고 짧은 털이 촘촘히 있다. 꼬리의 뒷면은 평면으로 래브라도 리트리버는 이 꼬리가 필수 조건이다.

④ 스크루 테일(Screw tail): 포도주 병따개와 같이 나선형의 짧은 꼬리인 것(예 불도그, 보스톤 테리어).

⑤ 크랭크 테일(Crank tail): 짧고 아래로 향한 꼬리로 끝이 약간 위를 향한 꼬리, 굴곡이 있는 것(예 스테퍼드셔 불테리어).

⑥ 킹크 테일(Kink tail): 꼬리 시작 부위에서 뒤틀려 구부러진 꼬리이다(예 프렌치 불도그).

⑦ 휩 테일(Whip tail): 수평 꼬리, 등선 따라 똑바로 길게 후방으로 당긴 꼬리이다(예 블루테리어).

⑧ 봅 테일(Bob tail): 선천적으로 꼬리가 없거나 잘린 짧은 꼬리, 끝이 길고 구부러져 늘어진 꼬리이다(예 올드 잉글리시 십 도그).

⑨ 스퀴렐 테일(Squirel tail): 리스처럼 털이 많고 근원부터 전방으로 구부러진 것.

⑩ 컬드 테일(Curled tail): 말아서 등 가운데에 짊어진 것 같은 꼬리이다(예 페키니즈).

⑪ 갈고리 꼬리(Hook tail): 끝이 갈고리 모양으로 구부러져 늘어진 것(예 브리아르, 피레니언 마운틴 도그).

⑫ 깃발형 꼬리(Flag tail): 수평한 꼬리에 꼬리털이 밑으로 늘어진 것.

⑬ 브러시드 테일(Brushed tail): 둥근 브러시와 같은 털이 전체에 나 있으며 여우 꼬리와 같았기 때문에 폭스 브렛슈라고도 한다(예 시베리안 허스키).

⑭ 시클 테일(Sickle tail): 완만한 낫 모양의 형태로 등으로 감은 꼬리이다.

알래스칸 말라뮤트

래브라도 리트리버

그림 1-2-10
꼬리의 형태

10. 털의 형태

애완견의 털은 겉털(상모)과 속털(면모, 하모)로 되어 있고 형태에 따라 장모(긴 털), 단모(짧은 털), 견모(비단 같은 긴 털), 권모(곱슬곱슬한 털), 강모(억센 털)가 있으며 털이 없거나 얼굴 부분에만 약간 있는 무모의 견종(페루비안 잉카 올치드, 잉카 헤어리스 등)도 있다. 털갈이는 보통 1년에 1회씩 하지만, 견종에 따라서는 여름과 겨울 2회 털갈이하는 견종도 있으며 더운 지방에서 개량된 견종은 털갈이를 하지 않는 품종도 있다.

권모종(푸들)

① 더블 코트(Double coat): 이중모, 겉털(상모)과 속털(하모)이 있는 것.

② 싱글 코트(Single coat): 속털을 가지지 않은 것.

③ 언더 코트(Under coat): 속털이 부드러운 면모로 촘촘히 나 있다.

견모종(말티즈)

④ 오버 코트(Over coat): 겉털, 일반적으로 속털보다 굵고 길다.

⑤ 와이어 코트(Wire coat): 겉털이 와이어처럼 뻣뻣하고 강한 형태의 모질.

⑥ 스므스 코트(Smooth coat): 털이 짧고 순수한 모질이다.

⑦ 실키 코트(Silky coat): 털실처럼 부드럽고 긴 모질이다.

단모종(치와와)

⑧ 에프론(Apron): 가슴 밑에 긴 장식 털.

⑨ 톱 노트(Top knot): 정수리에 있는 긴 털, 관모를 말한다.

⑩ 팁(Tip): 꼬리 끝이 하얀 털

⑪ 매인(Mane): 목 주위의 길고 풍부한 장식 털

⑫ 피더링(Feathering): 귀, 다리, 꼬리, 몸통에 있는 길고 깃털 모양의 장식 털.

장모종(페키니즈)

⑬ 펄(Fall): 정수리부터 얼굴면에 늘어져 내린 털

⑭ 스타링 코트(Staring coat): 굵고 색이 없는 상태의 나쁜 모질

11. 털색의 종류

애완견의 몸은 털로 덮여 있으며 털색은 단일색, 혼합색, 무늬와 반점, 선 등 견종 마다 특징이 있고 다양하다. 계절에 따라 보호색으로 변하는 견종도 있으며 털색의 종류는 다음과 같다.

강모종(셰퍼드)

그림 1-2-11
털의 형태

① 반점과 무늬의 종류

① 하운드 마킹(Hound marking): 흰색, 검정색, 황갈색의 반점이 있는 것.

② 셀프 마키드(Self marked): 가슴, 발가락, 꼬리 끝에 흰색, 청색, 검정의 반점이 있는 것.

③ 머즐 밴드(Muzzle band): 주둥이 주위에 흰 반점이 있는 것.

④ 파티 칼라(Parti color): 흰색 바탕에 한 가지 또는 두 가지 색의 반점이 있는 것.

⑤ 틱킹(Ticking): 흰색 바탕에 검정색의 작은 반점이 있는 것.

⑥ 마킹(Marking): 바탕색에 흰색이 분포되어 있는 것.

⑦ 블랙 마스크(Black mask): 얼굴 앞면 또는 주둥이 부분에 검정색이 있는 것.

⑧ 칼라(Collar): 목 주위에 흰 반점이 있는 것.

⑨ 할리퀸(Harlequin): 흰색 바탕에 검정 또는 회색의 불규칙적인 반점이 있는 것.

⑩ 섬마크(Thumb mark): 검정색 반점, 다이아몬드라고도 불린다.

⑪ 새들(Saddle): 등 부분에 넓은 안장 같은 반점이 있는 것.

⑫ 타이거 브레인들(Tiger breindle): 황금색의 바탕에 호랑이의 무늬가 있는 것.

⑬ 블랙 앤 탄(Black and tan): 검정색 바탕에 황갈색의 작은 반점이 양눈 위, 귀의 내측, 주둥이 양측, 목, 아랫다리, 항문의 주변에 있는 것.

② 혼합 색과 선의 종류

① 브론즈(Bronze): 청동색의 털끝에 약간 빨간색이 있는 것.

② 로운(Roan): 바탕색에 흰색이 섞인 것(블루 로운, 오렌지 로운, 레몬 로운).

③ 트라이 칼라(Tri-color): 황갈색 계열의 털끝에 검정색의 털이 덮여진 색.

④ 셀비(Salbe): 황갈색 계열의 털끝에 검정색 털이 덮여진 것.

⑤ 블루 마블(Blue marble): 검정색, 푸른색, 회색이 섞여진 대리석 색.

⑥ 페퍼 앤 솔트(Pepper & salt): 검정색과 흰색 계통의 혼합 색.

⑦ 블레이즈(Blaze): 양눈 사이에서 콧등까지 중앙을 지나는 흰 선.

⑧ 울프 그레이(Wolf gray): 회색 털, 털의 혼합 비율에 따라 색의 폭이 넓다.

⑨ 그루즐(Gruzzle): 검정색 계열의 털에 회색 또는 적색이 섞인 혼합색.

③ 단일색

단일색의 명칭과 털색은 다음과 같다.

표 1-2-3　단일색의 종류(셀프 칼라, Self color)

명 칭	털 색	명 칭	털 색
탄(Tan)	황갈색	퓨스(Puce)	암갈색
스모크(Smoke)	연기 모양의 옅은 검정색	블루(Blue)	짙은 청색
머스타드(Mustard)	겨자색, 갈색을 띤 황색	페퍼(Pepper)	후추색, 청색 계통의 검정색
체스트넛(Chestnut)	밤색	하니(Honey)	벌꿀색, 투명한 적황갈색
루비(Ruby)	진한 밤색	골드(Gold)	황금색, 황갈색
오렌지(Orange)	오렌지색, 옅은 탄 색	겟 블랙(Get black)	순수 흑색
그레이(Grey)	회색	러스트탄(Rust tan)	녹슨 색(적갈색)
스틸 블루 (Steel blue)	푸른 청동색	마호가니 (Mahogany)	적갈색
버프(Buff)	옅은 느낌의 담황색	실버(Silver)	밝은 회색, 은색
초콜릿(Chocolate)	검은 적갈색	에프리코트 (Apricot)	밝은 적황살색, 살구색
이사벨라(Isabella)	옅은 밤색	리버(Liver)	간장색, 진한 적갈색
브라운(Brown)	갈색	팔로우(Fallow)	담황색
레드(Red)	빨간색	샌드(Sand)	모래색

탐구활동

1. 토이 도그(애완견)와 하운드종(수렵 견종)의 형태적 차이점을 조사해 보자.
2. 인터넷을 이용하여 품종별 표준을 조사해 보자.

2. 애완견의 특성

1. 생리적 특성

1. 애완견의 생리

애완견의 일반적인 생리 현상은 다음과 같다.

표 1-2-4 일반적인 생리

수 명	체 온	맥 박	호흡수	혈 압
15~20세	38~39℃	70~120회/분	20~25회/분	70~120mmHg

2. 이와 치식

애완견의 이빨은 육식동물과 같이 물고 찢고 씹기에 적합하도록 되어 있다. 젖니는 생후 3~5주부터 나기 시작하여 2개월 후 완성된다. 6~7개월령부터 간니(영구치)가 나기 시작한다. 애완견의 치식은 다음과 같다.

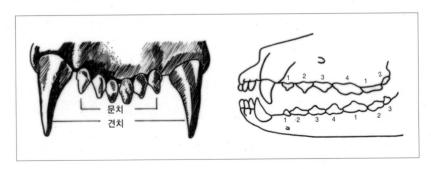

그림 1-2-12 이빨의 형태

$$\text{유 치} = \frac{3 \quad 1 \quad 3 \quad 0}{3 \quad 1 \quad 3 \quad 0} \times 2 = 28$$

문치   견치   전구치   후구치

참고

유치: 젖니

영구치: 간니

문치: 앞니

견치: 송곳니

전구치: 앞어금니

후구치: 뒷어금니

$$\text{영구치} = \frac{3 \quad 1 \quad 4 \quad 2}{3 \quad 1 \quad 4 \quad 3} \times 2 = 42$$

문치   견치   전구치   후구치

3. 피부와 땀샘

피부의 땀샘이 발달되지 않아 운동할 때 땀을 흘리지 않으므로 애완견은 호흡으로 체온을 조절한다.

4. 항문낭과 분비액

항문에 한 쌍의 항문낭이 있다. 이 항문낭은 특유한 냄새의 분비액이 나오며 그것은 영역 표시 등에 이용된다. 목욕할 때 짜주는 것이 좋다.

5. 사람과 애완견의 나이 비교

애완견의 일생을 사람과 비교해보면 매우 짧다는 것을 알 수 있다. 개의 수명은 견종에 따라 차이가 있으나 평균 15년 정도이며 사람에 비교하면 약 80세에 해당한다.

표 1-2-5   사람과 애완견의 나이 비교

애완견	1개월	2개월	6개월	1년	2년	4년	6년	8년	10년	15년
사 람	1세	1.5세	10세	20세	24세	36세	42세	56세	65세	80세

2. 감각적 특성

1. 시 각

눈은 얼굴 전면에 위치하여 시야가 넓다. 가까운 곳에 초점을 맞추기 어려우나 움직이는 물체에 대해서는 예민하다.

밝은 곳에서는 추상체가 주로 작동함으로 적색은 거의 보이지 않고 청색, 녹색 또는 혼합 색으로 보이는 약한 색맹이다. 또한 망막의 바로 밑에 반사판이 있기 때문에 밤에는 황록색으로 반사하여 빛난다.

2. 청 각

청각은 외부의 적으로부터 자신을 보호하려는 경계심에서 발달되었다. 애완견의 가청력은 65~50,000Hz로서 사람보다 약 6배나 높은 주파음을 들을 수 있다.

3. 후 각

후각은 감각기관 중에서 가장 발달되었다. 후각 상피 세포의 면적이 사람은 $3~4cm^2$이나 애완견은 $18~150cm^2$로 넓고 비강이 크며 2억 만개 이상의 후각세포가 발달되어 냄새를 맡는 능력이 뛰어나다.

예민한 후각으로 사냥감을 쫓고 먹이의 구별, 암·수와 동료의 구별, 자기 새끼의 구별 등의 행위는 모두 냄새를 통하여 이루어진다. 또한 부 후각기로 서골기관이 있어 발정기 암컷의 냄새(페로몬)를 잘 맡는 것으로 알려지고 있다.

3. 심리·행동적 특성

애완견은 야생동물이 순화된 동물로 야생의 습성이 있으며 대표적인 심리·행동적 특성은 다음과 같다.

1. 추적 행동 - 뛰는 것을 쫓는다.

개는 늑대처럼 사냥을 하여 생활하였기 때문에 뛰고 있는 것을 쫓는 것은 그 때의 습성이 있기 때문이다.

애완견의 옆을 지날 때 갑자기 뛴다든지 놀라서 비명을 지르면 애완견이 흥분하여 물기도 한다.

2. 의사소통 행동 - 짖거나 냄새를 맡는다.

애완견의 짖는 소리는 여러 가지의 의미를 내포하고 있으며 같은 무리끼리 의사소통 방법으로 이러한 습성은 자신을 보호하고 무리의 단결을 강화하려는 행동이다.

애완견도 언어가 있다

- 멍멍: 본능에 의한 경계음, 즐거움, 흥분을 나타낼 때 짖는 소리이다.
- 깨갱깨갱: 공포와 고통, 무서움을 느낄 때의 비명 소리이다.
- 으르릉: 적을 위협하거나 공격할 때 내는 소리이다.
- 와~옹: 지루하거나 심심할 때 내는 소리이다.
- 왕왕: 연속적으로 짖으면 경계심을 가질 때 짖는 소리이다.
- 낑낑: 무엇인가 요구할 때, 응석을 부릴 때 내는 소리이다.

또한 애완견끼리 만나면 꼬리를 들고 접근하여 서로의 엉덩이의 냄새를 맡는다. 이러한 행동은 서로의 인사이며, 상대방의 성별, 강약 등을 파악하기 위함이다.

3. 복종 행동 - 순위·서열의 표현

애완견에서 발견할 수 있는 복종 행동은 다음과 같다.

① 적극적인 복종: 수컷에게 적극적인 복종 행동은 입의 끝 언저리를 조이고 이빨을 내밀며 수컷을 올려다 보며 구르는 행동을 한다.

② 완전한 복종: 힘이 센 것은 높은 곳에 올라서거나 말 탄 자세로 자신의 우위를 강조한다. 이때 순위가 낮은 것은 배를 하늘로 향하게 하거나 오줌을 흘리는 반응을 한다.

그림 1-2-13
영역표시 행동

4. 영역 표시 행동 - 전신주에 오줌을 눈다.

애완견은 자신의 영역을 설정하고 다른 동물의 접근을 방어하기 위하여 전신주, 나무, 담장, 우체통 등에 오줌을 누어 행동반경을 표시한다.

전신주 등에 오줌을 눌 때 수컷은 뒷발의 한쪽을 들고, 암컷은 허리를 내리어 용변을 본다. 한쪽 다리를 들면 높은 위치에 용변을 보게 되는데 그것은 냄새가 멀리까지 날아가고 냄새의 흔적이 잘 지워지지 않기 때문이다. 수컷은 자신의 존재를 알리려는 의식이 매우 강하다.

5. 공포와 복종 행동 - 꼬리를 내린다.

애완견이 뒷다리 사이로 꼬리를 내리는 것은 공포, 불안, 복종을 나타내는 신호이며 항문선의 냄새를 상대에게 감지하지 못하도록 함으로써 자신을 숨기기 위함이다.

반대로 꼬리를 쳐드는 것은 자신감을 나타내고 기분이 좋을 때 취하는 행동이다.

6. 친밀·우호적인 행동 - 꼬리를 흔든다.

일반적으로 우호적인 경우에는 수평에 가깝게 크게 흔들고 위협하는 경우에는 수직으로 솟아 작은 움직임으로 흔든다. 따라서 꼬리를 흔든다고 안심하여 가까이 가서는 안 된다.

7. 은폐 행동 - 변을 뒷발로 덮어버린다.

애완견이 용변을 보고 뒷발로 흙을 긁어 덮는 것은 하나의 흔적을 남기고 변의 냄새와 발톱사이에 있는 땀샘의 분비를 촉진시켜 냄새 신호의 효과를 높이려는 행동이다.

4. 애완견의 본능과 능력

애완견의 가장 중요한 본능은 자기 보존 본능과 종족 보존 본능이다. 자기 보존 본능은 식욕, 도주, 방위, 사회성 본능으로 이루어지며 종족 보존 본능은 사회적 본능과 생식욕이 있다. 사회적 본능은 투쟁, 방위, 복종, 군거성, 귀가성, 경계 및 감시 본능으로 용기와 인간에 대한 복종 및 충성, 물건이나 가축을 감시하는 능력으로 나타나게 된다.

후천적으로 얻어지는 특성은 애완견 스스로의 체험, 훈육 및 훈련을 바탕으로 이루어진다. 이것은 본능적인 것이 아니라 기억에 의한 동작을 하게 되는 기억 반사인 것이다. 따라서 인간에게 불필요한 소심성이나 불안성, 도주본능은 억제되고 극복되며 고도의 족적 추구, 운동, 투쟁, 방위, 복종, 군거성 및 경계의 성능을 나타낼 수 있도록 애정과 신뢰, 훈련이 중요하다.

관련 사이트

http://choody.mytripod.co.kr   http://www.dogbuy.co.kr

애완견의 외부 명칭 식별

실습 Ⅱ-1

1 기구 및 재료

애완견 또는 모형 애완견, 애완견 꼬리 그림, 애완견 귀 그림

2 순서와 방법

① 애완견의 외부 명칭을 머리에서부터 번호 순서대로 익힌다.

② 평가자가 지적하는 부위의 외부 명칭을 말한다.

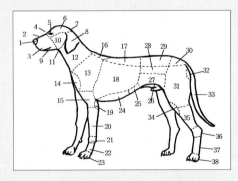

3 평 가

평 가 항 목	평 가 사 항	평 가 판 정
형태적 특징	외부 명칭의 식별	● 평가자가 지적하는 체표의 외부명칭을 정확히 말하는가? ● 평가자가 요구하는 외부 명칭의 체표 부위를 정확히 지적하는가?

강아지 이름 짓기

강아지를 구입하여 제일 먼저 할 일이 이름 짓기이다. 이름 짓는 요령은 다음과 같다.

가. 부르기 쉽고 알아듣기 쉬운 이름으로 짓는다.

나. 가급적 2~3마디의 이름으로 짓는다(긴 이름 피하기).

다. 여러 마리 사육 시 비슷한 이름을 짓지 않는다.

라. 친근감 있는 이름을 짓는다.

마. 품종의 외모, 특징, 사연 등을 고려하여 짓는다.

◆ 한글 이름: 순둥, 초롱, 반짝 등

◆ 외국 이름: 세라, 린다, 해피, 메리 등

◆ 자연 이름: 샛별, 이슬, 가람, 초롱 등

◆ 어감이 좋은 이름: 멍멍, 루루, 미미 등

◆ 유머러스한 이름: 땡칠, 망치, 삐꾸 등

◆ 동물 이름: 수달, 타이거, 너구리, 담비 등

◆ 식물 이름: 나리, 백합, 앵두, 장미 등

◆ 지명: 태백, 백두, 한라, 청주 등

◆ 국내·외 유명인사의 이름: 꺽정, 길동, 롬멜, 링컨 등

◆ 특징과 외모: 똥순이, 점백이, 차돌이, 똑순이, 누렁이 등

탐구활동

1. 일반 가축과 애완견의 감각적 차이점을 조사해 보자.
2. 국내의 애완동물 사육 인구 추이와 관련 산업체를 조사해 보자.

❶ 애완견은 체구에 비하여 큰 눈과 머리를 가지고 있으며 감각기관이 발달되어 있다.

❷ 애완견의 골격은 경추가 짧고 두개골의 위치가 낮으며 경골과 비골이 발달되어 있고 음경골이 있는 것이 특징이다.

❸ 머리는 애완견의 특징이 나타나는 곳이며 앞머리, 뒷머리, 안면, 구문 등으로 구분된다.

❹ 애완견의 눈은 아몬드 눈, 오벌 눈, 트라이앵글 눈의 형태가 있다.

❺ 애완견의 귀는 외이와 내이로 구분되고 형태가 다양하며 청력이 발달되어 있다.

❻ 애완견의 코는 질병의 유무와 건강을 판단하는 중요한 부분이며 호흡을 통하여 체온을 조절하는 기능이 있다.

❼ 입의 형태와 모양에 따라 오버 샷, 언더 샷, 시저스 바이트가 있다.

❽ 목의 형태는 드라이 넥, 웨트 넥, 앞으로 나온 목, 학 목 등이 있다.

❾ 애완견의 몸통은 각종 장기를 수용하고 외부의 충격을 보호하며 등, 가슴, 배, 허리, 엉덩이로 구성되며 견종마다 특징적인 몸통의 형태가 있다.

❿ 앞발은 착지할 때와 몸을 지탱할 때, 뒷발은 몸을 전진시키는 추진력에 이용된다. 발가락은 5개이지만 엄지는 퇴화되어 며느리 발가락이라고 한다.

⓫ 꼬리를 흔드는 것은 감정 표현의 수단이며 행동 중에는 몸의 중심을 잡으며 후방 경계용으로도 사용된다.

⑫ 털은 겉털(상모)과 속털(면모, 하모)로 구성되어 있으며 피부선에는 피지선과 땀샘이 있다. 피지선은 잘 발달되어 피부나 털에 기름을 공급하여 방수성을 유지시키고 고유한 냄새를 내기도 한다.

⑬ 털은 견종마다 차이가 있어 무모, 장모, 견모, 단모, 권모, 강모 등이 있으며 1년에 1회씩 털갈이를 하지만 셰퍼드는 겨울철과 여름철에 털갈이를 한다.

⑭ 애완견의 일반적인 생리는 체온 38~39℃, 맥박수 70~120회/분, 호흡수 20~25회/분, 혈압 70~120mmHg, 수명 15~20년이다.

⑮ 애완견의 이빨은 생후 3~5주부터 나기 시작하여 2개월 후 완성된다. 6~7개월령부터 간니(영구치)가 나기 시작하며 유치는 28개, 영구치는 42개이다.

⑯ 애완견의 시력은 적색이 거의 보이지 않고 청색, 녹색 또는 혼합색으로 보이는 약한 색맹이다. 또한 망막의 밑에 반사판이 있어 밤에 빛이 들어오면 황록색으로 빛난다.

⑰ 애완견의 가청력은 65~50,000Hz로 사람보다 약 6배나 높은 주파음을 들을 수 있다.

⑱ 감각기관 중에서 가장 발달된 것이 후각으로 후각 상피 세포의 면적은 사람이 3~4㎠이나 애완견은 18~150㎠이다. 비강이 크며 2억 만개 이상의 후각세포가 발달되어 냄새를 맡는 능력이 뛰어나다.

⑲ 애완견의 심리·행동적 특성은 추적 행동, 짖거나 냄새를 맡는 습성, 전신주에 오줌을 누는 습성, 꼬리를 흔드는 습성, 변을 뒷발로 덮어버리는 습성, 순위와 서열 등이 있다.

⑳ 애완견은 자기 보존 본능과 종족 보존 본능이 있으며 자기 보존 본능은 식욕, 도주, 방위, 사회성 본능으로 이루어진다.

1. 이마단이라고 하며 머리와 주둥이 사이에 움푹 패인 곳의 명칭은?

① 링클(wrinkle) ② 스컬(skull) ③ 스톱(stop)

④ 옥시풋(occiput) ⑤ 치키(cheeky)

2. 다음 중 아몬드 눈을 가진 애완견을 모두 고르시오.

ㄱ. 불도그	ㄴ. 복서	ㄷ. 바센지	ㄹ. 시베리안 허스키
ㅁ. 저먼 셰퍼드	ㅂ. 아프간 하운드		ㅅ. 페키니즈

① ㄱ, ㄴ, ㄷ, ㄹ ② ㅁ, ㅂ, ㅅ ③ ㄷ, ㅁ

④ ㄷ, ㄹ, ㅁ, ㅂ ⑤ ㄱ, ㄴ, ㅂ

3. 애완견의 심리·행동적 특성 중 애완견이 전신주에 오줌을 누는 이유는?

① 자신의 영역을 표시할 때

② 동료들과의 의사소통

③ 공포 또는 불안할 때

④ 완전한 복종을 표현할 때

⑤ 친밀감과 반가움을 표현할 때

4. 다음 중 애완견의 본능에 속하지 않는 것은?

① 도주 본능 ② 독립성 본능 ③ 사회성 본능

④ 식욕 본능 ⑤ 방위 본능

5. 애완견의 생리적 특성에 대한 설명 중 바르지 않은 것은?

① 항문의 항문낭은 특유의 냄새가 나는 분비액이 나온다.

② 피부의 땀샘이 발달되지 않아 호흡에 의한 체온조절을 한다.

③ 후각이 발달하여 발정기의 암컷 냄새(페로몬)를 잘 맡는다.

④ 시야의 폭이 넓으나 시력은 좋지 않아 근시이면서 약한 색맹이다.

⑤ 애완견의 이빨은 유치 42개, 영구치 28개이다.

6. 애완견이 우호적이고 친밀감을 표현하는 꼬리의 행동 양식은?

① 수평에 가깝게 크게 흔든다.

② 수직으로 솟아 작은 움직임으로 흔든다.

③ 뒷다리 사이로 꼬리를 내린다.

④ 꼬리를 치켜세운다.

⑤ 꼬리를 전혀 움직이지 않는다.

7. 애완견의 감각기관 중 타 동물에 비하여 가장 발달된 기관은?

① 시각　　　② 후각　　　③ 청각　　　④ 미각　　　⑤ 청각

8. 다음 중 꼬리의 형태와 품종이 맞게 짝지어진 것은?

① 크랭크 테일(Crank tail): 아래로 처진 꼬리 끝이 위로 향함 – 불도그

② 킹크 테일(Kink tail): 꼬리 시작 부분의 위치가 높음 – 코커 스패니얼

③ 웹 테일(Whip tail): 후방으로 수평인 꼬리 – 페키니즈

④ 스크루 테일(Screw tail): 나선형의 짧은 꼬리 – 스텐포드셔 불테리어

⑤ 스냅 테일(Snap tail): 낫 모양의 꼬리가 등면에 접촉 – 알래스칸 말라뮤트

9. 다리의 형태 중 각도가 없이 똑바로 선 뒷다리의 형태는?

① 카우 혹(Cow hock)　　　　② 와이드 프런트(Wide front)

③ 스트레이트 프런트(Straight front)　　　④ 스트레이트 혹(Straight hock)

⑤ 네로우 프런트(Narrow front)

10. 애완견의 모색과 형태, 반점에 관한 설명이 바르게 짝지어진 것은?

① 더블 코트(Double coat): 이중모, 겉 털과 속 털이 있는 것

② 러프(Ruff): 목 주위의 길고 풍부한 장식 털

③ 매인(Mane): 목 주위의 두껍고 긴 털

④ 탄(Tan): 흰색 바탕에 한 가지 또는 두 가지 색의 반점인 것

⑤ 파티 칼라(Parti color): 황갈색의 털

정답　6. ①　7. ②　8. ⑤　9. ④　10. ①

애완견의 품종과 선택

1. 애완견의 주요 품종

2. 애완견의 선택 기준

3. 애완견 선택의 실제

✽ 학습 결과의 정리 및 평가

Ⅲ

애완견을 선택하여 사육하는 것은 평생 반려자로 가족처럼 생활한다는 중대한 마음가짐으로 길러야 한다.

이 단원에서는 애완견의 품종 선택에 따른 크기, 피모의 장단과 색, 성별, 연령, 성격 등 특성을 이해하고 목적에 따른 선택 방법에 대하여 학습하기로 한다.

1. 애완견의 주요 품종

학습목표

애완견을 용도별로 분류하고 품종별 특징을 설명할 수 있다.

1. 초 소형견 품종

포메라니언(Pomeranian)		
원산지	독일의 포메라니아(영국에서 개량)	
체 고	18~21cm	체 중	2~3kg
그 룹	스피츠(5그룹)	용 도	애완용
모 색	황금색/회색에 흰색	
특 징	● 명랑하고 쾌활하며 장난기가 많다. ● 경계심이 많고 반응이 민감하다. ● 몸의 털이 풍성하여 우아하다.	

말티즈(Maltese)		
원산지	이탈리아의 말타 섬	
체 고	21~25cm	체 중	1.8~3.1kg
그 룹	토이(9그룹)	용 도	애완용
모 색	순백색	
특 징	● 코, 눈 주위가 검고 헛짖음이 많다. ● 차분하고 얌전하며 잘 따른다. ● 부드럽고 긴 털이 아름답다.	

푸들(Toy Poodle)		
원산지	프랑스	
체 고	25~38cm	체 중	3.5~4kg
그 룹	토이(9그룹)	용 도	애완용
모 색	백색, 흑색, 황색, 은갈색	
특 징	● 크기에 따라 대, 중, 소로 나눈다. ● 매우 영리하여 쇼견으로 으뜸이다. ● 사람을 잘 따르고 명랑하다.	

비숑 프리제(Bichon Frise)

원산지	지중해 카나리아섬		
체 고	22~30cm	체 중	4~5kg
그 룹	토이(9그룹)	용 도	애완용
모 색	흰색/크림색		
특 징	● 행동이 활발하고 놀기를 좋아한다. ● 독립심이 강하여 혼자도 잘 있는다. ● 털이 부드럽고 약간 곱슬거린다.		

치와와(Chihuahua)

원산지	멕시코 치와와		
체 고	13~20cm	체 중	1~3kg 이하
그 룹	토이(9그룹)	용 도	애완용
모 색	붉은색, 검은색, 담황색 등		
특 징	● 실내견으로 작을수록 이상적이다. ● 귀가 크고 쫑긋하며 단모종이다. ● 애교가 많고 장난을 좋아한다.		

요크셔 테리어(Yorkshire Terrier)

원산지	영국		
체 고	20~23cm	체 중	1.2~3.2kg
그 룹	테리어(3그룹)	용 도	애완용
모 색	푸른색과 황갈색		
특 징	● 비단실 같은 긴 털이 아름답다. ● 머리가 작고 다리는 짧다. ● 표현력이 풍부하고 영리하다.		

재패니즈 친(Japanese Chin)

원산지	중국(일본에서 개량)		
체 고	23~30cm	체 중	3kg 내외
그 룹	토이(9그룹)	용 도	애완용
모 색	흰색에 검정색, 적색의 무늬		
특 징	● 머리가 작고 귀가 V자로 처져 있다. ● 털이 부드럽고 길게 늘어진다. ● 총명하고 차분하며 점잖다.		

미니어처 핀셔(Miniature Pinscher)

원산지	독일		
체 고	25~30cm	체 중	4~5kg
그 룹	핀셔(2그룹)	용 도	쥐 잡이용
모 색	검은색/황갈색, 초콜릿색/황갈색		
특 징	● 쐐기형 머리에 날씬한 몸매이다. ● 용맹하고 영리하며 앞발을 쳐든다. ● 가슴에 흰털이 없어야 좋다.		

페키니즈(Pekingese)

원산지	중국 티베트		
체 고	15~23cm	체 중	2.5~6kg
그 룹	토이(9그룹)	용 도	애완용
모 색	붉은색, 엷은 황갈색, 검정색		
특 징	● 얼굴이 검고 납작하며 눈이 나온다. ● 털이 길고 굵으며 갈기 털이 있다. ● 잘 짖고 용맹하며 호전적이다.		

2. 소형견 품종

파피용(Papillon)

원산지	중앙 유럽(프랑스, 벨기에)		
체 고	20~28cm	체 중	4~4.5kg
그 룹	토이(9그룹)	용 도	애완용
모 색	흰색 바탕에 얼룩 무늬		
특 징	● 비단결 같은 털이 아름답다. ● 얼굴이 둥글고 귀가 나비 모양이다. ● 총명하고 활동적이다.		

아메리칸 코커 스패니얼(Cocker Spaniel)

원산지	미국		
체 고	36~39cm	체 중	11~13kg
그 룹	리트리버(8그룹)	용 도	조렵용
모 색	검은색, 붉은색, 미색, 다갈색		
특 징	● 후각이 발달하고 귀가 길게 처져 있다. ● 털이 많아 세심한 관리가 필요하다. ● 영리하고 낙천적이다.		

웰시코기 펨브로크(Welshcorgi-Pembroke)

원산지	영국 웰시의 펨브로크 지방		
체 고	25~30cm	체 중	10kg
그 룹	쉽도그(1그룹)	용 도	목축용
모 색	적색, 검은색 등		
특 징	● 목축견으로 이용되었다. ● 다리가 짧고 몸길이는 약간 길다. ● 훈련능력이 매우 우수하다.		

시추(Shihtzu)

원산지	티베트(라사압소와 페키니즈 교잡)		
체 고	22~28cm	체 중	5~7kg
그 룹	토이(9그룹)	용 도	애완용
모 색	다양한 색		
특 징	● 눈이 크며 얼굴이 작고 귀가 처져 있다. ● 운동을 좋아하고 애교성이 있다. ● 긴 털이 아름다운 실내견이다.		

보스톤 테리어(Boston Terrier)

원산지	미국(불도그와 불테리어 교잡종)		
체 고	38~43cm	체 중	4.5~11kg
그 룹	토이(9그룹)	용 도	애완용
모 색	검은색, 호랑이색에 얼굴, 가슴, 다리에 흰 얼룩		
특 징	● 눈이 크고 둥글며 꼬리가 짧다. ● 털이 짧고 턱시도와 같아 아름답다. ● 얌전하고 영리하며 잘 따라다닌다.		

퍼그(Pug)

원산지	중국(티베트의 승려가 사육)		
체 고	25~28cm	체 중	6~8kg
그 룹	토이(9그룹)	용 도	애완용
모 색	은색, 살구색, 황금색(주둥이 검정)		
특 징	● 주둥이가 짧고 머리는 도끼 모양이다. ● 눈이 크고 검은 안면에 주름이 깊다. ● 정방형 몸체로 털이 짧고 광택이 있다.		

미니어처 슈나우저(Miniature Schnauzer)

원산지	독일		
체 고	30~35.5cm	체 중	6~7kg
그 룹	슈나우저(3그룹)	용 도	사역, 사냥용
모 색	은회색 등(슈나우저: 콧수염)		
특 징	● 눈썹과 콧수염이 매력적이다. ● 겁이 없어 경비, 사냥 등을 잘 한다. ● 잘 짖고 명랑하며 장난을 좋아한다.		

폭스 테리어(Fox Terrier)

원산지	영국		
체 고	35~40cm	체 중	7~9kg
그 룹	테리어(3그룹)	용 도	수렵용
모 색	흰 바탕에 흑색, 황갈색의 얼룩		
특 징	● 여우 사냥에 쓰였던 품종이다. ● 입 끝이 길고 몸통이 짧다. ● 땅을 잘 파고 행동이 민첩하다.		

비글(Beagle)

원산지	영국		
체 고	33~40cm	체 중	8~14kg
그 룹	세인트하운드	용 도	수렵용
모 색	흰 바탕에 검은색, 황갈색 무늬		
특 징	● 후각이 발달되어 탐지견으로 이용된다. ● 스누피의 모델로 인기가 있다. ● 활동적이고 고집이 세며 잘 짖는다.		

닥스훈트(Dachshund)

원산지	독일		
체 고	13~25cm	체 중	6.5~11.5kg
그 룹	닥스훈트(4그룹)	용 도	오소리 사냥
모 색	적색, 검은색, 황갈색, 호랑이색		
특 징	● 후각이 발달되고 행동이 민첩하다. ● 다리가 짧아 굴속에 잘 들어간다. ● 배변 습관들이가 약간 힘들다.		

일본 스피츠(Japanese spitz)

원산지	일본		
체 고	30~38cm	체 중	5~6kg
그 룹	스피츠(5그룹)	용 도	애완용
모 색	백색과 오렌지색 등		
특 징	● 주둥이가 뾰족하고 귀가 곧게 선다. ● 털이 길고 꼬리에 장식털이 있다. ● 성질은 온순하며 기르기 쉽다.		

3. 중형견 품종

삽살개(Sapsaree)

원산지	한국(천연기념물 368호)		
체 고	49~58cm	체 중	17~28kg
그 룹	워킹그룹	용 도	번견, 수렵용
모 색	황삽사리, 청삽사리		
특 징	● 귀신을 쫓을 만큼 용감한 사냥꾼이다. ● 길고 두꺼운 곱슬 털로 추위에 강하다. ● 충성심이 강하고 매우 용맹하다.		

바센지(Basenji)

원산지	중앙아프리카		
체 고	40~43cm	체 중	9~15kg
그 룹	세인트하운드	용 도	수렵용
모 색	황갈색(목, 가슴, 꼬리 흰색)		
특 징	● 비단결 같은 털에 윤기가 난다. ● 잘 짖지 않고 '우우' 소리를 낸다. ● 활동적이며 청결하고 영리하다.		

불 테리어(Bull Terrier)

원산지	영국(Bull은 황소를 뜻함)		
체 고	53~56cm	체 중	25~28kg
그 룹	테리어(3그룹)	용 도	투견, 애완
모 색	흰색, 흑색, 적색, 엷은 황갈색		
특 징	● 운동을 좋아하고 투쟁심이 있다. ● 머리 모양이 특이하다. ● 털이 짧고 광택이 있다.		

4. 대형견 품종

바셋 하운드(Basset hound)

원산지	프랑스 개량		
체 고	33~38cm	체 중	18~29kg
그 룹	세인트 하운드	용 도	수렵용
모 색	다양한 색이 가능		
특 징	● 후각이 발달하여 사냥이 뛰어나다. ● 몸이 길며 다리와 털이 짧다. ● 침착하고 차분하나 고집이 세다.		

불도그(Bull dog)

원산지	영국		
체 고	30~36cm	체 중	23~25kg
그 룹	핀셔(2그룹)	용 도	투견, 번견
모 색	흰색, 적갈색, 엷은 황갈색, 백색과 적색 무늬		
특 징	● 온순하나 화가 나면 무섭다. ● 턱이 나오고 꼬리는 스크루 모양이다. ● 몸이 옆으로 퍼지고 털이 짧다.		

잉글리시 포인터(English pointer)

원산지	영국(포인팅 그룹)		
체 고	61~68cm	체 중	20~30kg
그 룹	포인팅(7그룹)	용 도	조 · 수렵용
모 색	흰색에 검정 또는 적색 반점		
특 징	● 후각이 발달하여 사냥감 추적이 뛰어나다. ● 귀가 처지고 털이 짧으며 거칠다. ● 물을 싫어하고 추위에 약하다.		

풍산개(Poongsan)

원산지	한국(함경남도 풍산군, 천연기념물 128호)		
체 고	53~55cm	체 중	23~28kg
그 룹		용 도	맹수 사냥용
모 색	황백색, 회백색		
특 징	● 호랑이 사냥견으로 유명하다. ● 이중 털이 나 있어 추위에 강하다. ● 동작이 민첩하고 매우 영리하다.		

달마시안(Dalmatian)

원산지	유고슬라비아(인도에서 유입)		
체 고	50~60cm	체 중	23~27kg
그 룹	논 스포팅(9그룹)	용 도	가정, 경비용
모 색	백색에 검정 또는 적갈색의 반점		
특 징	● 털이 짧고 반점이 있다. ● 경계심이 강하고 신경질적이다. ● 활발하며 지구력과 스피드가 있다.		

차우차우(Chowchow)

원산지	중국		
체 고	45~55cm	체 중	21~32kg
그 룹	논 스포팅(5그룹)	용 도	가정, 경비용
모 색	황갈색, 적갈색, 크림색, 푸른색, 검정색, 은회색		
특 징	● 털이 많아 더위에 매우 약하다. ● 입과 혀가 자색이며 시력이 약하다. ● 가정의 애완견으로서 인기가 있다.		

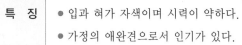

시베리안 허스키(Siberian husky)

원산지	시베리아		
체 고	50~60cm	체 중	20~27kg
그 룹	워킹(5그룹)	용 도	썰매용
모 색	흰색에서 검정색		
특 징	● 거친 소리(허스키)로 '컹컹' 짖는다. ● 청색의 눈이 빛나고 아름다우며 기풍이 있다. ● 추위에 강하고 온순하다(더위에 약함).		

진돗개(Jindo dog)

원산지	한국(진도, 천연기념물 제53호)		
체 고	45~53cm	체 중	22~28kg
그 룹	스피츠(5그룹)	용 도	수렵, 번견
모 색	백색, 황색, 흑색, 재색, 네눈박이		
특 징	● 얼굴이 역삼각형이고 감각이 예민하다. ● 사냥 능력이 우수하고 충성심이 강하다. ● 고집이 세고 통제가 잘 되지 않는다.		

복서(Boxer)

원산지	독일(마스티프, 불도그의 교배종)		
체 고	53~63cm	체 중	24~32kg
그 룹	워킹, 핀셔(2그룹)	용 도	호신, 군용
모 색	엷은 황갈색, 적갈색, 브린들에 목, 가슴 등에 흰점		
특 징	● 권투선수처럼 앞발로 때리며 싸운다. ● 용감하며 공격적이고 영리하다. ● 털이 짧고 광택이 있으며 사지, 입주변이 흰색이다.		

래브라도 리트리버(Labrador Retriever)

원산지	캐나다		
체 고	54~62cm	체 중	25~34kg
그 룹	스포팅(8그룹)	용 도	조렵, 경찰용
모 색	검은색, 초콜릿색, 황백색		
특 징	● 털이 짧고 조밀하며 방수성이 좋다. ● 귀가 처지고 수달 꼬리와 비슷하다. ● 훈련이 쉽고 주인에게 충실하다.		

콜리(Collie)

원산지	영국		
체 고	55~65cm	체 중	25~35kg
그 룹	허딩, 십도그(1그룹)	용 도	목양, 썰매용
모 색	검정색, 갈색, 담황색		
특 징	● 얼굴이 길고 목의 털이 우아하다. ● 책임감이 강하고 활동적이다. ● 온순하여 어린이와 잘 논다.		

골든 리트리버(Golden Retriever)

원산지	영국(스포팅, 리트리버 그룹)		
체 고	50~60cm	체 중	25~35kg
그 룹	스포팅(8그룹)	용 도	맹도, 조렵용
모 색	농갈색, 흑색		
특 징	● 풍부한 털로 추위에 강하다. ● 온화, 침착하여 맹도견으로 쓰인다. ● 지능이 좋아 훈련 능력이 탁월하다.		

아메리칸 폭스 하운드(American fox hound)

원산지	미국		
체 고	53~64cm	체 중	21~35kg
그 룹	세인트 하운드	용 도	조렵용
모 색	여러 가지 색		
특 징	● 키가 크고 날씬하다. ● 체격이 좋고 수렵성이 뛰어나다. ● 귀가 크고 잘 순종한다.		

도베르만 핀셔(Doberman Pinscher)

원산지	독일(루이스 도베르만씨 이름임)		
체 고	65~70cm	체 중	30~40kg
그 룹	워킹, 핀셔(2그룹)	용 도	경비용
모 색	검은색		
특 징	● 날쌔고 공격력이 뛰어나다. ● 용감하고 활동성이 강하다. ● 얼굴이 길고 털은 짧고 윤기가 있다.		

아프간 하운드(Afghan Hound)

원산지	아프가니스탄		
체 고	65~75cm	체 중	23~27kg
그 룹	사이트 하운드	용 도	수렵, 호신용
모 색	다양한 색		
특 징	● 뾰족한 얼굴에 비단결 같은 털이 아름답다. ● 경계심이 강하고 명랑하다. ● 꼬리가 낮고 끝이 위로 말려있다.		

그레이 하운드(Grey Hound)

원산지	영국		
체 고	70~75cm	체 중	27~32kg
그 룹	사이트 하운드	용 도	경주, 수렵용
모 색	회색을 비롯한 다양한 색		
특 징	● 시속 70km로 가장 빨리 달린다. ● 관찰력과 민첩성이 뛰어나다. ● 충성심이 강하고 잘 따른다.		

보르조이(Borzoi)

원산지	러시아(그레이하운드, 콜리 교잡종)		
체 고	70~76cm	체 중	35~45kg
그 룹	사이트하운드	용 도	호신용
모 색	다양한 색(흰색이 많아야 좋다)		
특 징	● 명주실 같은 곱슬한 털로 덮혀 있다. ● 빠르게 끝까지 쫓아가는 성질이다. ● 고집이 센 편이나 조용하며 다정하다.		

저먼 셰퍼드(German Shepherd)

원산지	독일		
체 고	60~66cm	체 중	34~40kg
그 룹	허딩(1그룹)	용 도	군용, 목양용
모 색	검은색에 갈색, 흑색과 회색		
특 징	● 민첩하고 후각과 청각이 발달되어 있다. ● 근육이 발달되고 직립 귀를 가지고 있다. ● 총명하고 인내심과 충성심이 강하다.		

버니즈 마운틴 도그(Bernese mountain dog)

원산지	스위스 베른		
체 고	60~70cm	체 중	35~44kg
그 룹	워킹(2그룹)	용 도	사역용
모 색	흑색 바탕에 갈색, 백색 혼합		
특 징	● 길고 부드러운 털, 앞가슴에 흰색의 턱시도가 있다. ● 판단력, 기억력, 독립심이 강하다.		

도사견(Tosa)

원산지	일본 도사		
체 고	61~66cm	체 중	34~45kg
그 룹	워킹(2그룹)	용 도	사역, 투견
모 색	적갈색		
특 징	● 재래종에 불도그, 마스티프 등을 교배시켰다. ● 체구가 강대하고 인내심이 강하다. ● 머리가 넓고 크며 다리가 곧다.		

아키다(Akita)

원산지	일본 아키다 지방		
체 고	60~70cm	체 중	34~50kg
그 룹	워킹(2그룹)	용 도	경비, 사냥용
모 색	황색, 백색, 갈색, 붉은색, 검정색		
특 징	● 사냥의 용맹성, 민첩성이 있다. ● 애교가 부족하고 잘 놀지 않는다. ● 황구보다는 백구를 더 알아준다.		

알래스칸 말라뮤트(Alaskan Malamute)

원산지	미국 알래스카		
체 고	58~70cm	체 중	35~40kg
그 룹	워킹(5그룹)	용 도	눈썰매용
모 색	검정색, 회색		
특 징	● 뼈대가 굵고 근육이 튼튼하다. ● 이중모로 되어 추위에 강한 썰매견이다. ● 온순하고 충성심이 강하다.		

5. 초대형견 품종

그레이트 피레니즈(Great Pyrenes)

원산지	프랑스, 스페인 국경의 피레네 산맥		
체 고	71~80cm	체 중	46~54kg
그 룹	워킹(2그룹)	용 도	경호, 사역용
모 색	흰색, 회색, 황갈색의 반점		
특 징	● 털이 많고 총명하며 적응력이 강하다. ● 복종심이 강하고 고집이 있다. ● 후각은 발달되었으나 동작이 느리다.		

로트 바일러(Rottweiler)

원산지	독일 로트바일		
체 고	62~68cm	체 중	40~52kg
그 룹	워킹(2그룹)	용 도	사역용
모 색	검은 바탕에 적갈색 무늬		
특 징	● 얼굴과 목이 굵고 꼬리가 짧다. ● 복종심과 경계심이 강하다. ● 번견으로 적합하나 공격성이 있다.		

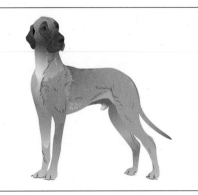

그레이트 데인(Great Dane)

원산지	독일		
체 고	62~75cm	체 중	46~56kg
그 룹	워킹(2그룹)	용 도	사역, 경비용
모 색	황갈색, 브레인들, 검정, 청회색		
특 징	● 근육이 발달하고 체형이 늘씬하다. ● 털이 짧고 귀가 작으며 활동적이다. ● 호신용으로 인기, 공격성이 있다.		

뉴 펀들랜드(New Foundland)

원산지	캐나다 동부 뉴 펀들랜드		
체 고	60~80cm	체 중	66~70kg
그 룹	워킹(2그룹)	용 도	수상 구조용
모 색	초콜릿, 검정, 청동색, 흰색에 검정색		
특 징	● 수중 인명 구조견으로 최고이다. ● 추위에 강하고 발바닥이 넓어 수영을 잘 한다. ● 곰의 형태이고 복종 훈련이 필요하다.		

마스티프(Mastiff)

원산지	영국		
체 고	70~86cm	체 중	71~80kg
그 룹	워킹(2그룹)	용 도	번견, 경호
모 색	살구색, 담황색에 얼굴, 귀가 검다.		
특 징	● 힘이 센 투견용으로 대형종이다. ● 얼굴이 네모지고 감각이 예민하다. ● 용감하고 투쟁심이 있다.		

세인트 버나드(Saint Bernard)

원산지	스위스 세인트 버나드		
체 고	65~70cm	체 중	72~90kg
그 룹	워킹(2그룹)	용 도	산악 인명 구조용
모 색	붉은색에 흰색 반점		
특 징	● 애완견 중에서 가장 큰 품종이다. ● 추위에 강하고 후각이 잘 발달되어 있다. ● 산악 인명 구조견으로 최고이다.		

관련 사이트

www.kgcf.co.kr   www.pet365.co.kr   ww.dog.allim.net
www.kkc.or.k   www.petdog114.com   www.wooridogs.com   www.magicpet.co.kr

2. 애완견의 선택 기준

학습목표

1. 애완견 선택의 기준을 설명할 수 있다.
2. 애완견을 용도에 따라 분류하고 알맞은 품종을 선택할 수 있다.

1. 사육장소에 의한 선택

1. 아파트, 공동 주택

주로 실내에서 생활하기 때문에 짖음과 흥분도가 낮고 배변량이 많지 않은 중형견 이하의 견종이 적당하다.

명랑하고 영리한 소형 애완종으로는 치와와, 포메라니언, 말티즈, 요크셔 테리어, 푸들, 페키니즈, 친, 에어데일 테일러, 시추, 미니어처 슈나우저, 베들링턴 테일러 등이 있다.

그림 1-3-1   시추

2. 단독 주택

정원이 있는 단독 주택의 실외에서 사육하기 적합한 견종은 중·대형견으로 미니어처 핀셔, 복서, 콜리, 아키다, 셰퍼드, 퍼그, 닥스훈트, 비글, 코커 스패니얼, 라사압소, 진돗개, 그레이트 데인, 세인트 버나드 등의 품종이 적합하다.

그림 1-3-2   닥스훈트

3. 시골과 도시

견종 특유의 성향과 집의 위치는 밀접한 관계가 있다. 전원생활이나 가축을 지킬 목적이면 외모가 우람하고 활동적인 콜리, 세인트 버나드, 마스티프 등을 선택하는 것이 좋다.

도시에서는 잘 짖지 않고 대소변을 잘 가리는 중형견 이하가 좋다. 견종은 활동량이 많지 않고 주변 사람들과 친화력이 있는 리트리버 계통이 알맞다.

그림 1-3-3   세인트 버나드

2. 가족 구성원에 따른 선택

1. 2대 이상의 가족

가족의 협의를 거치면 어떠한 견종이라도 상관없다.

2. 노인이 있는 가족

견종 선택의 기준을 노인보다는 가족에 두는 것이 바람직하다.

3. 노인만 있거나 노인이 주가 되는 가족

그림 1-3-4   포메라이언

애완견을 산책시키면서 운동을 할 수 있고 노인과 가족간에 공통의 화제가 생기므로 화합에도 도움을 준다.

권장 견종은 푸들, 리트리버, 콜리, 요크셔 테리어, 치와와, 포메라니언, 페키니즈, 시추, 말티즈, 미니어처 핀셔, 닥스훈트, 푸들, 퍼그, 파피용, 라사압소, 버어니즈 마운틴 도그 등이다.

4. 노부부나 독신 노인 가족

그림 1-3-5   비숑 프리제

노인만 있으므로 영리하고 얌전한 견종을 선택하는 것이 좋다. 노인과 애완견이 함께 산책함으로써 운동의 효과와 대화를 통한 여가를 즐길 수 있는 견종으로는 친, 푸들, 요크셔 테리어, 말티즈, 비숑 프리제, 시추, 포메라니언, 닥스훈트, 퍼그 등이 있다.

단, 털 손질의 취미 여부와 애완견을 다룰 수 있는 정도에 따라 선택하는 것이 좋으며 약간의 훈련을 받는 견종이라면 더욱 좋다.

5. 아이들이 있는 가족

아이들이 있는 가족은 구입하기 전에 반드시 아이들과 애완견 보살핌의 역할 분담에 대해 분명한 책임을 약속 받은 후 길러야 한다. 아이들을 기준으로 생각하면 소형견을 선택하기 쉬우나 의외로 아이에게 잘 따르고 순종하며 아이들을 보호하는 대형견도 많다. 장모종 보다 단모종이 다루기 쉽다.

권장 견종은 말티즈, 요크셔 테리어, 토이 푸들, 페키니즈, 치와와, 퍼그, 슈나우저, 코커 스패니얼, 라사 압소, 파피용, 비글, 닥스훈트, 보스턴 테리어 등이 있으며 대형견으로는 리트리버, 뉴펀들랜드, 블러드 하운드, 콜리 등이 있다.

그림 1-3-6　아메리칸 코커 스패니얼

3. 암·수의 선택

암·수의 선택은 사육 목적에 따라 결정해야 한다. 이 때에 참고해야 할 암·수캐의 장단점은 다음과 같다.

1. 수캐의 장단점
① 발정, 임신, 출산 등의 번거로움이 없다.
② 언제나 아름다운 상태에서 견종의 특징을 보다 명확하게 나타낸다.
③ 애완, 관상, 전람회 등의 목적에 최적이다.
④ 혈통과 특징이 우수한 것이 아니라면 종모견으로 통용되지 않는다.
⑤ 새끼를 얻을 기회가 없으므로 수입이 없다.

2. 암캐의 장단점
① 발정, 출산, 새끼 기르기 등의 까다로운 점이 많다.
② 발정기나 산후에는 혈액이나 분비물로 실내를 더럽힐 수 있다.
③ 새끼를 얻을 기회가 있으므로 수입을 기대할 수 있다.
④ 혈통이 좋은 종모견을 선택하여 개량·번식시킬 수 있다.

일반적으로 애완, 관상, 전람회 출장 등을 목적으로 하는 경우는 수컷을, 번식을 목적으로 수입을 기대하는 경우는 암컷을 선택하는 것이 바람직하다.

강아지 성격 테스트

구 분	상	중	하
활동성	걸음걸이가 빠르고 잠시라도 가만히 있질 못한다.	걸음걸이가 느리고 움직임을 싫어한다.	혼자 있기를 좋아한다.
친화성	개를 껴안으면 얼굴이나 손을 핥고 잘 따라다닌다.	조용히 있지만 잘 따라다니지 않는다.	별 반응을 보이지 않거나 도망간다.
민첩성	외부의 소리나 움직임에 반응과 행동이 빠르다.	관심을 보이나 별다른 행동이 없다.	별 관심과 행동을 하지 않는다.
추적성 수렵성	공을 던지면 빠르게 추적하여 물고 온다.	추적이 느리고 물어 오지 않는다.	관심을 가지나 별 반응이 없다.
복종성	배를 위로 향해서 가슴을 누르면 반항하지 않는다.	처음에는 반항하나 곧 복종한다.	반항이 심하고 물거나 할퀸다.
투쟁성	물건을 물어뜯고 낯선 개를 보면 싸우려고 덤빈다.	잘 물어뜯지 않고 덤비지 않는다.	낯선 개를 보면 도망친다.
인내성	옆에 먹을 것을 두고 먹지 못하게 하면 오래 참는다.	오래 참지 못한다.	참지 못한다.

4. 체중과 크기에 따른 선택

사람의 취향과 용도에 따라 다양한 크기와 형태, 특성을 지닌 품종을 선택한다.

표 1-3-1 체중에 따른 품종

구 분	품 종 명
초소형견(Toy size) (5kg 미만, 25cm 미만)	포메라니언, 말티즈, 재패니즈 친, 치와와, 요크셔 테리어, 페키니즈, 미니어처 핀셔, 비숑 프리제, 푸들
소형견(Small) (6~10 kg, 25~40cm)	시추, 라사압소, 미니어처 슈나우저, 퍼그, 비글, 보스턴 테리어, 아메리칸 코커 스패니얼, 웰시코기 펨브로그
중형견(Medium) (10~22 kg, 40~55cm)	닥스훈트, 삽살개, 불테리어
대형견(Large) (23~45 kg, 55~70cm)	진돗개, 불도그, 시베리안 허스키, 달마시안, 복서, 풍산개, 차우차우, 골든 리트리버, 래브라도 리트리버, 콜리, 도베르만 핀셔, 그레이 하운드, 벨지안 말리노이즈, 아키다, 버니즈 마운틴 도그, 보르조이, 셰퍼드, 알래스칸 말라뮤트
초대형견(Extra large) (45kg 이상, 70cm 이상)	그레이트 피레니즈, 그레이트 데인, 로트바일러, 세인트 버나드

5. 성격과 외모에 따른 선택

1. 털의 길이에 따른 선택

단모종과 장모종의 조건도 고려해야 한다. 털 길이, 털갈이 시기, 털갈이 정도의 차이가 있다. 따라서 털 손질의 관심과 취미에 따라 견종을 선택하여야 한다.

그림 1-3-7　미니어처 슈나우저

1 애완견 손질을 좋아하는 사람

요크셔 테리어, 말티즈, 푸들, 시추, 포메라니언, 미니어처 슈나우저, 페키니즈, 코커 스패니얼, 라사압소 등은 주로 장모종이다.

2 애완견 손질이 번거로운 사람

치와와, 비글, 보스턴 테리어 등은 단모종이다.

그림 1-3-8　비글

2. 짖음과 흥분도에 따른 선택

애완견의 짖음과 흥분도는 크기나 모종하고는 상관없이 고려해야 할 사항이다.

에어데일 테리어, 시추, 미니어처 슈나우저, 베들링턴 테리어 등과 같은 품종은 잘 놀지 않는 대표적인 애완견이다. 복서, 세인트 버나드, 마스티프, 리트리버 등 험상궂게 생겼거나 초대형 견종 중에는 의외로 얌전하고 무뚝뚝한 견종들이 있다. 그러나 훈련 여부에 따라 애완견의 성격이 다르게 형성될 수 있다.

3. 훈련의 용이도에 따른 선택

훈련시키기를 좋아하는 사람은 토이 푸들, 포메라니언, 미니어처 핀셔, 닥스훈트, 파피용, 미니어처 슈나우저, 보스턴 테리어, 진돗개 등이 알맞다.

ㄴ. 외형미에 따른 선택

아프간 하운드, 보르조이, 살루키 등은 우아하고 세련된 외모를 갖추고 있다. 특히 아프간 하운드는 품평회에서 최고의 외형적 미를 갖춘 견종으로 인정할 만큼 뛰어난 미적 조건을 갖춘 견종이다.

그림 1-3-9   아프칸 하운드

6. 용도에 따른 선택

애완견의 용도에 의한 선택은 다음과 같다.

표 1-3-2   용도에 따른 품종

구 분	품 종 명
가정견	치와와, 시추, 요크셔 테리어, 페키니즈, 말티즈, 포메라니언, 비숑 프리제, 보더콜리, 퍼그, 폭스테리어, 미니어처 핀셔, 푸들, 미니어처 슈나우저, 미니어처 불테리어, 파피용, 라사압소, 복서, 불도그, 웰시코기, 친, 보스턴 테리어, 진돗개, 삽살개
사냥견	아프간 하운드, 에어데일 테리어, 바센지, 바셋 하운드, 포인터, 블러드 하운드, 비글, 브리타니 스패니얼, 닥스훈트, 그레이 하운드, 풍산개, 코커 스패니얼, 골든 리트리버, 래브라도 리트리버, 잉글리시 세터
경비견	아키다, 벨지안 말리노이즈, 복서, 차우차우, 달마시안, 로트 바일러, 마스티프, 도베르만 핀셔, 그레이트 데인, 네오폴리탄 마스티프, 풍산개
호신견	아프간 하운드, 보르조이, 불 마스티프
군용견	에어데일 테리어, 저먼 셰퍼드
투 견	아메리칸 피불 테리어, 불 테리어, 불도그, 마스티프, 샤페이
목양견	벨지안 말리노이즈, 콜리, 셰퍼드, 자이언트 슈나우저, 잉글리시 십 도그
사역견	버니즈 마운틴 도그, 달마시안, 샤페이
경주용	그레이 하운드, 휘핏
썰매견	알래스칸 말라뮤트, 시베리안 허스키
구조견	세인트 버나드, 뉴 펀들랜드, 블러드 하운드, 저먼 셰퍼드

3. 애완견 선택의 실제

학습목표

1. 애완견 구입 시의 관찰 요령을 알고 건강한 애완견을 선택할 수 있다.
2. 애완견의 혈통증명서 기재 내용을 파악할 수 있다.

1. 체형과 외모의 관찰 요령

애완견은 체형과 외모의 상태를 보고 선택하는 것이 중요하다.
① 강아지의 몸 길이와 체고가 견종의 특성에 맞는 비율인가를 파악한다.
② 각 부위의 크기, 굵기의 비율은 발육, 성장에 따라서 크게 변한다.
③ 대부분 변화하지 않는 것은 눈 모양과 귀의 위치 등이며, 꼬리의 위치도 비교적 변화가 적으므로 잘 살핀다.
④ 어깨의 각도, 등선, 사지와 등선 이어짐에 문제가 있는 것은 선택을 삼가해야 한다.
⑤ 골격 구조와 관절의 상태는 걸음걸이를 보고 관찰한다.
⑥ 푸들과 같은 특정 견종을 제외한 견종은 눈동자, 눈꺼풀, 입술, 비경(콧등) 등의 색은 순 흑색이어야 한다.
⑦ 털은 모질과 밀생도로 결정되므로 털에 윤기가 나고 밀생된 것이 좋다.
⑧ 편 정소는 커다란 결점이 되며, 무 정소는 실격의 조건이 되므로 수컷을 고를 때 주의하여야 한다.
⑨ 이빨의 교합은 견종에 따라 다르다. 따라서 그 견종의 표준을 미리 확인해 두어야 한다.
⑩ 성격은 온순하고 명랑해야 한다.

2. 건강 상태 관찰 요령

건강한 애완견을 고르기 위한 관찰 사항은 다음과 같다.

표 1-3-3 애완견의 건강 상태 관찰

구 분	관 찰 사 항
눈	• 맑고 투명하며 눈곱이 끼거나 눈물을 흘리지 않아야 한다. • 흰자위는 희고 깨끗하며 노란색을 띠는 것은 좋지 않다.
귀	• 귀는 차가워야 한다. • 악취와 분비물이 없어야 하며 통증을 느끼지 않아야 한다.
코	• 촉촉하며 마르지 않은 상태이어야 한다. • 일반적으로 검은색이고 콧물이 맑고 냄새가 나지 않아야 한다.
입	• 잇몸은 핑크색 또는 검은색이 착색되어야 한다. • 이빨이 정상교합이어야 한다.
혀	• 붉은 빛이 돌고 흰 백태가 없어야 한다.
등	• 굽지 않고 곧아야 한다(견종에 따라 활처럼 휜 품종도 있다).
털	• 털이 윤기가 있고 한쪽으로 가지런해야 한다.
피부	• 부드럽고 탄력이 있으며 상처, 염증, 붉은 반점이 없어야 한다. • 벼룩, 이, 진드기 등 외부 기생충이 없어야 한다.
식욕	• 왕성해야 한다.
운동	• 활발해야 한다.

3. 애완견의 구입 시기와 방법

1. 구입 시기

구입 시기는 출생 후 45~50일령의 강아지가 가장 적합하다. 일찍 이유하면 소화기관의 미발달로 소화력이 떨어지고 면역력이 낮아 건강상태가 좋지 않다. 너무 늦게 이유하면 배변훈련과 사료환경에 적응하는 데 시일이 걸린다.

구입 연령에 따른 장단점은 다음과 같다.

표 1-3-4 구입 연령에 따른 장단점

구 분		내 용
어린 강아지 (2개월령 내외)	장점	● 표정, 자태가 귀엽다. ● 사람을 잘 따르며 친숙해지기 쉽다. ● 구입 비용이 적게 든다.
	단점	● 길들이기, 사육, 관리에 노력과 시간이 걸린다. ● 체형과 특성을 파악하기 어렵다.
중 강아지 (3~4개월령 이상)	장점	● 사육 관리 및 길들이기의 노력이 적다. ● 체형 및 특성이 어느 정도 파악된다. ● 번식력이나 유전적 경향을 추정할 수 있다.
	단점	● 구입 가격이 비싸다. ● 구입처가 많지 않아 구입하기가 어렵다.

2. 애완견의 구입 방법과 가격

애완견의 구입 방법은 애완견 센터를 통한 구입, 사육 또는 번식업자(breeder)를 통한 구입, 아는 사람을 통한 구입(동료, 친구, 친인척 등), 인터넷을 통한 구입 등이 있으며 최근 인터넷을 통한 매매가 급속도로 확장되고 있는데 구입 후 분쟁의 소지가 있으므로 모든 점들을 확인할 필요가 있다. 동물보호 단체 등에서 개인에게 분양을 해주는 곳이 있다.

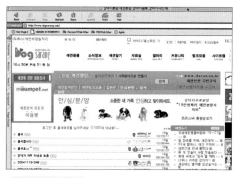

그림 1-3-10 애완견 관련 인터넷 사이트

애완견의 가격은 동일 품종이라도 품질에 따라서 결정된다. 따라서 한배 새끼 중에서도 품질이 우수한 것과 낮은 것은 값의 차이가 있다. 또한 혈통서가 있는 것이 비싸나 혈통서가 있다고 모두 우수한 것은 아니기 때문에 신중을 기하는 것이 좋다.

수입견을 구입할 경우 국내산보다 비싸나 질이 떨어지는 경우도 있으므로 수입국, 혈통서, 계통의 우수도, 특색 등을 확인하고 가격을 결정하는 것이 좋다. 무엇보다도 공신력 있는 판매장을 선택하는 것이 중요하다.

4. 애완견의 혈통증명서

혈통증명서는 애완견의 호적과 같은 것으로 우리나라에서는 한국애견연맹, 한국애견협회, 한국축견협회, 진도견협회, 기타 전문 견종 협회 등에서 발행되고 있다.

1. 혈통증명서의 역할

참고 견사호

번식자의 브랜드(상호)로 예를 들어 '진돌이 와촌골'이라면 개 이름은 진돌이, 견사호는 와촌골이다.

1 신원 증명 역할

순종견의 혈통을 보증하는 증명서로 애완견의 매매에 중요한 역할을 한다.

2 번식 자료로서 활용

혈통을 구성하고 있는 계통을 파악함으로써 근친 교배 등을 방지하여 우수한 혈통의 유지, 개량하는 데 중요한 자료로 활용된다.

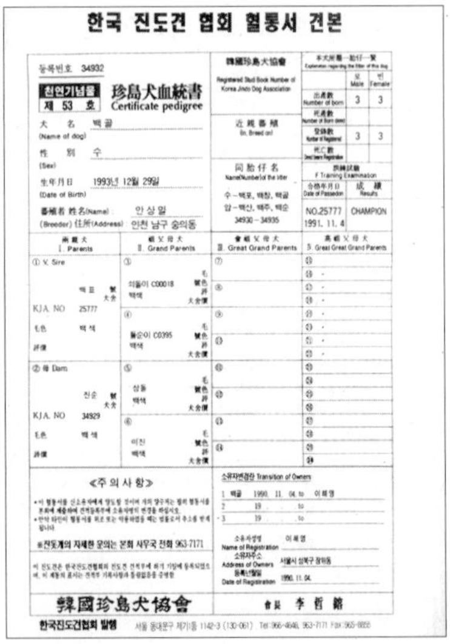
한국 진도견 협회 혈통서 견본

등록번호 34932

천연기념물 제 53 호

珍島犬血統書 Certificate pedigree

犬名 (Name of dog) 백골

性別 (Sex) 수

生年月日 (Date of Birth) 1993년 12월 29일

繁殖者 姓名(Name) 안상일

(Breeder) 住所(Address) 인천 남구 숭의동

韓國珍島犬協會

Registered Stud Book Number of Korea Jindo Dog Association

同胎仔名 Name(Number) of the litter

수-백포, 백창, 백골

암-백산, 백주, 백순

34930 - 34935

	수 Male	빈 Female
出産數 Number of born	3	3
登錄數	3	3

NO.25777 CHAMPION 1991. 11. 4

I. Parents / II. Grand Parents / III. Great Grand Parents / IV. Great Great Grand Parents

① 父 Sire 백표 KJA. NO 25777 백색

③ 의돌이 C00018 백색

④ 돌순이 C0395 백색

② 母 Dam 진순 KJA. NO 34929 백색

⑤ 상돌 백색

⑥ 미진 백색

《주 의 사 항》

※진도개의 자세한 문의는 본회 사무국 전화 963-7171

소유자변경란 Transition of Owners

1 백골 1990. 11. 04. to 이재영

2 19 . . to

3 19 . . to

소유자성명 Name of Registration 이재영

소유자주소 Address of Owners 서울시 성북구 장위동

등록년월일 Date of Registration 1990. 11. 04.

韓國珍島犬協會 會長 李哲鎬

한국진도견협회 발행 서울 동대문구 제기1동 1142-3 (130-061) Tel 966-4646, 963-7171 Fax 965-8858

그림 1-3-11 한국진도견협회 혈통서 견본

2. 혈통증명서의 기재사항

혈통증명서에는 견종명, 견명, 등록번호, 생년월일, 성별, 털 색깔, 견사호, 소유자명, 혈통, 발행단체 등이 기재된다. 혈통란의 기재사항은 부계를 위쪽에, 모계를 아래쪽에 기재하며 왼쪽부터 1대조 부모(양친), 2대조 부모, 3대조 부모, 4대조 부모의 순이다.

보통 혈통증명서 한 장에 30~60마리까지 기재되며 조상 가운데 챔피언이 있다면 그 이름 앞에 Ch라는 기호가 붙게 된다. 혈통증명서에 Ch 등 여러 기호가 많을수록 우수한 가문 출신으로 볼 수 있다. 애견전람회 등에 출전할 때는 혈통증명서 제출이 필수적이지만 일상적 애견 생활에 필수적이란 의미는 아니며 혈통증명서가 있다고 꼭 명견은 아니다.

용어의 정의

1. 번견(番犬): 최초에는 야생 동물의 침입을 알려 주거나 쫓아내기 위하여 키우기 시작하여 현재는 가정, 점포, 공장을 경비하는 것으로 이용되고 있다.
2. 청도견(聽導犬): 청각 장애인에게 전화 벨 소리, 자명종 소리 등을 알려 주는 역할을 한다. 미국에는 약 3천 마리가 있다.
3. 개조견(介助犬): 여러 가지 장애를 가진 사람을 보조하는 애완견의 총칭이다. 1975년 미국에서 고안되었으며 장애자의 휠체어를 당겨주는 일, 물건을 주워주는 일을 하였으나 최근에는 정신과 치료, 소아 및 재활치료 등 폭 넓게 활용되고 있다.

읽기마당

애완동물을 좋아하면 사회성이 높다.

최근 발표된 ○○여대 아동복지학과 신○○씨의 논문에 따르면 애완동물에 대한 애호가 높은 아이가 사회성이 발달해 있다고 한다.

2003년 10월 서울 강남일대에서 실시한 설문조사를 토대로 한 이 논문은 애완동물 사육 경험이나 기간과는 무관하게 애완동물을 좋아하는 아이들은 공감하기, 보호해주기, 나누어주기, 친절하기, 협력하기 등에서 높은 점수를 보였다.

애완동물 사육 시의 어려운 점으로는 배변 훈련(19.5%), 씻기기(17.2%), 먹이주기(13.3%), 예방접종(5.0%)의 순이었으며, 생명의 소중함을 깨달았다는 의견도 22% 정도로 나타났다.

(출처: 2004. 3. ○○경제)

탐구활동

1. 애완견 판매점을 방문하여 판매 계약서의 기재 내용을 파악해 보자.
2. 애완견 관련단체 사이트를 검색하여 혈통증명서의 기재사항을 비교해 보자.

❶ 아파트, 공동 주택에서는 주로 실내에서 생활하기 때문에 짖음과 흥분도가 낮고 배변량이 많지 않은 중형견 이하의 견종이 적당하다.

❷ 노부부나 독신 노인 가족은 영리하고 얌전한 견종을 선택하는 것이 좋다. 노인과 애완견이 함께 산책함으로써 운동의 효과와 대화를 통한 여가를 즐길 수 있는 견종으로는 친, 푸들, 요크셔 테리어, 말티즈, 비숑 프리제, 시추, 포메라니언, 닥스훈트, 퍼그 등이 있다.

❸ 일반적으로 애완, 관상, 전람회 출장 등을 목적으로 하는 경우는 수캐를, 번식을 목적으로 수입을 기대하는 경우는 암캐를 선택하는 것이 바람직하다.

❹ 일반적으로 출생 후 45~50일령 강아지를 선택하는 것이 좋다. 어미에게서 너무 일찍 젖을 떼면 면역력이 약하고 건강 상태도 좋지 않으며, 사료 먹이기가 힘들고 배변 훈련과 주위 환경에 적응하는 데 힘들다.

❺ 애완견 손질을 좋아하는 사람은 요크셔 테리어, 말티즈, 푸들, 시추, 포메라니언, 미니어처 슈나우저, 페키니즈, 코커 스패니얼, 라사압소 등 주로 장모종을, 애완견 손질이 번거로운 사람은 치와와, 비글, 보스턴 테리어 등 단모종이 좋다.

❻ 강아지는 체형의 상태를 보고 선택하는 것이 중요하다. 생후 2~3개월령 강아지의 몸 길이와 체고는 성견이 되었을 때와 비슷함으로 견종의 특성에 맞는 비율인가를 파악한다.

❼ 애완견의 구입은 애완견 센터를 통한 구입, 사육 또는 번식업자(breeder)를 통한 구입, 아는 사람을 통한 구입(동료, 친구, 친인척 등), 인터넷을 통한 구입 등이 있으나 공신력 있는 곳에서 구입하는 것이 중요하다.

❽ 혈통증명서는 애완견의 호적과 같은 것으로 순종견의 혈통을 보증하는 증명서로 애완견의 매매에 중요한 역할을 한다. 또한 혈통을 구성하고 있는 계통을 파악함으로써 근친교배 등을 방지하여 우수한 혈통을 유지·개량하는 데 중요한 자료로 활용된다.

1. 아파트 등 공동 주택의 실내에서 사육하기 적합한 품종으로 짝지어진 것은?

① 콜리, 아키다   ② 리트리버, 뉴펀들랜드   ③ 포메라니언, 말티즈

④ 퍼그, 닥스훈트   ⑤ 라사압소, 진돗개

2. 다음 중 수캐 사육의 장점이 <u>아닌</u> 것은?

① 발정, 임신, 출산 등의 번거로움이 없다.

② 아름다운 자태로 견종의 특징을 나타낸다.

③ 애완, 관상, 전람회 등의 목적에는 최적이다.

④ 발정기에 혈액이나 분비물로 더럽히지 않는다.

⑤ 새끼를 얻을 수 있으므로 수입을 기대할 수 있다.

3. 다음 중 초소형견의 품종으로 짝지어진 것은?

ㄱ. 월시코기 펨브로그   ㄴ. 페키니즈   ㄷ. 닥스훈트   ㄹ. 아키다
ㅁ. 퍼그   ㅂ. 바셋 하운드   ㅅ. 치와와   ㅇ. 삽살개

① ㄱ, ㄴ   ② ㄴ, ㄷ   ③ ㄷ, ㄹ   ④ ㅁ, ㅂ   ⑤ ㄴ, ㅅ

4. 다음 중 초대형견에 <u>속하지 않는</u> 것은?

① 그레이트 피레니즈   ② 비글   ③ 로트 바일러

④ 그레이트 데인   ⑤ 세인트 버나드

5. 다음 중 썰매견으로 이용되는 품종은?

① 차우차우, 달마시안

② 알래스칸 말라뮤트, 시베리안 허스키

③ 그레이 하운드, 풍산개

④ 복서, 불도그

⑤ 뉴 펀들랜드, 블러드 하운드

정답   1. ③ 2. ⑤ 3. ⑤ 4. ② 5. ②

6. 다음 중 건강한 애완견이 아닌 것은?

① 눈이 맑고 투명하며 눈곱이 끼지 않는다.

② 혀는 붉은 빛이 돌고 흰 백태가 없어야 한다.

③ 콧등이 건조하며 귀가 따뜻하다.

④ 피부는 부드러우며 탄력이 있다.

⑤ 잇몸은 핑크색 또는 검은색 색소를 가지고 있다.

7. 강아지의 이름 짓는 방법으로 적합하지 않은 것은?

① 발음상 부르기 쉽게 짓는다.　　② 알아듣기 쉽게 짓는다.

③ 긴 이름은 피한다.　　　　　　④ 비슷한 이름은 피한다.

⑤ 외국종은 영어로 짓는다.

8. 다음 중 혈통증명서의 기재사항이 아닌 것은?

① 번식업자명, 소유자명　　② 견종명, 견명　　　　③ 등록번호, 발행단체

④ 출생지, 평가 금액　　　⑤ 생년월일, 성별

9. 다음의 설명에서 말하는 우리나라의 애완견 품종은?

> - 우리나라 천연기념물 제53호로 지정되어 있다.
> - 얼굴은 역삼각형으로 감각이 예민하고 충성심이 매우 강하다.
> - 체중은 22~28kg이며 수렵용, 번견, 호신용으로 이용된다.
> - 백구와 황구가 대표적인 품종이다.

① 진돗개　　② 풍산개　　③ 거제개　　④ 제주개　　⑤ 삽살개

10. 다음에서 설명하는 애완견의 품종은?

> - 코, 눈 주위가 검고 헛짖음이 많다.
> - 차분하고 얌전하며 잘 따른다.
> - 부드럽고 긴 털이 아름답다.

① 말티즈　　② 푸들　　③ 시추　　④ 비글　　⑤ 치와와

정답　6. ③　7. ⑤　8. ④　9. ①　10. ①

애완견의 사육 시설과 기구

IV

1. 애완견사

2. 애완견 관리 기구

❋ 학습 결과의 정리 및 평가

사진자료의 출처

http://www.wooridog.co.kr

http://www.ganapet.co.kr

http://www.dog1.co.kr

http://www.snowpet.com

애완견사는 애완견의 생리적 특성을 고려하여 건강 상태를 유지할 수 있는 최적의 환경 조건을 갖춘 시설이어야 하며 관리의 효율성과 경제성을 고려하여 설계되어야 한다.

이 단원에서는 애완견사의 위치와 조건, 실용적이고 위생적인 사양관리 및 미용기구의 선택과 사용 방법에 대하여 학습하기로 한다.

1. 애완견사

애완견사는 실외형과 실내형으로 구분하며 애완견의 크기와 용도, 사육 장소(실내 또는 실외), 사육 형태, 주거 공간의 크기에 따라 선택한다.

1. 실외형 애완견사

실외형은 주로 대형견의 견사로 A자형 철골 견사, 목재 견사, 플라스틱 견사가 있으며 견사의 크기는 폭 2m, 길이 7m 이상 되어야 한다.

1. 애완견사의 조건

실외형 애완견사의 조건은 다음과 같다.

① 환경성

실외형 애완견사는 도로와 택지와의 관계, 물의 이용과 작업의 편리성 등 여러 조건을 고려해야 하며, 특히 더위에 약하므로 여름에 시원하고 겨울에 따뜻한 위치가 좋다.

애완견사의 내부는 통풍과 배수가 잘 되며, 햇빛이 잘 드는 남향 또는 동남향의 완만한 경사지가 좋으며 작업과 분뇨 처리가 용이하도록 설계되어야 한다.

② 경제성

애완견사는 견고성과 내구성이 좋으며 건축비가 저렴하여야 한다.

③ 작업의 편리성

여러 마리의 사육에서는 평소의 관리와 작업이 능률적인 구조라야 한다. 특히 사료 급여, 똥, 오줌의 처리 등 작업의 효율성과 노동 향상성을 도모할 수 있는 방식을 채택해야 한다. 바닥은 슬레이트(slate)식이 좋으며 배뇨구를 중앙으로 하고 견방이 양쪽에 있는 복식 견사가 관리에 편리하다.

④ 안전성과 사회성

애완견사는 야생 동물, 쥐 등 유해 동물의 침입을 차단하고 사람의 출입을 통제하여 전염병의 전파를 방지할 수 있어야 하며 태풍, 홍수, 폭설 등 자연 재해와 전기 사고, 화재 등에 대한 방지도 고려해야 한다. 또한 개 짖음, 악취, 분뇨 등으로 인한 인근 주민들의 민원 발생 소지가 없는 곳이 좋다.

2. 애완견사의 건축

애완견은 바닥을 파고 벽과 기둥을 이빨로 갉으며 몸을 비비는 성질이 있으므로 견고한 자재로 건축한다.

따라서 바닥은 콘크리트로 하며 벽은 블록으로 쌓고 지붕은 더위를 막을 수 있는 샌드위치 판넬로 짓는 것이 좋다. 지붕을 슬레이트나 함석을 사용할 때는 반드시 단열재가 필요하며 높이가 2m 정도이면 사람이 서서 관리할 수 있다.

① 번식 견사

번식 견사는 폭 3.6m, 길이 3.6m로 하여 모견실과 자견실을 블록으로 막거나 철책으로 알맞게 조절하도록 한다.

② 육성 견사

육성 견사의 기준은 1마리 당 0.72㎡의 넓이를 표준으로 하여 한 방에 7~10마리, 한 견사에 70~100마리를 수용할 수 있는 규모가 적당하며 바닥은 반드시 지면보다 30㎝ 가량 높여 콘크리트를 한다.

2. 실내형 애완견사

실내형 애완견사에는 돔형, 텐트형, 사육케이지, 애견 방석 등이 있으며 실내에 견방을 두고 운동은 조립형 케이지(펜스)나 베란다를 이용하는 것이 바람직하다.

| 돔형 | 애견방석 | 이동철장 |

그림 1-4-1   실내형 애완견사의 종류

2. 애완견 관리 기구

학습목표

1. 애완견의 특성에 따른 적합한 사양 관리 기구를 선택할 수 있다.
2. 애완견의 관리와 미용에 필요한 기구를 선택하고 사용할 수 있다.

1. 사양 관리 기구

1. 용변기

일정한 배변장소의 습관을 위해 애견 용변기를 사용하면 편리하다.
배변을 잘 가리지 못하는 경우 배변 유도제를 사용할 수도 있다.

그림 1-4-2   용변기

2. 급이기(식기, 사료통)

1 재질

급이기 재료는 도자기, 금속(스테인리스, 알루미늄, 합금), 합성수
지(플라스틱), 고무 등이 있으며 위생상 무해하고 견고한 스테인리스
제품과 중량 있는 철재 제품이 적합하다. 현재는 무해한 경질의 플라
스틱 제품이 많이 쓰이고 있다.

2 급이기의 조건

① 독성이 없고 무해한 재질로 청결 유지가 용이하고 손질이 쉬워
   야 한다.
② 내구성이 있고 섭취하기에 편한 구조이어야 한다.

3 급이기의 모양

급이기의 모양은 원형 또는 타원형으로 모서리가 없는 것이 좋다.
급이기의 크기는 품종과 체형, 크기에 따라 다르다. 귀가 늘어진 코커
스패니얼과 바세트 하운드는 귀가 젖지 않도록 입만 들어갈 수 있도
록 입구가 좁은 것이 좋다.

| 자동 급이기 | 플라스틱 급이기 | 스테인리스 급이기 |

그림 1-4-3   급이기의 종류

3. 급수기(물통)

급수기는 워터 컵, 푸셔 플로트식 등이 있으며 항상 신선한 물을 충분히 먹을 수 있는 기구가 좋다. 플로트식 급수 장치는 물의 수위가 낮아지면 플로트가 내려가면서 누름 밸브를 열어 물이 공급되는 방식이다.

| 스탠드식 급수기 | 휴대용 물통 | 급이기·급수기 겸용 |

그림 1-4-4   급수기의 종류

2. 운동 관리 기구

1. 목줄(목걸이)과 손잡이 줄

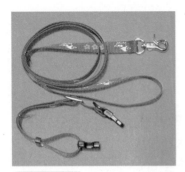

목줄은 애완견의 산책과 훈련 시 반드시 필요하다. 목줄은 견고하고 크기를 조절할 수 있으며 감촉이 부드러워야 한다. 또한 체형과 외모에 조화를 이루는 것이 좋다. 목줄에는 평형 가죽제 목줄, 둥근형 가죽제 목줄, 금속제 목줄, 기타 훈련용 목줄 등이 있다.

그림 1-4-5   목줄과 손잡이줄

손잡이 줄의 재질은 가죽, 철재, 스테인리스, 연질 플라스틱, 고무
줄, 천 등으로 만든 제품이 있다. 소형 애완견에는 나일론, 천 등으로
만든 부드러운 제품을 선택하고 대형견은 철제 또는 스테인리스 재질
의 튼튼한 제품이 좋으며 실외에서는 7m 정도의 철제 줄로 단단하게
매어 놓는 것이 안전하다.

2. 어깨줄(굴레)

어깨줄은 애완견의 목과 가슴에 메는 것으로 힘이 강한 대
형견을 조정하는 데 편리하다. 다만 이 견구로 갑자기 끌 경
우 앞으로 넘어질 위험이 있으므로 키가 작거나 다리가 짧
은 견종은 조심해야 한다.

그림 1-4-6   어깨줄

3. 마스크(입마개)

마스크는 평소에 물을 위험이 있거나 질병을 치료할 때,
단식을 해야 되는 경우에 사용한다. 갑자기 마스크가 필요
할 때는 끈이나 헝겊으로 묶는 방법도 있다.

그림 1-4-7   마스크

3. 미용 관리 기구

애완견은 온몸이 털로 덮여져 있으므로 털을 자주 빗겨주
고 손질해주는 것이 매우 중요하다. 미용관리에 필요한 기
구는 다음과 같다.

1. 빗과 솔

양질의 모직 솔은 가늘고 부드러운 털을 피부에 붙도록 빗
겨주는 데 쓰이고 금속제 브러시와 빗은 두껍고 긴 털에 생
긴 엉킴이나 얼룩, 달라붙은 오물을 제거하는 데 쓰인다. 빗
은 이중 빗, 양날 빗, 외날 빗, 양면 빗, 꼬리 빗 등이 있다.

그림 1-4-8   털관리 도구

2. 샴푸와 린스

강아지의 피부는 사람의 피부에 비하여 약하므로 사람의 샴푸를 장기간 사용하게 되면 피부병이 생기게 된다. 강아지 샴푸는 털색에 따라 적당한 전용 샴푸를 사용하며 장모종은 린스를 사용하여 털이 거칠어지고 엉키거나 정전기가 생기는 것을 방지해 준다.

3. 귀 세정제, 발톱 깎기, 드라이어

목욕 후 귀를 닦아주지 않을 경우 귀에 염증이 생겨 악취가 날 수 있다. 귀 세정제를 면봉에 묻혀서 조심스럽게 귀를 닦아주면 귀의 건강을 유지할 수 있다. 발톱, 피모 및 피부 손질에는 손질용 가위, 피모 건조를 위한 드라이어 및 발톱 깎기는 자주 사용되는 필수용품들이다.

4. 칫솔 및 치약

강아지들은 생후 5개월~7개월경에 유치가 영구치로 갈게 된다. 영구치는 애완견이 평생 동안 사용하여야 하는 이빨이므로 관리를 잘 해주어야 한다. 치약은 효소 등의 성분으로 되어 있어 맛이 좋으며 위에서 분해되기 때문에 씻어내지 않아도 된다. 이빨은 목욕시킬 때 한번씩 닦아준다.

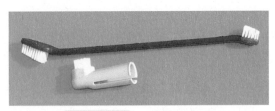

그림 1-4-9   애완견용 칫솔

5. 기타 용품

장난감은 장난감 뼈, 장난감 공, 각종 모형, 놀이기구, 개 껌 등이 있다. 영양제(비타민, 무기물), 간식, 비스킷, 옷, 신발, 애견 타월, 애완견 이동 상자 등이 필요하다.

탐구활동

1. 실외형 애완견사의 건축 조건과 자동화 시설에 대하여 조사해 보자.
2. 애완용품 판매점 또는 인터넷을 통하여 애완견 사육에 필요한 기구를 조사해 보자.

❶ 애완견사는 실외형과 실내형으로 구분하며 사육 장소(실내 또는 실외), 사육 형태(방사, 사사), 주거 공간의 크기에 따라 선택하여야 한다.

❷ 애완견사는 경제성, 환경성, 작업의 편리성, 안전성과 사회성을 고려하여 건축한다.

❸ 실외형은 주로 대형견의 견사로 A자형 철골 견사, 목재 견사, 플라스틱 견사가 있으며 견사의 크기는 폭 2m, 길이 7m 이상 되어야 한다.

❹ 실외형 애완견사는 도로와 택지와의 관계, 물의 이용과 작업의 편리성 등 여러 조건을 고려해야 하며, 남향 또는 동남향으로 완만한 경사지가 좋다.

❺ 바닥은 슬레이트(slate)식이 좋으며 배분장을 중앙으로 하고 견방이 양쪽에 있는 복식 견사가 관리에 편리하다.

❻ 견방의 배열은 2열로 늘어놓는 복렬식과 1열로 늘어놓는 단열식이 있다.

❼ 번식 견방은 폭 3.6m, 길이 3.6m로 하여 모견실과 자견실을 블록으로 막거나 철책으로 알맞게 조절하도록 한다.

❽ 육성 견방의 면적은 1마리에 $0.72m^2$이며 1견방에 7~10마리를 수용할 수 있는 규모가 적당하고 지붕은 단열재가 필요하며 높이 2m 정도가 되어야 관리에 편리하다.

❾ 실내형 애완견사는 실내에 넓은 케이지를 두고 운동장은 베란다가 바람직하며 실내형 애완견사에는 돔형, 텐트형, 사육케이지, 애견 방석 등이 있다.

❿ 급이기의 재질은 도자기, 금속(스테인리스, 알루미늄, 합금), 합성수지(플라스틱), 고무 등이 있다. 위생상 스테인리스와 중량 있는 철재 제품이 가장 적합하다.

1. 다음 중 애완견사의 조건에 해당되지 <u>않는</u> 것은?

① 통풍과 배수가 잘 되는 곳이다.　② 서향 또는 북향에 위치하도록 한다.

③ 내구성이 있고 건축비가 저렴하다.　④ 관리와 작업이 능률적인 구조이다.

⑤ 바닥은 콘크리트가 좋다.

2. 다음 중 좋은 급이기의 조건에 해당되는 것을 모두 고르시오.

ㄱ. 독성이 없고 무해하다.	ㄴ. 섭취하기에 편리한 구조이다.
ㄷ. 내구성 보다 값이 저렴해야 한다.	ㄹ. 청결 유지가 가능해야 한다.

① ㄱ, ㄴ　　　　② ㄷ, ㄹ　　　　③ ㄱ, ㄷ, ㄹ

④ ㄴ, ㄷ　　　　⑤ ㄱ, ㄴ, ㄹ

3. 다음 중 사양관리 기구에 속하는 것은?

① 장난감　　　　② 샴푸와 린스　　　　③ 급수기

④ 목줄　　　　⑤ 빗과 솔

4. 다음 중 관리 기구에 대한 설명 중 <u>바르지 않은</u> 것은?

① 대형견의 줄은 철재나 스테인리스 제품이 안전하다.

② 마스크는 짖지 못하게 할 경우 사용하는 기구이다.

③ 어깨줄은 소형견이나 다리가 짧은 견종은 삼가는 것이 좋다.

④ 어깨줄은 힘이 강한 견종을 조정하는데 필요한 기구이다.

⑤ 관리용 기구는 견종의 체형과 외모에 따라 선택한다.

5. 다음 중 미용관리 기구의 사용법으로 <u>바르지 않은</u> 것은?

① 빗과 솔은 털의 엉킴이나 오물을 제거하는 데 사용된다.

② 강아지를 목욕시킬 때는 사람이 사용하는 샴푸를 사용한다.

③ 린스는 털을 부드럽게 하고 정전기 발생을 막아준다.

④ 목욕 후에는 귀 세정제를 이용하여 귀 청소를 해준다.

⑤ 발톱 깎기를 할 경우에는 전용 발톱 깎기를 사용한다.

정답　1. ②　2. ⑤　3. ③　4. ②　5. ②

애완견의 번식 생리

1. 애완견의 생식기관

2. 애완견의 번식 생리

3. 애완견의 인공수정

＊ 학습 결과의 정리 및 평가

애완견은 일정한 시기에 이르면 성 성숙이 일어나고 이어서 체 성숙이 완성되어 번식 적령기가 된다.

번식은 종족을 유지시키기 위한 매우 중요한 수단으로 이 단원에서는 암수 생식기의 기본 구조와 생식선인 정소와 난소의 기능 및 정자 난자의 생리 그리고 성 성숙에 따른 발정과 배란, 교배에 대한 기초적인 내용과 가축개량에 기여하고 있는 인공수정에 대한 이론과 실제를 학습하기로 한다.

1. 애완견의 생식 기관

1. 애완견의 생식기 구조와 기능, 배란 현상을 설명할 수 있다.
2. 생식기의 부위별 명칭을 알고 지적할 수 있다.

1. 수캐의 생식 기관

수캐의 생식기는 정소, 정소상체, 정관, 전립선, 요도, 음경으로 구성된다. 특히 정낭선과 요도구선이 없고 전립선이 잘 발달되어 있으며 음경골을 가지고 있는 것이 다른 가축과 다르다.

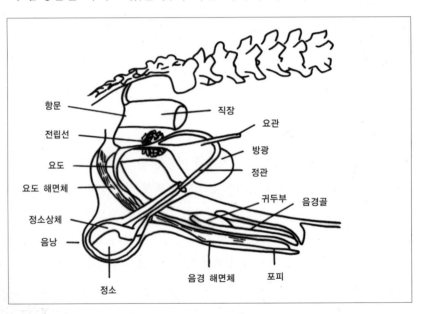

그림 1-5-1　수캐의 생식기

1. 정소(testis)

좌우 한 쌍이고 원형 또는 타원형으로 중형견은 길이 2.8~3.1cm, 폭 2~2.2cm, 두께 1.8~2.0cm 정도이다. 정소의 기능은 정자 생산과 웅성호르몬(androgen)을 분비하여 부생식기의 발육과 교미욕을 일으키고 수컷다운 특징을 나타나게 하는 작용을 한다.

2. 정소상체(epididymis)

정소상체는 정소의 외측에 붙어 있으며, 정자의 운반, 농축, 성숙, 저장하는 특수한 기능을 가진 기관으로 두부, 체부, 미부의 3부분으로 되어 있고, 특히 두부가 체부와 미부보다 크다.

3. 정관(ductus deferens)

정관은 정소상체 미부에서 요도에 연결되는 가는 관으로 정자를 수송하는 역할을 한다. 정관의 끝 부분에 아주 좁은 팽대부가 있으며 사정할 때 사출기 역할을 한다.

4. 전립선(prostate grand)

애완견은 정낭선과 요도구선이 없고 전립선이 잘 발달되어 있다. 전립선은 좌엽과 우엽으로 되어 있으며 방광에서 조금 떨어진 요도기부를 공 모양으로 싸고 있다.

5. 요도

요도는 오줌과 정액의 통로로 내요도부에서 시작되어 요도 골반부가 골반강을 지나 전방으로 돌아서 요도 음경부까지 이른다.

6. 음경

음경은 수컷의 교미 기관으로 음경근, 음경체, 음경귀두로 구분된다. 음경 해면체는 비교적 작고, 중앙에 음경골이 있으며 요도 해면체는 요도구에서 시작되어 현저하게 융기되어 있다. 음경의 해면체는 성적으로 흥분하면 혈액이 충만하여 발기한다.

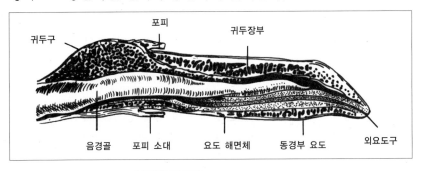

그림 1-5-2   애완견의 음경

2. 암캐의 생식 기관

1. 난소(ovary)

난소는 길이 1.5~2㎝, 두께 1㎝ 정도의 타원형의 선체이다. 중심부에 붉은빛을 띤 수질과 원시 난원세포가 있으며 피질에는 난포가 발육하여 배란 후 황체가 형성된다.

한 개의 난포는 한 개의 난자를 가지고 있으며 난포가 성숙되면 파열되어 난자와 난포액이 밖으로 배출되는 현상을 배란(ovulation)이라고 한다. 애완견은 다배란 동물이다. 난소는 난자 생산 및 에스트로겐과 프로게스테론을 분비하여 각종 성적인 작용을 조절한다.

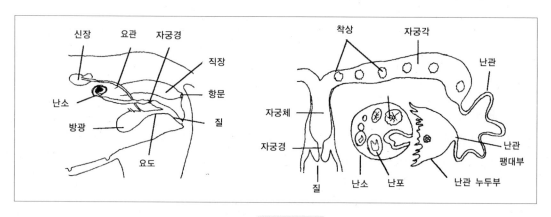

그림 1-5-3　암캐의 생식기

2. 난관(fallopian tube, oviduct)

난관은 난소에서 자궁각까지의 관으로 길이 5~6㎝, 직경 1~2㎜이며 난소 쪽의 깔때기 모양으로 되어 있는 부분을 난관 누두부라고 한다. 난관의 상단부에서 정자와 난자의 수정이 이루어진다.

3. 자궁(uterus)

자궁의 형태는 쌍각자궁과 분열자궁의 중간형으로 자궁체에 약간의 중격이 있으며 자궁경, 자궁체, 자궁각(2개)의 3부분으로 이루어져 있다.

자궁각은 12~15㎝의 V자형으로 되어 있으며 수정란이 착상하여 발육하는 곳이다. 자궁체의 길이는 2~3㎝로 매우 짧다. 자궁경의 길이는 0.5~1㎝로 자궁경의 외구는 둥글며 질에 연결되어 있다. 발정기와 분만 시에만 열려 있고 평소에는 밀폐되어 이물의 침입을 방지한다.

4. 질과 외음부(vagina & vulva)

질은 자궁경에서 외음부까지 연결된 암컷의 교미 기관이다. 위 쪽은 직장에 접하고 밑쪽은 방광에 접하고 있다. 길이가 약 10㎝이며 외측에는 질 전정이 있고 요도 결절과 외 요도구가 솟아있기 때문에 인공수정 시 정액 주입기를 삽입할 때 특히 주의해야 할 부분이다. 외음부는 대음순, 소음순, 음핵으로 되어 있으며 발정기에 분비 활동을 한다.

읽 기 마 당

애완견은 왜 교미를 오래할까?

일반적으로 동물들은 수컷이 사정을 하면 교미 행위가 끝나게 되어 있다. 그런데 왜, 애완견은 오랜 시간을 결합상태로 있어야만 되는 걸까?

애완견의 음경에는 특이하게도 음경골이라는 뼈가 있고 발기할 때 음경 양쪽의 근육이 발달되어 밤톨만한 방울이 불어나게 되고 또한 암캐 질의 수축력이 강하기 때문에 오래 동안 결합 상태로 유지할 수 있도록 되어 있다.

보통 애완견의 사정은 세 번에 나누어 하게 되는데, 처음 사정액은 전립선 액으로 암컷 질의 산성을 중화시키며, 두 번째 사정은 정소에서 만들어진 정자가 들어가고, 세 번째 사정은 먼저 들어간 정자를 안으로 밀어 넣는 역할을 한다.

이러한 이유로 애완견의 정력이 세다고 잘못 인식되어 개고기가 정력제로 오인하는 일이 있지만 사실은 종족 번식을 위한 생리적인 구조와 기능 때문이다.

2. 애완견의 번식 생리

학습목표

1. 애완견의 발정 징후를 식별하여 적기에 교배시킬 수 있다.
2. 애완견의 임신 증상을 식별하고 임신견을 관리할 수 있다.
3. 분만과정을 이해하고 분만 조력과 난산에 대해 처치할 수 있다.
4. 분만 후 모견과 자견을 관리할 수 있다.

1. 성 성숙과 번식 적령기

참고 뇌하수체
간뇌(間腦)의 시상하부에 있는 내분비선으로 전엽 중엽 후엽으로 나누며 전엽에서 생장, 성선자극 호르몬 등이 분비된다.

성 성숙은 뇌하수체에서 분비되는 성장 호르몬과 성선 자극 호르몬의 분비에 의하여 일어나며 수컷은 정자 생산, 부 생식선의 발달, 성욕이 나타나며 암컷은 난자가 생산되고 발정이 나타나고 임신이 가능한 상태를 말한다.

성 성숙은 품종, 사육방법, 영양상태에 따라서 다르며 동일한 품종 간에도 차이가 있다. 일반적으로 소형견이 대형견보다 빠르며 암컷의 경우 생후 6~8개월경에 첫 발정을 하여 번식이 가능하나 번식 적령기는 소형견은 12개월령, 중·대형견은 15~18개월령이다.

애완견의 평균 수명은 보통 15년이지만 암컷은 5세가 되면 번식력이 저하되고 8세가 되면 번식력을 상실한다.

2. 발 정

1. 발정 주기와 지속기간

일반적으로 발정은 계절과 관계없으나 주로 늦봄과 가을에 많이 나타난다. 소형 품종일수록 발정 주기가 짧아 7~8개월에 1회, 즉 2년에 3회 발정하며 대형견은 1년에 1회 발정을 한다.

수캐는 일정한 발정기가 없고 발정기의 암컷이 주위에 있으면 그
냄새에 유인된다. 발정 주기와 지속시간은 다음과 같다.

표 1-5-1 발정 주기와 지속기간

발정 주기	발정 지속기간	배 란 기	수정 후 착상일
7~8개월	발정 전기 7~10일 발정기 4~5일	발정 1~3일	5~6일

※ 대형견인 세인트 버나드, 그레이 하운드는 연 1회 발정한다.

2. 발정기의 구분과 징후

1 발정 전기(출혈 시기)

뇌하수체 전엽에서 FSH(난포자극 호르몬)가 분비되어 난포가 성숙
하기 시작한다(7~10일).

발정은 늦봄과 가을에 많이 나타나며, 발정 징후는 배뇨 횟수 증가,
외음부의 충혈과 출혈이 시작된다. 한편, 주위의 수캐들이 몰려들기
시작한다.

2 발정기(수캐 허용기)

난포에서 에스트로겐이 분비되어 LH(황체형성 호르몬)의 분비를
촉진하여 배란이 일어난다. 수캐를 허용하는 기간으로 출혈 후 10~15
일경이며 대체로 4~5일 동안 지속되는데 이 시기를 발정기라 한다.

주요 증상은 자궁 출혈이 엷어져 분홍빛이 되고 외음부가 정상 크
기로 되돌아가며 음부주위를 손으로 자극하면 꼬리를 옆으로 돌려 교
미 자세를 취한다. 이 시기가 교미의 적기이다. 배란은 발정기의 개시
후 1~3일에 일어난다.

참고 **난포**

난소 속에는 수많은 원시
난포가 있으며 성숙한 난
포는 배란기 때 파열되어
난자와 난포액이 나오며
배란 후 황체를 형성한다.

③ 발정 후기

배란 후 난포에 황체가 형성되고 프로게스테론이 분비되어 임신을 유지하게 한다. 발정 종료 15일 이후로 엷은 분비물이 나오면서 차차 멈추게 된다. 또한 외음부의 크기는 다시 작아져서 전과 같은 상태로 되어간다. 임신되지 않으면 30일 후 자궁이 발정 전기의 원상태로 환원된다.

④ 발정 휴지기

발정 징후가 전혀 없는 시기로서 외음부는 작아지고 점액이나 출혈이 없다. 발정휴지기는 소형견은 4개월, 중·대형견은 6개월 정도 계속된다.

관찰활동 **발정기간 중 어떤 변화가 나타날까?**

● 1~4일
선명한 붉은 출혈이 있으며 외음부는 충혈되어 부풀어 오르기 시작한다.

● 4~10일
검붉은 색상의 출혈이 증가되면서 외음부는 가장 크게 부풀어 오르며 수캐에 대한 관심을 나타내기 시작한다.

● 10~11일
배란기에 해당되는 시기로서 출혈량이 감소되고 핑크색의 투명한 액을 분비하며 외음부가 위축된다. 수캐를 받아들일 적극적인 자세를 취한다.

● 11~14일
교배 적기로서 10~12일에 1차 교배, 13~14일에 2차 교배를 하는 것이 수태율이 높다.

● 15~16일
외음부가 수축하여 평소의 상태로 돌아간다. 분비액이 급격히 감소하며 수캐를 다가오지 못하게 한다. 발정이 끝난다.

1 기구 및 재료

발정기의 애완견, 휴지, 탈지면

2 순서와 방법

(가) 발정 전기

① 불안해하며 배회하고 식욕이 부진하다.

② 외음부가 붓고 점막이 충혈된다.

③ 배뇨 횟수가 증가한다.

④ 외음부에 탈지면이나 휴지를 대보면 선홍색의 출혈이 있다.

⑤ 엉덩이를 바닥에 문지르기도 하고 피를 흘린 자국이 있다.

⑥ 주위의 수캐들이 몰려들기 시작한다.

(나) 발정기

① 외음부에 탈지면이나 휴지를 대보면 출혈량이 적고 색이 엷어지기 시작한다.

② 충혈된 외음부는 점차 퇴색해지면서 정상 크기로 되돌아가기 시작한다.

③ 암캐의 음부주위를 손으로 자극하면 꼬리를 옆으로 돌리고 교미자세를 취한다.

④ 교미의 적기이다.

(다) 발정후기

① 엷은 분비물이 조금씩 나오다가 점차 멈추게 된다.

② 외음부의 크기는 다시 작아져서 전과 같은 상태로 되어간다.

(라) 발정 휴지기

발정의 징후가 전혀 없는 시기로서 외음부는 작아지고 점액물이나 출혈이 없다.

3 평 가

평 가 항 목	평 가 사 항	평 가 판 정
발정 징후의 관찰	● 외부 증상 검사 ● 출혈 검사	● 여러 가지 외부 증상을 보고 발정기를 구분할 수 있는가? ● 탈지면을 이용하여 출혈량과 색을 관찰하여 교미 적기를 판정할 수 있는가?

3. 교 배

교배는 임신 중의 모견 관리와 강아지 기르기에 적합한 계절 등을 고려하여 적절한 시기에 교배시켜야 한다.

1. 교배 적기

교배 적기를 정확히 알기 위해서는 정확한 발정 개시일을 알아야 하나 정확한 날짜를 파악하기 매우 어렵기 때문에 1차 교미 후 2~3일 후 2차 교미를 시켜주는 것이 확실한 방법이다. 난자는 보통 자궁 내에서 4~5일 동안 수정 능력을 유지하기 때문이다. 일반적으로 교배의 적기는 발정 개시 후 10~15일이다.

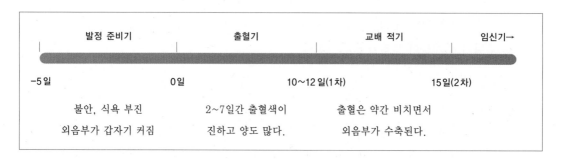

그림 1-5-4   발정과 교배 적기

교배적기를 정확히 알기 위해서는 세심한 관찰이 필요하며 교배 적기를 판정하는 방법은 다음과 같다.
① 출혈의 색이 붉은색에서 묽은 핑크색으로 변하고 엷은 점액이 많이 생긴다.
② 팽창된 외음부가 수축하여 다소 쭈글쭈글해진다.
③ 외음부, 허리, 꼬리부분을 손가락으로 자극하면 꼬리를 들어 외음부를 노출시키고 뒷다리에 힘을 주며 수컷의 승가 허용 자세를 취한다.

2. 수캐의 선정

교배의 목적은 번식으로 우수한 강아지를 생산하기 위하여 혈통이 우수한 수캐의 선정이 중요하며 선정 조건은 다음과 같다.

첫째, 순종으로 혈통과 품종의 고유한 특징을 지녀야 한다.

둘째, 수캐의 유전력이 높아야 한다.

셋째, 암캐와 공통된 결점을 가지지 않아야 한다.

넷째, 질병에 감염되지 않고 건강하며 활력이 왕성해야 한다.

애완견의 교배　　　　　　　　　　　　실습 V-2

1 기구 및 재료

발정기의 애완견

그림 1-5-5　애완견의 교배 장면

2 순서와 방법

① 암캐를 종모견이 있는 곳으로 데리고 가서 조용한 장소를 선택한다.

② 교미 시 암캐의 소유자가 암캐의 머리를 잡고 종모견측 보조자는 측면에 위치하여 암캐의 꼬리를 잡아 외음부가 노출되도록 하고 다른 한쪽 손을 암캐의 국부에 대고 음경을 삽입하기 좋게 해준다.

③ 음경이 삽입되면 수캐의 생식기가 팽창하며 사정하는데 교미 자세는 서로 뒤돌아 약 20~30분 가량 결합상태가 된다.

④ 교미 후에는 소화가 잘 되는 사료를 주고 휴식을 취하도록 해준다.

⑤ 일반적으로 첫 출혈 후 10~12일에 1차 교미를 실시하고, 2~3일 후에 2차 교미를 시키는 것이 확실하다. 교배 시는 보통 암캐를 3~5일 두고 오는 경우가 많으며 이때 정확성을 위해 교배 사진을 미리 요구할 수도 있다.

3 유의점

① 교배는 가까운 애견센터나 번식장과 상담하여 교배시기, 수캐의 선정, 교배료 등을 미리 계획하고 여름철 교배는 더운 낮을 피하여 서늘한 이른 아침이나 밤에 실시한다.

② 장모종은 외음부 주변의 털을 깎아준다.

③ 암캐가 난폭하면 끈으로 입을 묶거나 입마개를 착용시킨다.

4 평 가

평 가 항 목	평 가 사 항	평 가 판 정
애완견의 교배	● 적기 판정	● 외부증상을 보고 교배 적기를 판정할 수 있는가?
	● 교배의 실제	● 교배 보조의 위치와 자세가 바른가?
	● 교배 후 관리	● 교배 후 관리와 각종 기록 및 증명서 작성이 올바른가?

4. 임신과 관리

1. 임신 징후

임신 경과에 따른 복부와 외음부의 상태는 다음과 같다.

표 1-5-2   임신 경과에 따른 복부와 외음부의 상태

일 자	복부와 외음부의 상태
수태 직후	● 외음부가 발정 절정기보다 약간 작아지고 쭈글쭈글해지며 부드러운 상태가 된다.
7~8일	● 외음부에서 유백색의 점액이 소량 분비된다.
2~3주	● 유두가 핑크색으로 변하고 유선에 응어리가 생긴다. ● 외음부가 이완되고, 구역질과 식욕 부진이 나타나며 잠이 점점 많아진다.
30일	● 8개의 유선이 발달하여 젖을 짜면 나오며 그 부위의 털이 빠진다.
40일	● 복부가 현저히 불러진다.
45일	● 복부가 현저히 부풀어 오르고 체중이 증가된다.
50일	● 배에 손을 대면 태아의 태동을 느낄 수 있다. ● 유두 주위의 털이 빠지고 젖을 짜면 반투명의 젖이 나온다. ● 방광의 압박으로 오줌을 자주 눈다. ● 외음부가 커지고 한층 더 부드러워진다.

2. 임신 기간

임신 기간은 59~65일(평균 63일)이며 수태 두수가 많으면 분만이 빠르고 두수가 적으면 분만일이 다소 늦어진다. 태아의 발육과정에 따른 형태는 다음과 같다.

표 1-5-3   태아의 발육과정과 형태

주 별	태아의 길이	형 태
3	1cm	귀 구멍 및 눈의 형태가 생긴다.
4	2cm	네 다리가 형성되고 발가락의 홈이 생긴다.
5	3cm	눈꺼풀 형성, 외성기 분화, 귀가 늘어져 이도를 덮는다.
6	7cm	눈꺼풀이 덮이고 모낭 형성, 발가락이 펴지고 발톱이 형성된다.
7	11cm	털이 형성되어 몸을 덮고 털색이 나타난다.

3. 상상 임신(가상 임신)

교배 후 수정되지 않은 암캐가 복부가 팽창하고, 유선이 발달하여 젖이 나오는 등 임신의 징후를 보이는 경우를 상상 임신이라고 한다. 판별은 체중 증가가 없으면 상상 임신이며 복부의 팽창도 정상 임신보다 10일쯤 빠르게 진행된다.

이는 저절로 없어지나 시간이 지나도 가라앉지 않으면 수의사의 치료를 받아야 한다. 상상 임신과 정상 임신의 차이는 다음과 같다.

표 1-5-4   상상 임신과 정상 임신의 차이

구 분	상 상 임 신	정 상 임 신
3주령	● 배가 부르기 시작한다.	
1개월	● 유두가 핑크색으로 된다. ● 유선에 응어리가 생긴다. ● 젖을 분비한다. ● 배가 최대로 부풀어 오른다.	● 젖이 분비된다. ● 배가 조금씩 부풀어 오르기 시작하여 점차 현저해진다.
40~50일령	● 배가 부풀어 오르는 것이 그친다. ● 배가 작아지고 평상시와 같이 된다. ● 체중의 증가는 없다.	● 체중의 증가가 현저해진다. ● 배에 손을 대면 태동을 느낀다.

4. 피임 적기

피임은 번식 목적이 아닌 애완견의 임신을 막고 수캐가 사람에게 성적 징후를 보이지 않게 하며 암캐의 경우, 임신에 의해 몸매가 변하지 않게 하는 미용효과를 원하는 경우에 실시한다. 암·수캐 모두 생후 5~7개월경에 피임 수술(중성화 수술)을 실시한다.

5. 임신견 관리

임신견 관리에서 가장 중요한 것은 사료 급여와 운동이다. 임신 1개월부터 태내의 새끼가 커지기 시작하므로 사료는 육류, 치즈, 우유, 달걀 등 영양가가 높고 소화가 잘 되는 것으로 1회당 급여량을 줄이고 횟수를 아침, 점심, 저녁 3회로 늘려준다. 격렬한 운동을 삼가고 매일 규칙적으로 일정량의 운동을 시키며 목욕 시는 전신을 욕조에 담그지 말고 더운물을 조금씩 끼얹으며 씻긴다.

임신견은 놀라게 하거나 스트레스를 주지 않는다면 손질하여도 괜찮으나 성격이 예민한 경우에는 주의해야 한다. 분만 1주일 전 털을 깎아 주어 분만에 대비하거나 생식기 주변을 닦아 분만할 때 분비물에 오염이 되지 않도록 해 주는 것이 좋다. 구충제는 절대 투약해서는 안 된다.

중성화 수술(피임 수술)이란?

중성화 수술은 번식을 원하지 않을 때 실시하는 피임 방법이다.

1. 암캐의 중성화(Spay) 수술

암캐의 난소와 자궁을 제거함으로써 생리가 없어져 흥분이나 출혈이 없어지고 실내와 털을 청결하게 유지할 수 있으며 생식기 질환(자궁 축농증, 유방암, 난소 종양 등)을 예방할 목적으로 생후 5~6개월령에 실시한다.

2. 수캐의 중성화(Neuter) 수술

수캐의 고환을 제거함으로써 성격이 온순해지고 성 욕구로 인한 식욕 부진, 난폭성, 공격성을 저하시킬 수 있다. 또한 자위행위 욕구를 줄여 줌으로써 사람의 팔과 다리, 인형 등에 올라타는 습관이 없어지고 생식기 질환(전립선염, 정소암 등)을 예방할 수 있다. 생후 6~7개월령에 실시한다.
☞ 최근에는 3~10개월령의 강아지 고환에 Neutersol을 주사하여 중성화가 되도록 하는 방법을 쓰기도 한다.

임신 중독증

임신 중독증은 늙은 개의 첫 임신이나 출산 전후 특히, 알레르기 체질의 애완견에게 나타나는 경우가 많다.

임신 중독증의 주원인은 필라리아(filaria: 모기의 흡혈로 전파되는 사상충으로 혈액 내로 들어가 감염되며 순환계, 림프계에 기생한다)의 기생으로 혈액의 순환 저해로 발생하며 안구 돌출, 사지경련 등의 증세가 나타난다. 증상이 심할 경우 모견이나 태아가 사망할 수 있으므로 제왕절개 수술로 태아를 구하는 경우도 있다.

5. 분만과 관리

1. 분만 준비

분만 1주일 전에 분만실을 만들어 모견이 익숙하게 해준다. 실내견인 경우 방 한쪽 구석의 조용한 곳을 분만장소로 택하고 새끼들이 나가지 못할 정도의 높이로 사방을 둘러친다. 평소 개집이 없으면 큰 상자로 임시 집을 만들어 외부를 차단시켜 주며 상자 앞면에는 드나들수 있게 터 준다.

분만실은 항상 청결하게 유지하고 바닥에 부드러운 천 조각이나 담요를 깔아 준다. 분만 준비물은 다음과 같다.

① 가위: 소독한 가위로 탯줄을 자르는 데 쓰인다.

② 마사나 견사: 탯줄을 묶기 위한 것

③ 수건 여러 장: 강아지의 몸을 닦기 위한 청결한 것(한 마리 당 1~2장 준비)

④ 세수 대야 1개: 필요할 때에 강아지를 목욕시키기 위한 것

⑤ 보온병에 담은 더운 물

⑥ 신문지: 오물을 버리기 위해 10~15장이 필요하다.

⑦ 비닐봉지: 더러워진 신문지를 버리기 위한 것

⑧ 보온 설비: 전기난로, 보온 등

⑨ 필기 용구: 기록하기 위한 것

⑩ 저울: 강아지의 체중을 달기 위한 것

⑪ 드라이어: 털을 말리기 위한 것

⑫ 육성 상자: 분만 후 모견과 자견을 기를 곳에 놓는다.

2. 분만 징후

애완견의 분만 징후는 다음과 같다.

① 행동이 불안하고 바닥을 긁거나 배회하면서 둥지를 만드는 행동을 한다.

② 체온이 1℃ 정도 저하된다(38.5℃ → 37℃).

③ 사료를 먹지 않으면 늦어도 24시간 이내에 분만이 이루어진다.

④ 입이나 몸을 부들부들 떤다.

⑤ 분만이 가까워지면 외음부를 핥는다.

⑥ 분만 직전이 되면 배가 아래로 처진다.

⑦ 분만 직전에는 힘을 주며 뒷다리를 뻗는 자세를 취한다.

3. 분만 과정

애완견의 분만은 보통 밤에서 새벽 사이에 이루어지는 것이 보통이 며 분만 과정은 다음과 같다.

제1기: 개구기

진통이 시작되고 외 자궁구가 열리는 시기를 말하며, 호흡수가 증 가하고 뒷다리를 뻗는 듯한 자세를 취한다. 요막과 양막이 진통에 의 하여 자궁경관으로 밀려 나오면서 자궁경관이 확장된다. 이어서 요 수(1파수), 양수(2파수)가 배출되어 산도를 미끄럽게 해 준다.

제2기: 만출기

산도를 통하여 태아가 외부로 만출되는 시기를 말한다. 진통이 강 하고 빈번하게 진행된다. 이때 태아의 두부가 골반강 입구로 향하게 되고 질구를 통하여 머리가 만출되고 1~2회의 추가 진통으로 분만이 이루어진다. 이때는 가족들이 크게 떠들거나 손을 댈 필요 없이 어미 에게 맡겨두는 것이 좋다. 첫 번째 강아지가 태어나면 약 20~30분 간격으로 다음 새끼가 분만된다.

제3기: 후산기

태반은 새끼가 한 마리 태어날 때마다 한 개씩 나온다. 후산기는 태 반이 배출되는 시기이다. 이때 모견은 이빨로 태막과 탯줄을 끊고 새 끼의 몸을 혀로 핥아 점액이나 양수 등을 닦아낸다.

만약 어미가 탯줄을 끊지 못하면 마른 수건으로 코, 입 주위, 몸 전 체를 잘 닦고 소독된 실로 몸에서 1~2cm 되는 곳을 묶고 잘라낸 후 요오드팅크로 소독한다.

4. 산자수

산자수는 품종과 영양 상태 등에 의하여 차이가 커서 한 배에 2~10마리를 낳으나 평균 4~6마리이다.

강아지 마릿수 추정 방법

체중 변화에 따른 계산법은 다음과 같다.

첫째, 임신 말기의 체중에서 교배 시 체중을 뺀다.

(예: 임신 말기 15kg, 교배 시 체중 11kg일 때 15kg−11kg=4kg)

둘째, 강아지 한 마리의 체중 산출

(강아지 체중 400g + 태반, 양수 200g=600g)

셋째, 추정 마릿수 산출

(4,000g/600g=6.7두, 약 6 ~7두)

5. 분만 이상

분만 이상에는 무 진통, 미약 진통, 유산, 조산, 사산, 난산, 만산 등이 있다.

1 무 진통 및 미약 진통

분만 진통은 그 시기에 따라 적당해야 한다. 양수가 파열된 후 3시간 이상 경과하여도 진통이 없거나 미약 진통일 경우 또는 분만 간격이 길고 2시간 이상 경과하여도 정상적인 진통이 일어나지 않는 경우를 말한다.

원인은 노령, 영양 불량, 운동부족, 양수 과다, 복막염 등으로 발생되며 분만이 지연되면 태아가 질식사할 수도 있다.

무 진통이나 미약 진통일 경우 다음과 같은 처치를 한다.

① 모견의 몸통을 세게 구부리게 하여 소독한 손가락을 질에 삽입하여 자극을 주면 진통이 시작된다.

② 위의 처치 후에도 반응이 없을 경우 진통 촉진제인 옥시토신을 주사한다.

2 난 산

1) 난산의 원인

난산은 모체가 이상이 있는 경우와 새끼가 이상이 있는 경우로 구
분할 수 있으며 그 원인은 다음과 같다.

표 1-5-5   난산의 원인

모체의 이상	태아의 이상
● 산도의 미숙 또는 산도의 협소	● 새끼의 기형 또는 새끼의 폐사
● 자궁 경관의 폐쇄 및 협착	● 뇌수종, 관절 경직
● 골반골의 변형, 자궁의 꼬임	● 새끼가 너무 클 경우
● 미약 진통 또는 강한 진통	● 태위의 이상

2) 처치 방법

① 모견의 질구 위치가 너무 낮을 때 위로 밀어 올리고 똑바로 나올
수 있게 한다.

② 태아가 너무 클 때 진통에 맞추어 모견의 복부에 압박을 가한다.

③ 모견의 복부를 압박할 때는 그 위치에 주의한다.

④ 새끼를 끌어낼 때는 머리와 복부 또는 앞다리를 동시에 잡고 당
긴다.

⑤ 새끼가 거꾸로 되어 있을 때는 손가락을 모견의 질부에 넣어 걸
린 곳을 벗겨 주고 진통에 맞추어 복부를 압박하여 당긴다.

⑥ 양쪽 뒷다리가 나올 때에는 진통에 맞추어서 모견의 복부를 압
박하여 양 뒷다리에 균등한 힘이 가해지도록 세심한 주의를 기울
이며 잡아당긴다.

⑦ 뒷다리가 한쪽만 나올 때, 꼬리가 나올 때, 한쪽 앞다리만 나올
때는 새끼의 엉덩이를 밀어 넣어 되돌린 후 두 다리를 당긴다.

3 가사 상태의 새끼 처치

새끼가 질식하여 호흡이 안 되는 상태이다. 이럴 때는 코와 입속의
양수를 제거하고 즉시, 새끼의 입 끝을 세게 빨아 주고 타월로 새끼의
등을 세게 마사지하여 인공호흡을 한다.

④ 조산한 새끼의 처치

분만 예정일보다 1주일 이상 빨리 태어난 새끼를 죽이지 않고 기르는 것은 매우 어려운 일이다. 그러나 소화, 호흡 능력이 충분히 있는 경우는 가능성이 있다. 모유가 부족할 경우 대용유(분유)를 급여하고 보온에 각별한 주의를 기울여야 한다.

용어의 정의

유산, 조산, 사산, 만산

정상적인 임신기간은 평균 63일이다. 60일 전에 분만하여 생명력이 있으면 조산(premature birth), 새끼가 폐사하였으면 유산(abortion), 63일 이후 죽은 새끼를 분만한 경우를 사산, 66일 이후 정상 분만한 경우를 만산이라고 한다.

자궁과 태반의 질병 또는 발육부전, 난소의 기능 부전, 태아의 이상(기형, 거대) 모견의 열성 질환, 외부로부터 강한 충격, 영양실조, 장시간의 수송, 독성물질 섭취, 설사 및 구토 등이 원인이므로 항상 주의를 기울여야 한다.

⑤ 모견이 폐사한 경우의 조치

같은 무렵에 출산한 암캐를 유모견으로 하여 새끼를 육성시키는 것이 가장 좋은 방법이다. 이때 유모견이 새끼에 대한 경계심이 일어나지 않게 하기 위해 새끼에게 유모견의 오줌을 발라 유모견의 냄새를 풍기게 하여 유모견의 젖을 빨게 한다.

6. 분만 후 모견의 관리

모견은 포유할 때 많은 에너지가 요구되므로 우유, 치즈, 노른자, 육류내장 등 영양가가 높고 소화가 잘 되는 사료를 조금씩 자주 먹이는 것이 좋으며 소화불량이 일어나지 않도록 세심한 주의를 기울여야 한다. 포유량이 증대될수록 사료의 영양가를 높여 비유량을 증가시키고 모견의 건강을 유지시켜 주어야 한다.

포유기간 중 모견은 본능적으로 신경이 매우 예민해지기 때문에 낯선 사람이나 다른 애완견이 접근할 수 없는 조용한 장소에 다소 어둡게 해주는 것이 모견의 신경을 안정시키고 강아지를 위해서도 좋다. 분만 후 3~4주일이 경과하면 모견은 산후회복이 이루어져 식욕이 증가하고 원기도 회복된다.

7. 분만 후 새끼의 관리

강아지는 처음 며칠 동안은 잠을 자는데 이것은 다리의 발달이 먼저 이루어지기 때문이다. 잠을 잘 때 흐느끼거나 놀라기도 하며 다리를 저는 행동을 하는데 이런 잠을 운동잠이라고 한다. 생후 1주일 경에는 강아지의 발톱을 깎아 주어 수유 중 모견의 유방에 상처를 입히는 것을 방지한다. 강아지들이 어미먹이를 섭식하여 소화불량에 걸리지 않게 주의해야 한다.

새끼에게는 보온이 가장 중요하다. 겨울철 분만 시 그대로 방치하면 새끼가 얼어 죽게 되므로 전열등이나 온풍기 및 전기 매트 등을 설치해 준다.

보충학습 | ### 식자벽(새끼를 물어 죽이는 증상) 예방

식자벽이란 태어난 새끼를 어미가 물어 죽이거나 먹는 증상을 말한다. 이런 현상은 여러 사람이 주위에서 지켜보거나, 떠들어대거나, 서툴게 손을 내밀거나 하면 자기 새끼를 빼앗으려는 것으로 착각하여 물어 죽이게 된다. 그러므로 외부인의 출입을 삼가고, 조금 어둡게 하여 모견의 심리를 안정시키는 등 주위 환경에 각별한 신경을 써야 한다.

브리더(Breeder)란?

사전적 의미로는 '애완견을 사육 및 번식하는 사람'을 칭한다. 전문 브리더는 혈통 관리에 중점을 두고 전문적이고 체계적인 번식을 하며 다양한 품종을 개량하고 육종하는 전문가를 말한다. 외국의 경우 특정 견종만 사육하고 번식하는 전문 브리더가 많다.

3. 애완견의 인공수정

학습목표

1. 인공수정의 장·단점을 설명할 수 있다.
2. 정액을 채취하여 희석·보관할 수 있다.
3. 정액을 적기에 주입할 수 있다.

인공수정이란 인위적으로 수가축의 정액을 채취하여 암가축의 생식기내에 주입하여 수태시키는 것을 의미한다.

최초로 과학적인 인공수정이 이루어진 것은 1780년 이탈리아의 스프랜자니(Spllanzani)가 개 30마리에게 인공수정을 하여 18마리가 임신을 하는 데 성공하였으며 이후 말, 소, 면양 등의 가축에게도 인공수정이 이루어졌다.

우리나라에서는 애완견의 인공수정이 다른 가축에 비하여 활발하지 않으나 앞으로 많은 연구와 보급이 필요할 것으로 본다.

1. 인공수정의 장·단점

1. 인공수정의 장점

인공수정의 필요성과 장점은 다음과 같다.

① 우수한 종견의 정액을 확대 공급할 수 있다.
② 종견의 원거리 이동이 불필요하며 정액의 수송과 장기간 보관이 가능하다.
③ 신체적 결함으로 자연교미가 불가능한 경우에도 수정시킬 수 있다.
④ 교배료가 자연 교미보다 저렴해질 수 있다.
⑤ 우수한 수캐의 활용도가 높아짐과 동시에 개량효과가 크다.
⑥ 국내생산 및 보급 시 교배료가 자연교배보다 저렴해질 수 있다.
⑦ 유전적인 능력을 빨리 판별할 수 있다.
⑧ 생식기를 통한 병의 전염을 방지할 수 있다.

2. 인공수정의 단점

① 숙련된 기술과 시설이 필요하다.

② 자연교미보다 1회 수정 시 많은 시간과 노력이 소요된다.

③ 기술 숙련도가 낮을 경우 생식기의 손상우려가 있다.

④ 불량 종견의 선발 시 불량 유전형질의 조기 확산 및 수습이 곤란하다.

2. 정액의 채취

정액의 채취방법에는 마사지법(수압법), 인공질법, 전기자극법 등이 있다.

1. 마사지법

마사지법의 요령은 수캐가 발정된 암캐를 맞아 교미할 의사를 보이면 곧 음경 귀두의 구상 후부를 한쪽 손으로 잡고 약간 압박하면서 마사지하여 사정하도록 한다. 이때 다른 한 손은 37℃로 유지된 채취관에 정액을 채취한다. 특히 주의해야 할 점은 충분한 양의 정액이 채취될 때까지 계속 일정한 압박과 마사지를 하고 채취관이 음경에 닿지 않도록 하여야 한다.

2. 인공질법

인공질법은 인공질에 40℃ 내외의 더운 물을 채우고 고무내통에는 공기를 넣어서 적당한 온감과 압박감을 주도록 되어 있다. 인공질내는 건조된 상태이기 때문에 윤활제를 발라 사용한다. 발기를 돕기 위하여 발정한 암캐를 이용할 수도 있으나 의빈대를 사용할 수 있다. 음경이 발기되면 음경을 인공질내로 유도한다. 이때 수캐는 곧 전진운동을 하게 되는데, 한 손으로는 인공질을 잡고, 다른 한 손으로는 음경 귀두의 후부를 쥐고 채취한다. 인공질법은 수압법보다 위생적인 장점이 있다.

3. 전기자극법

30V/20A의 전류를 3초간씩 10~12회 통전시키는 방법이다. 정액 채취를 위하여 실제로 응용하기는 어렵고, 단지 실험 연구 시에 이용할 수 있는 방법이다.

3. 정액의 성상

1. 이화학적 성상

1회 사정량과 정자수는 품종, 연령, 채취방법, 채취 조건 등에 따라 다르며, 동일 품종내의 개체 간에도 차이가 있다.

사정량은 체중 20kg 이내인 경우 평균 5.4mL, 20kg 이상은 평균 12.8mL이나 체중에 따라 차이가 있다. 정자수는 1mL당 평균 2억 마리 정도이며 평균 pH는 6.8이다.

2. 조 성

수분 98%, 고형물 2%(무기물 0.2%, 유기물 1.8%)로서 1.8%의 유기물 중 총 단백질이 1.3%, 지질 0.2%, 기타 0.3%로서 단백질이 가장 많다.

3. 정액의 보존

정액은 채취 직후 원 정액을 35~37℃에서 약 20~24시간 보존이 가능하며 희석액을 첨가한 정액은 -196℃에서 장기간 보관이 가능하다.

4. 정액의 주입

1. 주입 적기

수정은 배란 전 12시간 전후에 인공수정을 하여 정자가 난관상부에서 배란되는 난자와 만나도록 하여야 한다.

출혈 후 10~12일에 1차, 13~14일에 2차 주입하며, 수정적기를 모를 때는 수캐와 접촉시켜 허용하는 자세를 취할 때 1차 수정하고 1~2일 후에 재 수정시키는 방법이 좋다.

2. 주입량과 정자수

주입량은 희석된 정액 1.5~3mL이며 총 정자수는 1억~2억 마리를 주입한다.

3. 냉동 정액의 융해

① 저온 융해: 4~5℃의 냉수에 4~5분간 융해한다.
② 고온 융해: 35~40℃의 온수에서 15초~20초간 융해한다.

보충학습   애완견의 사정 상태

수캐의 정액은 돼지와 같이 일정한 간격으로 3기로 구분하여 채취한다.

제1기에 사정되는 부분은 전진 운동 시에 사출되는 것으로서 주로 요도 점막의 분비물인 수양성 액체이며 정자의 농도는 매우 낮다. 제2기의 정액은 가장 정액의 농도가 짙은 부분으로서 유백색이며 점조성이 높은데, 전진운동이 정지되면서 사출되는 부분이다. 제3기의 정액은 제1기의 것과 마찬가지로 수양성인 액체로서 정자의 농도가 낮고 주로 전립선의 분비물로 구성되어 있다.

탐구활동

1. 애완견의 번식 생리가 다른 가축과 다른 점을 조사해 보자.
2. 우리 지방의 애완견 교배 실태와 교배에 따른 분쟁 문제를 조사해 보자.
3. 최근 버려지는 애완견이 사회적인 문제가 되고 있다.
   무엇이 문제이고 대책은 없는지 토론해 보자.

정액의 주입

① 기구 및 재료

발정한 애완견, 주입기 또는 주사기(5~10mL) 1조, 질경, 정액(스트로우)

② 순서와 방법

(가) 주입기의 조립

① 주입 피펫은 길이 20cm, 직경 6mm의 플라스틱 또는 초자관을 사용한다(소 정액주입 피펫을 반으로 자른 것이면 적당하다).

② 주입 피펫을 5~10mL의 주사기에 고무관으로 연결한다.

(나) 암캐의 보정

대형견은 암캐가 바로 선 자세에서 주입하기도 하나, 보조자가 암캐를 거꾸로 눕히고 사지를 하늘을 향한 자세에서 주입하는 것이 용이하다.

(다) 주입 순서

① 암캐의 외부 생식기를 멸균수로 세척한다.   ② 멸균 거즈로 물기를 잘 닦아낸다.

③ 주입 피펫을 양쪽 음순 사이로 밀어 넣고 상향 15° 각도로 삽입한다(미숙련자는 질경을 질에 삽입하여 자궁경을 관찰하면서 삽입하는 것이 좋다).

④ 피펫이 자궁경관 심부에 도달되면 피펫 끝에 주사기를 연결하여 서서히 주입한다.

⑤ 주입이 완료되면 정액의 역류를 막기 위하여 몸의 후구를 몇 분간 높여 준다.

③ 유의점

① 주입 시 무리한 힘을 가하여 질 내부의 상처가 나지 않도록 한다.

② 주입 기구는 멸균 소독하여 사용하며 위생적으로 관리한다.

④ 평가

평가 항목	평가 사항	평가 관점
정액의 주입	● 주입기의 조립 ● 암캐의 보정 ● 주입 순서와 방법	● 피펫의 직경과 길이, 주사기의 용량이 적당하고 조립 상태가 바른가? ● 암캐의 보정과 외음부 세척을 정확하고 바르게 실시하였는가? ● 자궁경관 심부에 정확하게 주입하였는가? ● 주입 후 처치가 바른가?

❶ 정소는 좌우 한 쌍이고 원형 또는 타원형으로 정자 생산과 웅성호르몬을 분비하여 부 생식 기의 발육과 교미욕을 일으키고 수컷다운 특징을 나타나게 한다.

❷ 정소상체는 정자의 운반, 농축, 성숙, 저장하는 특수한 기능을 가진 기관으로 두부, 체부, 미부의 3부분으로 되어 있고 특히 두부가 체부와 미부보다 크다.

❸ 정관은 정소상체 미부에서 요도에 연결되는 가는 관으로 정자를 수송하는 역할을 한다. 정 관의 끝 부분에 아주 좁은 팽대부가 있으며 사정 시 사출기 역할을 한다.

❹ 애완견은 정낭선과 요도구선이 없고 전립선이 매우 발달되어 있다.

❺ 음경은 수컷의 교미 기관으로 음경근, 음경체, 음경구두로 나눈다.

❻ 난자 생산과 난포 호르몬 및 황체 호르몬을 분비하여 각종 성적인 작용을 조절한다. 난포 가 성숙되면 파열되어 난자와 난포액이 밖으로 배출되는 현상을 배란(ovulation)이라고 한 다. 애완견은 다배란 동물이다.

❼ 난관은 난소에서 자궁각까지의 관으로 정자와 난자의 수정이 이루어진다.

❽ 자궁의 형태는 쌍각자궁과 분열자궁의 중간형으로 자궁체에 약간의 중격이 있으며 자궁 경, 자궁체, 자궁각(2개)의 3부분으로 이루어져 있다.

❾ 질은 자궁경에서 외음부까지 연결된 암컷의 교미 기관이며 외음부는 대음순, 소음순, 음핵 으로 되어 있고 성적 충동 시 분비 활동을 한다.

❿ 번식 적령기는 소형견은 12개월령, 중·대형견은 15~18개월령 이후에 번식에 공용하는 것이 바람직하다.

⓫ 애완견의 발정 주기는 생후 7~8개월(평균 7.5개월)이며 발정은 계절과 관계없이 연중 발정하나 주로 이른 봄과 가을에 잘 나타나고 지속기간은 15일~18일이다.

⓬ 발정기는 발정 전기(출혈시기), 발정기(수캐 허용기), 교미 적기, 발정 후기, 발정 휴지기로 나눈다.

⓭ 교배의 적기는 발정 개시 후 10~15일이다.

⓮ 교배적기의 판정은 출혈의 색이 붉은색에서 묽은 핑크색으로 변하며 엷은 점액이 많이 생기고 팽창된 외음부가 수축하여 다소 쭈글쭈글해질 때이다.

⓯ 임신 기간은 59~65일(평균 63일)이며 수태 두수가 많으면 분만일이 빠르고 두수가 적으면 분만일이 다소 늦어진다.

⓰ 임신중독은 필라리아(filaria: 모기의 흡혈로 전파되는 사상충으로 혈액 내로 들어가 감염되며 순환계, 림프계에 기생한다)의 기생으로 인한 혈액의 순환 저해로 발생하며 안구돌출이나 사지경련 등의 증세가 나타난다.

⓱ 분만과정은 제1기: 개구기, 제2기: 만출기, 제3기: 후산기로 구분한다.

⓲ 산자수는 한배에 2~10마리, 평균 4~6마리를 낳으며 품종에 따라 차이가 크다.

⓳ 식자벽이란 태어난 새끼를 어미가 물어 죽이거나 먹는 증상을 말하며 분만 시 외부인의 출입을 삼가고, 조금 어둡게 하면 모견을 안정시키므로 예방할 수 있다.

⓴ 인공수정이란 난자와 정자의 결합을 자연교미에 의하지 않고 인위적으로 수컷의 정액을 채취하여 암컷의 생식기내에 주입하여 수태시키는 것을 의미한다.

1. 다음 중 수캐의 생식 기관에 속하지 않는 것은?

   ① 음경   ② 난관   ③ 정소상체   ④ 전립선   ⑤ 정소

2. 다음 중 정소상체의 기능이라고 볼 수 없는 것은?

   ① 정자의 생산   ② 정자의 운반   ③ 정자의 농축   ④ 정자의 성숙   ⑤ 정자의 저장

3. 수캐의 생식기관의 기능에 대한 설명이 바르지 않은 것은?

   ① 난소의 기능은 정자의 생산과 웅성호르몬을 분비한다.

   ② 정소상체는 두부, 체부, 미부의 3부분으로 되어 있다.

   ③ 정낭선과 요도구선이 없고 전립선이 매우 발달되어 있다.

   ④ 음경은 수컷의 교미 기관으로 해면체 조직으로 되어 있다.

   ⑤ 음경은 음경골이 있고 음경근, 음경체, 음경귀두로 나눈다.

4. 성숙된 난포가 파열되어 난자와 난포액이 배출되는 생리 현상은?

   ① 발정   ② 임신   ③ 교미   ④ 분만   ⑤ 배란

5. 다음 중 정자와 난자가 수정되는 부위는?

   ① 난소   ② 난관   ③ 자궁각   ④ 자궁경   ⑤ 질

6. 다음 중 수정란이 착상하여 발육되는 암캐의 생식 기관은?

   ① 난소   ② 난관   ③ 자궁각   ④ 자궁경   ⑤ 질

7. 다음 중 발정 징후가 아닌 것은?

   ① 불안해하며 배회하고 식욕이 부진하다.

   ② 외음부가 충혈되고 배뇨 횟수가 증가한다.

   ③ 복부가 팽대해지고 젖이 분비된다.

   ④ 외음부에 선홍색의 출혈이 있다.

   ⑤ 주위의 수캐들이 몰려들기 시작한다.

정답 1. ② 2. ① 3. ① 4. ⑤ 5. ② 6. ③ 7. ③

8. 다음 중 애완견의 교배 적기는?

① 불안해 하고 식욕이 부진한 발정 준비기이다.

② 출혈의 색이 엷어지고 외음부가 수축되는 시기이다.

③ 외음부가 커지고 출혈색이 진해지는 시기이다.

④ 외음부가 충혈되고 배뇨 횟수가 증가하는 시기이다.

⑤ 발정 징후가 없어지고 점액이나 출혈이 없는 시기이다.

9. 다음 중 개의 평균 임신기간은?

① 31일   ② 63일   ③ 90일   ④ 114일   ⑤ 151일

10. 다음 중 임신중독증의 원인이 되는 것은?

① 필라리아   ② 회충증   ③ 일본 뇌염   ④ 개홍역   ⑤ 파보바이러스

11. 다음 중 분만 징후가 아닌 것은?

① 행동이 불안하고 바닥을 긁거나 배회한다.

② 체온이 1℃ 정도 저하된다.

③ 분만 당일에 사료를 먹지 않는다.

④ 다른 개의 등에 올라타는 행동을 한다.

⑤ 분만이 가까워지면 외음부를 핥는다.

12. 다음 중 인공수정의 장점이 아닌 것은?

① 우수한 종견의 정액을 확대 공급할 수 있다.

② 정액의 수송과 장기간 보관이 가능하다.

③ 자연교미가 불가능한 경우에도 수정시킬 수 있다.

④ 생식기를 통한 병의 전염을 방지할 수 있다.

⑤ 자연 교미할 때보다 산자수가 증가한다.

13. 애완견의 인공수정 시 1회 수정에 필요한 정자의 수는?

① 5천~1억   ② 1억~2억   ③ 3억~4억   ④ 4억~5억   ⑤ 5억~6억

애완견의 사양 관리

1. 영양소의 소화와 흡수

2. 영양소의 대사작용

3. 애완견의 영양과 사료

4. 애완견의 사양 관리

✳ 학습 결과의 정리 및 평가

VI

애완견은 생명을 유지하고 여러 가지 생산 활동을 위한 영양소가 필요하며 이러한 영양소의 공급은 사료를 통하여 이루어진다.

이 단원에서는 영양소의 소화와 흡수 과정, 영양소의 요구량, 사료의 종류와 특성, 사료의 급여량과 급여 방법 등 사양관리 전반에 대한 이론과 실제를 학습한다.

1. 영양소의 소화와 흡수

1. 애완견 소화 기관의 명칭을 알고 소화기관을 식별할 수 있다.
2. 소화작용의 과정을 알고 소화액의 작용을 설명할 수 있다.

1. 소화 기관과 작용

애완견의 소화 기관은 입, 식도, 위, 소장(십이지장, 공장, 회장), 대장(맹장, 결장, 직장) 및 항문으로 되어 있다.

사료가 소화 기관을 통과하면서 물리적(분쇄), 화학적(효소) 작용을 받아 분해되는 것을 소화(digestion)라고 하며 소화된 영양소는 장벽을 통하여 흡수되어 대사작용을 한다.

1. 입

애완견의 이빨은 육식동물처럼 예리하고 튼튼하며 성견의 이빨은 윗니 20개, 아랫니 22개로 모두 42개이다. 형태는 연령에 따라 변화함으로 연령을 감정할 수 있다.

입에서는 저작 활동을 하는데 앞니와 송곳니는 먹이를 물고 자르며, 앞어금니와 뒤어금니는 먹이를 씹어 잘게 부수는 역할을 한다.

침은 턱밑샘과 혀밑샘에서 분비되며 특히 점액선이 발달되어 있다. 침은 사료에 수분을 공급하여 저작이나 연하를 용이하게 한다.

2. 식 도

식도는 입에서 위까지이며 사료가 식도에 들어가면 연동 운동이 시작되어 위로 보내진다. 식도의 연동은 동물의 종류나 신경분포에 따라 다르며 애완견은 초당 2~5cm의 속도로 사료가 식도를 통과하는데 4~5초 걸린다.

3. 위

위는 소화기관 용적의 약 60%를 차지하며 위액과 연동운동(분당 3~6회)에 의해 소화되어 이동한다. 위 내용물이 없어지는 데 4~6시간이 걸린다.

4. 소 장

소장은 십이지장, 공장, 회장으로 이루어져 있으며 비교적 굵고 길이가 약 4m이며 근층도 잘 발달되어 있다.

위에서 부분적으로 소화된 음식물은 소장에서 분비되는 각종 소화 효소와 소장의 분절, 진자, 연동 운동에 의해 소화·흡수된다. 간에서 만들어지는 답즙(쓸개즙)은 소장으로 분비되어 지방의 소화·흡수에 중요한 역할을 한다.

5. 대 장

대장은 맹장(길이 약 12~15cm), 결장, 직장으로 이루어져 있고, 소장과 굵기가 거의 같으며 길이는 약 60~75cm 정도이다. 육식성의 동물이므로 일반적으로 맹장이 짧다. 대장의 흡수 능력은 대단히 크며 무기염류 등과 물이 흡수된다.

2. 영양소의 소화와 흡수

각 소화 기관에서 분비되는 소화액, 영양소와 최종 분해 산물은 다음과 같다.

표 1-6-1 효소에 의한 소화

기 관	소화액	효소명	영양소	최종 분해산물
잎	침	아밀라아제	전분	엿당, 포도당, 덱스트린
위	위액	펩신	단백질	펩톤, 프로테오스, 아미노산
		레닌	카세인	파라 카세인, 프로테오스
십이지장	이자액	트립신	단백질	펩톤, 프로테오스, 아미노산
		리파아제	지방	지방산, 글리세린
		아밀라아제	녹말	엿당, 포도당, 덱스트린
소장	장액	리파아제	지방	지방산
		말타제	엿당	포도당
		펩티다제	펩톤, 프로테오스	아미노산

2. 영양소의 대사작용

학습목표

1. 유기 영양소와 무기 영양소를 분류할 수 있다.
2. 각 영양소의 종류와 기능을 파악하고 대사작용을 설명할 수 있다.
3. 각 영양소의 결핍 증상을 알고 균형 잡힌 영양소를 공급할 수 있다.

동물의 생명 유지와 성장·발육, 생산 활동 등을 위하여 외부로부터 공급되는 물질을 영양소(nutrients)라고 하며 섭취한 영양소가 체내에서 소화, 흡수, 이용되고 노폐물을 체외로 배설하는 과정을 영양(nutrition)이라 한다.

1. 영양소의 분류

영양소는 그 구조와 생리 기능에 따라 탄수화물(가용무질소물, 조섬유), 지방, 단백질, 무기물(광물질), 비타민으로 분류하며 수분도 중요한 기능을 한다.

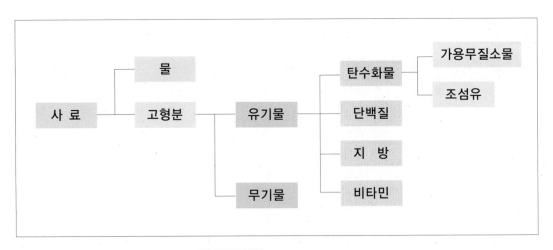

그림 1-6-1   영양소의 분류

2. 영양소의 대사작용

1. 단백질(Protein)

단백질은 약 20여 종의 아미노산으로 구성되어 있으며 이중 10개의 필수 아미노산은 먹이의 형태로 반드시 공급되어야 한다.

단백질은 세포의 구성성분으로 동물의 성장 발육, 유전인자의 구성, 대사와 합성에 필요한 효소와 호르몬의 주성분으로서 다른 영양소로 대체할 수 없는 매우 중요한 영양소이다.

단백질이 결핍되면 다음과 같은 결핍증상이 발생한다.

① 성장지연, 체중감소, 저 단백질증이 발생하고 단백질이 고갈되어 폐사한다.

② 항체를 형성하지 못하며 젖 생산량이 줄어든다.

③ 사료 중의 필수아미노산 한 가지가 부족하면 섭취량이 감소된다.

필수아미노산이란? 보 충 학 습

단백질은 아미노산으로 구성되어 있으며 그중 10개의 아미노산은 가축이 체내에서 합성할 수 없으므로 사료의 형태로 공급해 주어야 한다. 이러한 아미노산을 필수아미노산이라고 하며 그 종류는 다음과 같다.

phenylalanine(페닐알라닌), valine(발린), methionine(메티오닌), arginine(아르기닌), threonine(트레오닌), tryptophan(트립토판), histidine(히스티딘), isoleucine(이소류신), leucine(류신), lysine(리신)

---

2. 지방(Fat, Lipid)

지방은 1g당 9kcal의 고열량 에너지를 발생한다. 필수지방산 중 리놀레산, 리놀렌산은 반드시 먹이의 형태로 외부로부터 공급되어야 한다. 그러나 아라키돈산은 체내에서 합성된다.

필수지방산을 공급해 주기 위해서는 적당량의 식물성 지방질 사료를 공급해 주어야 한다.

지방이 부족하면 성장 저해, 번식장애가 일어나며 특히 피부가 거칠어지고 탈모가 일어나므로 부족되지 않도록 해야 하나 과도한 공급은 비만의 원인이 된다.

3. 탄수화물(Carbohydrate)

탄수화물은 단당류, 이당류, 다당류로 구분하며 가장 경제적인 에너지 공급원으로 1g당 약 4kcal 에너지를 발생함으로써 애완견에게 에너지를 공급하는 중요한 영양소이다. 또한 뇌와 신경조직의 구성성분이며 유당은 칼슘의 흡수를 돕는다.

탄수화물은 간장이나 근육 속에 글리코겐으로 존재하며, 탄수화물을 많이 섭취하면 육식을 하는 것에 비해 간장에 저장되는 글리코겐이 많아진다. 전분은 삶거나 가열하여야 소화율이 향상되며, 식물에 포함된 섬유소는 거의 소화되지 않는다.

탄수화물의 대사에는 비타민 B군이 필요하며 설탕이 첨가되면 비타민 B군과 Ca의 필요량이 증가한다.

4. 비타민(Vitamin)

비타민은 수용성 비타민으로 B군, C 등이 있고, 지용성 비타민은 A, D, E, K가 있으며 소량으로 동물의 발육이나 에너지의 이용, 대사 조절, 화합물 합성 등에 관여한다.

① 지용성 비타민

표 1-6-2 지용성 비타민의 종류

종 류	결 핍 증	함유된 사료
비타민 A	안염, 식욕부진, 체중감소, 운동실조, 결막염, 각막궤양, 피부손상, 폐렴, 발육 부진	생선, 간, 녹색의 채소, 당근, 토마토, 김, 과일
비타민 D	골다공증, 골연증, 구루병	간유, 난황, 버터, 치즈
비타민 E	정자 형성과정의 불능, 불임 근육 무력증	식물성 기름, 콩류, 녹황색 채소, 난황, 간유
비타민 K	프로트롬빈 합성을 조절한다.	장에서 비타민 K를 합성한다.

② 수용성 비타민

표 1-6-3   수용성 비타민의 종류

종 류	결 핍 증
티아민(B1)	식욕부진, 성장지연, 변비, 구토가 발생되며 곡류에 많이 함유되어 있다.
리보플라빈(B2)	식욕부진, 설염, 무감각, 쇠약, 피부염, 결막염이 발생한다.
판토텐산	식욕감퇴, 성장률 저하, 지방산 대사 장애, 경련, 소화기 장애가 발생한다.
니아신	신경 장애, 식욕부진, 홍반, 입과 인후의 염증과 궤양, 침 흘림 증상이 나타난다.
피리독신(B6)	탈 탄산작용과 아미노산 대사작용에 관여하며 결핍 시 식욕부진, 성장이 지연되고 효모, 밀, 옥수수, 간, 어육 등에 함유되어 있다.
비오틴	탈 산화작용을 하며 결핍 시 피부에 비듬, 각질화가 발생한다.
코발라민(B12)	단백질 대사와 혈액 생성에 관여, 결핍 시 빈혈, 저항력이 저하된다.
콜린	지방 대사에 관여하며 결핍 시 지방간, 성장 장애 등이 발생한다.
비타민 C	감기의 예방 등 저항력을 증강시킨다. 결핍증으로는 출혈증상, 빈혈, 구내염, 설염, 권태감, 피부 창백 등이 나타나며 채소, 과일에 풍부하다.

5. 광물질(Minenal)

광물질은 체내에 2~5% 정도 있지만 골격 형성, 산·염기 평형 유지, 삼투압 유지, 빈혈 방지, 식욕 증진을 위한 기능을 가지고 있다. 다량으로 필요한 광물질로는 칼슘(Ca), 마그네슘(Mg), 나트륨(Na), 칼륨(K), 인(S), 염소(Cl), 황(S) 등이 있으나 애완견은 땀샘이 적어 염분을 잘 배출하지 못하므로 소금을 적게 주어야 한다.

표 1-6-4   광물질의 종류

종 류	작 용	결 핍 증	요구량 (체중kg/1일)
칼슘	뼈와 이의 주성분, 혈액응고	경련, 골다공증, 골절, 출혈	320 mg
인	뼈와 이의 성분, 레시틴 성분	골연화증, 구루병, 식욕부진	119 mg
나트륨 염소	생리작용, 체액 성분, 삼투압 조절, 산·염기의 평형 유지	피부 건조, 피로, 물 섭취 감소, 성장 지연, 털의 손실	11 mg
칼륨	세포 및 혈액 성분	성장 미숙, 근육 마비, 심장·신장 장해	17 mg
마그네슘	뼈의 성분, 체액 조절	식욕부진, 구토, 경련, 발작	8.2 mg
철	혈액 성분, 빈혈 예방, 산소운반	빈혈, 산소 결핍증, 저색소증	0.65 mg
구리	산화환원 조효소, 빈혈 예방	헤모글로빈 합성 저하, 빈혈	0.06 mg
망간	골격, 혈액 성분	번식 및 신경계 장해	0.10 mg
아연	성장, 번식 활동, 시각 작용	성장 장애, 탈모, 구토, 결막염	0.72 mg

6. 물(Water)

애완견의 몸은 약 60~70%의 물로 구성되어 있으며 체중의 10% 이상 탈수되면 생명이 위험할 정도로 매우 중요하다. 물의 기능은 다음과 같다.

① 영양소를 가수분해하고 흡수하여 조직으로 운반하고 노폐물을 체외로 배설한다.

② 체액의 주성분이고 조직 연결부위의 윤활 작용을 한다.

③ 체내의 열을 효과적으로 흡수하여 체온조절을 한다.

물의 요구량은 품종, 체중, 사료의 종류, 외기의 온도, 운동량, 포유 등에 따라 다르나 보통 1일 급여량은 체중 1kg당 50~70mL(5kg→ 250~350mL)이다.

3. 애완견의 영양과 사료

학습목표

1. 영양소 요구량에 따른 균형있는 사료를 공급할 수 있다.
2. 건강 상태와 계절에 따른 적정한 사료를 급여할 수 있다.

1. 에너지 요구량

애완견이 섭취하는 에너지를 체내에서 이용되는 용도별로 분류하면 유지, 활동, 성장, 비유에 필요한 에너지로 구분할 수 있다.

표 1-6-5　애완견의 에너지 요구량

구　　분	유지 에너지	성장 에너지	임신 에너지	비유 에너지
요구량(kcal/kg/ 일)	132kcal	132kcal	225kcal	560kcal

일반적으로 에너지가 결핍되면 다음과 같은 증상이 나타난다.
① 체중이 줄어든다.
② 부분적 또는 완전한 절식 상태에서는 내장 기관들이 위축된다.
③ 강아지는 특히 에너지 결핍에 매우 예민하며 성장이 지연, 정지 될 수 있다.
④ 성견은 골다공증에 걸릴 위험이 있다.
⑤ 비유 중지나 임신기에 유산이 일어날 수도 있다.
⑥ 체력이 저하되어 기생충이나 다른 세균에 감염될 염려가 있다.
강아지는 성장 단계에 있기 때문에 성견에 비해 단위 체중당 약 2~3배의 에너지를 요구한다.

참고 에너지(Energy)
어떤 일을 할 수 있는 능력을 말한다. 1cal 는 1기압에서 물 1g을 온도 14.5 ℃에서 15.5 ℃로 1℃ 올리는 데 소요되는 열량이다(1kcal=1,000cal).

2. 품종에 따른 영양소 요구량

사료는 영양학적으로 단백질 22~25%, 탄수화물 50%, 지방 5~8% 정도의 비율이 이상적이다.

대사에너지 요구량은 체중 1kg당 소형견 110kcal, 대형견 60kcal 가 필요하며 성장 발육기의 강아지나 임신 중의 개는 평소보다 2배 정도의 칼로리가 더 필요하다.

단백질 요구량은 체중 1kg당 4.8g이며 품종에 따른 영양소 요구량 과 사료 급여량은 다음과 같다.

표 1-6-6 품종에 따른 영양소 요구량과 사료 급여량

품 종	구 분	체 중 (Kg)	대사에너지 (kcal)	완전 영양 통조림(g)	건조사료 (g)	반건조사료 (g)
페키니즈	강아지	0~4	150~180	–	–	–
	성견	5	550	400	150	170
닥스훈트	강아지	1~7	300~1,000	–	–	–
	성견	10	1,000	750	250	280
진돗개	강아지	3~15	500~1,700	–	–	–
	성견	20	1,800	1,200	400	450
콜리	강아지	5~19	700~2,100	–	–	–
	성견	30	2,300	1,500	530	600
저먼 셰퍼드	강아지	7~23	1,000~2,300	–	–	–
	성견	40	2,500	1,900	650	750

3. 애완견의 사료

1. 자가 조리 사료

애완견의 사료는 고기, 곡류, 유제품, 생선, 채소 등을 영양소 요구량과 기호성에 알맞게 조리하여 준다. 조리할 때는 과도한 열을 가하여 비타민이 파괴되지 않도록 유의한다. 가정에서 조리하여 급여할 수 있는 사료는 다음과 같다.

① 채소, 고기: 채소와 고기의 배합은 균형있는 영양분을 갖춘 이상적인 사료이다.

② 얇게 간 고기: 식욕이 부진한 애완견의 식욕을 회복시키는 역할을 한다.

③ 간: 간에는 인과 비타민 A와 D가 풍부하다.

④ 달걀노른자: 지용성 비타민이 함유되어 피부나 털을 윤택하게 한다.

⑤ 바나나: 변이 무르거나 설사를 할 경우 주는 것이 좋다.

애완견의 먹이는 영양적으로 단백질, 지방, 탄수화물, 무기물, 필수아미노산, 각종 비타민류 등이 균형을 이루어야 한다. 다만 비타민 C와 K는 애완견의 체내에서 합성되므로 과일, 채소를 다량으로 줄 필요는 없다.

일반적으로 쇠고기(지방이 없는 것), 말고기, 닭고기, 뼈를 제거한 생선, 달걀, 치즈, 강아지용 분유 등은 기호성이 좋은 사료이다. 그러나 한 종류의 사료를 계속 급여하면 영양적인 불균형을 초래함으로 혼합된 사료를 급여하는 것이 바람직하다. 자가 사료 제조 시 주어서는 안 되는 사료는 다음과 같다.

표 1-6-7　주어서는 안 되는 사료의 종류

구 분	종 류	이 유
1	닭 뼈, 생선 뼈, 게	입, 식도, 장을 상하게 하거나 폐쇄의 원인이 된다.
2	문어, 오징어, 쥐포	저단백이며 소화가 잘 안 된다.
3	양파, 파 종류	적혈구를 파괴하여 독성 현상이 나타난다.
4	꽁치, 정어리 등	지방이 많아 습진, 알레르기, 탈모의 원인이 된다.
5	과자, 사탕 등	당분이 많은 과자류는 충치의 원인이 된다.
6	달걀의 흰자	설사의 원인이 된다.
7	우유 및 유제품	유당 분해효소인 락타아제의 분비가 적어 설사의 원인이 된다.
8	고추, 후추, 식초	향신료, 자극성 음식, 감미료는 신경질적으로 만든다.
9	채소류	체내에서 비타민 C를 합성하나 변비에는 효과가 있다.
10	짠 음식	염분은 땀샘이 적어 땀으로 배출이 잘 되지 않는다.
11	밥, 비스킷, 사탕, 초콜릿	설사, 비만의 원인이 된다.

2. 애완견 전용사료

시중의 판매 제품은 건조 사료(익스트루전), 연질 사료, 습식 사료, 고기 통조림 등이 있다.

1 애완견 사료의 종류와 특징

① 건조 사료(dry food): 수분이 10% 내외로 익스트루전 형태로 먹이기 쉽고 장기간 보관이 가능하며 이빨을 단단하게 한다.

② 습식 사료: moist food(수분 25% 내외)와 wet food(수분 75% 내외)로 구분하며, 맛이 좋고 휴대가 간단하나 보존성이 좋지 않고 가격이 비싸다.

③ 통조림: 수분이 60~70%로 기호성이 좋으나 값이 비싸고 개봉 뒤에 냉장고에 보관해야 하며 쉽게 상할 염려와 과식할 우려가 있다. 식욕 부진, 질병 감염 시 급여하면 효과적이다.

2 애완견 전용사료의 장점

애완견 전용사료의 장점은 다음과 같다.

① 균형있는 영양분이 함유되어 성장, 번식 및 건강을 유지할 수 있다.

② 다양한 종류가 있으므로 종류와 연령에 따라 선택할 수 있다.

③ 품질이 일정하여 과식, 섭취 기피 또는 영양의 과잉이나 결핍이 없다.

④ 제조 과정이 위생적이므로 질병 예방에 도움이 된다.

⑤ 사료를 조제하는 데 소요되는 시간, 노력 등이 절약될 수 있다.

⑥ 배설량의 감소로 청결 유지에 도움이 된다.

애완견 전용사료는 애완견 시장이 확대됨에 따라 생산 회사가 증가되고 각 회사마다 특징 있는 사료를 생산하므로 신중한 선택이 필요하다.

익스트루전(extrusion) 이란?

　사료가공의 한 형태로 분쇄한 원료사료를 충전한 상태로 가압 후 일정한 배출구로 압출하는 과정에서 90℃ 내외의 마찰열에 의하여 익게 되어 소화율이 향상되고 급이가 편리하도록 가공한 사료로 납작한 알약 모양으로 되어 있다.

그림 1-6-2　익스트루전 사료의 형태

3. 사료와 물의 급여

① 사료 급여량과 급여 횟수

　애완견의 먹이 급여량은 견종, 나이, 체중, 건강 상태, 수유 여부 등에 따라 조금씩 다르다. 성장 · 발육기의 강아지는 성견이 필요로 하는 열량의 두 배를 필요로 하며 체중 증가에 따른 필요 열량의 기준은 다음과 같이 계산한다.

　❿ 체중 10kg의 성견 기준
　　– 1kg의 강아지: 성견 필요 cal × 2.0
　　– 5kg의 강아지: 성견 필요 cal × 1.5
　　– 7kg의 강아지: 성견 필요 cal × 1.2
　애완견 사료 급여량의 기준은 다음과 같다.

> **참고**
> 4개월령 애완견 체중이 10kg 일 경우 10kg×3/100=300g 즉, 하루에 300g을 주면 된다.

표 1-6-8　　사료 급여량과 급여 횟수

구　　분	급 여 량	급 여 횟 수
3개월 미만	체중의 4%	4~5회(아침, 점심, 저녁, 밤)
3개월~6개월	체중의 3%	3~4회(아침, 점심, 저녁)
6개월 이상	체중의 2%	2회(아침, 저녁)
1년 이상	체중의 2%	1회(저녁)

사료 급여량은 일반적으로 애완견의 배변상황을 보고 조정하는 것이 가장 융통성 있는 방법이다. 과식할 경우에는 설사나 묽은 변을, 급여량이 적으면 변비가 생길 수 있다.

노견이 소화 기능이 저하되어 사료를 남기는 경우에는 사료량을 점차 줄인다.

② 물의 급수

물의 요구량은 품종, 체중, 사료의 종류, 외기의 온도에 따라 다르나 보통 1일 체중 1kg당 50~70mL이다(체중 5kg → 250~350mL). 자동급수기를 이용하여 항상 먹을 수 있도록 하는 것이 좋다. 육식을 주로 하는 애완견은 노견이 될수록 몸이 산성화되므로 물 공급 시 칼슘 이온수나 약 알칼리성의 물을 주는 것이 좋다.

4. 사료 급여 시 유의점

애완견은 사람과 달리 다양한 종류의 먹이를 원하지 않는다. 균형 있는 사료와 신선한 물을 급여한다. 먹이의 종류를 갑자기 바꾸면 소화 장애가 일어나고 입맛이 까다로워지기 쉽다. 만일 먹이를 바꿀 경우에는 5~7일에 걸쳐서 서서히 교체하여야 한다.

임신견, 포유 중인 모견, 성장기 강아지, 운동을 많이 하는 애완견은 평소보다 더 많은 영양이 요구되며 2~3회 나누어 급여하는 것이 좋다.

탐구활동

1. 시판되고 있는 애완견 사료의 형태와 크기, 특성을 조사해 보자.
2. 성장 단계별 사료의 영양소 함유량과 가격을 비교해 보자

4. 애완견의 사양 관리

학습목표

1. 초유의 중요성을 알고 초유의 급여와 대용초유를 조제할 수 있다.
2. 성장 단계에 따른 사양 관리를 할 수 있다.
3. 계절에 따른 적합한 사양 관리를 할 수 있다.

1. 포유기의 사양 관리

1. 초유의 중요성

초유는 분만 후 5일까지 분비되는 젖으로 항병력을 가진 면역물질과 단백질, 지방, 비타민, 무기물 등 영양소가 많이 함유되어 강아지의 성장 발육에 중요한 역할을 한다. 또한 완하제 작용을 하여 태분을 배출하는 기능이 있다.

2. 초유의 급여 시기

강아지가 태어나기 전에 모체로부터 5~10%의 이행 항체를 태반을 통해 전달받고 90~95%는 초유를 통해서 받는다.

초유의 글로불린(면역 항체)은 십이지장과 소장에서 흡수되는데 시간이 경과할수록 흡수율이 급격히 떨어지기 때문에 분만 후 15~30분 이내에 급여하는 것이 좋다.

3. 고아가 된 강아지 관리

모견이 분만한 후 사망 또는 질병에 감염되는 등 초유를 급여하지 못할 경우에는 다음과 같은 관리를 한다.

① 비슷한 시기에 분만한 다른 모견의 오줌을 강아지에게 묻혀 위탁 포유시킨다.
② 시판 대용유(분유의 형태)를 구입하여 급여한다.
③ 초유를 먹지 못한 강아지는 초유 대용유를 조제하여 급여하면 효과적이다.
④ 강아지의 방은 따뜻하고 청결하게 한다.

⑤ 적당한 습도를 유지시켜 호흡기 질병을 예방한다.

⑥ 예방 접종을 적기에 실시한다.

실습 Ⅵ-1　　　　　　　　　　　초유 대용유의 조제

① 기구 및 재료

시판 대용유, 우유, 포유병 또는 주사기(20㏄ 이상)

② 순서와 방법

① 물을 100℃ 이상 끓인 후 체온(38.5℃) 정도로 식힌다.

② 대용유(분유) 1 : 물 8 (①의 물)의 비율로 희석한다.

　시판 중인 우유를 사용할 때는 체온 정도로 데운다.

③ 우유 600mL + 끓인 물 300mL(또는 ②의 대용유) + 달걀 흰자 1개 + 크림100g +

　간유 7mL + 항생제와 비타민 소량을 넣고 혼합한다.

④ 포유병 또는 주사 바늘을 뺀 주사기를 사용하여 포유한다.

⑤ 급여량은 체중의 10%를 1일 3~4회 급여한다.

③ 유의점

① 강제로 무리하게 급여하면 우유가 기도로 들어가 폐렴을 일으킬 수 있다.

② 포유병을 비롯한 모든 기구는 반드시 소독 후 사용한다.

④ 평가

평 가 항 목	평 가 사 항	평 가 관 점
대용유 조제	● 대용유 조제 ● 급여 방법	● 물을 끓인 후 체온 정도로 식혔는가? ● 물과 분유, 기타 재료의 희석과 혼합이 정확한가? ● 포유 자세와 방법이 바르고 적당량을 포유하였는가?

⑤ 참고: 우유와 견유의 성분 비교(%)

구 분	지 방	유 당	단백질	카세인	알부민	무기물
우 유	3.8	4.6	3.3	2.8	0.4	0.7
건 유	9.0	3.1	8.0	3.5	4.5	0.8

2. 강아지의 사양 관리

강아지의 성장은 조기에 급속히 이루어지며 대부분 생후 1년 안에 완료되기 때문에 이 시기의 영양공급은 매우 중요하다. 이 성장기간 동안은 골격 및 근육 형성, 모질 개선, 질병에 대한 저항성을 갖게 되므로 강아지는 성견에 비해 체중의 2배 정도의 영양을 필요로 한다.

초소형 견종은 5~6개월령, 소형 견종은 8~10개월령, 중·대형 견종은 12~24개월령에 발육이 완성된다.

강아지의 먹이 급여 요령은 다음과 같다.

① 강아지용 애견 사료를 급여하는 것이 좋다.

② 소형 애완견은 이유 전(6~8주)까지 습식 상태로 급여한다.

③ 급이기는 매일 청소하고 신선한 물을 항상 급여한다.

④ 우유의 급여는 유당 소화능력이 떨어지므로 설사를 할 수도 있다.

강아지 성장에 영향을 미치는 요인　　보충학습

① 유전(Genetic potential)　　② 환경(Environment condition)

③ 신체상태(Physical condition)　　④ 품종(breed)

⑤ 지역 분포(Geographical distribution)

---

3. 성견의 사양 관리

성견은 일상적 활동에 필요한 영양과 에너지만을 공급해주면 된다. 생후 10개월 이후에는 조단백질 함량이 15~21% 수준으로 1일 1~2회 급여한다. 성견이 이유 없이 먹지 않을 때는 급이기를 치워 버렸다가 다음 번에 먹이를 주면 먹는다. 먹지 않는다고 즉시 좋아하는 것을 주면 입맛이 고급스러워져서 나중에는 감당할 수 없게 된다.

애완견도 늙으면 여러 기관의 기능이 저하되고 운동량이 적어지므로 저칼로리의 먹이를 주어 비만해지지 않도록 한다.

노견의 먹이는 지방 함량이 적고 양질의 단백질이 함유된 것으로 가급적 소화되기 쉽게 조리하는 것이 좋으며 가능한한 씹기 쉽고 소화되기 쉬운 것을 소량씩 주도록 한다.

4. 계절에 따른 사양 관리

1. 봄철

봄은 대체로 활동하기 좋은 계절이지만 환절기이므로 강아지, 노령 견종, 소형견종, 출산 전후, 병후로 몸이 쇠약해진 애완견은 건강에 신경써야 한다.

① 털갈이

봄부터 초여름, 가을에서 겨울사이에 털갈이를 한다. 날씨가 따뜻해지면 신진 대사도 활발해지므로 브러시 등으로 손질해 주면 털갈이를 쉽게 할 뿐 아니라 피부병 예방 및 질병의 조기 발견에 좋다.

② 내·외부 기생충의 구제

기온이 상승하면 내·외부 기생충의 구제가 필수적이다. 내부 기생충은 종합 구충제를 투약하고 외부 기생충 발견 즉시 약을 살포한다.

③ 호흡기 질환 예방

애완견은 환절기 때 감기에 걸리기 쉬우며 기관지염, 폐렴, 디스템퍼(홍역)를 유발할 수 있다. 털 손질을 하거나 사료를 줄 때 식욕, 눈곱, 코의 상태, 기침 등을 세심하게 관찰해야 한다.

2. 여름철

여름철에는 더위로 인하여 체력 소모가 많으므로 육류, 어류 등 고단백질의 먹이를 주도록 한다. 또한 날것은 부패하기 쉬우므로 세심한 주의가 필요하고 식욕이 저하되기 쉬우므로 이른 아침이나 저녁때 먹이를 주는 것이 좋다.

또한 아침저녁으로 적당한 운동을 시키는 것이 식욕에 도움을 준다. 에어컨 등 냉방 시설이 있는 실내에서는 20℃ 이하로 내려가지 않도록 유의한다.

장마철에는 곰팡이 발생이 쉬우므로 개봉한 후에는 수일 내에 급여하고 날 것은 피하며 익힌 사료를 주는 것이 좋다. 패키니즈, 시추와 같은 장모종의 애완견은 털을 짧게 잘라주고 목욕을 시키는 것도 좋다. 무더운 날씨에는 직사광선으로 인해 열사병이나 일사병에 걸리기 쉬우므로 통풍이 잘 되는 그늘이나 우리 내에 얼음주머니를 넣어 두는 것이 효과적이다.

3. 가을철

가을철은 식욕이 왕성한 계절이다. 과식으로 비만이 되지 않도록 한다. 또한 짧은 속털이 자라나는 시기이므로 단백질, 고지방 식품을 주는 것이 좋다.

날씨가 추워지기 시작하면 호흡기 질병의 예방 접종을 해주고 난방 기구의 점검이나 방한 대책을 세워야 한다.

4. 겨울철

겨울철에는 털이 밀생하여 체온이 유지되고 식욕이 왕성하게 된다. 따라서 칼로리가 높은 먹이를 급여하는 것이 좋다. 다만 지나친 영양 공급은 비만과 피부병을 일으킬 수 있으므로 주의하도록 하며, 매일 같은 사람이 일정한 시간에 먹이를 주고 배변 상태를 점검하여 조절한다.

실외견은 남향의 햇볕이 잘 드는 곳으로 옮기고 비나 눈이 맞지 않도록 하며 모포 등을 깔아 준다. 실내견은 충분한 일광욕과 운동을 시키는 것이 좋다.

5. 건강 상태에 따른 사양 관리

애완견도 비만 또는 허약, 식욕부진, 편식 등 식성이 까다로운 경우가 있다. 이런 경우에 바른 먹이 습관의 형성과 영양의 균형을 유지하는 것이 매우 중요하다.

1. 식욕이 부진한 애완견

식욕부진은 대부분의 경우 영양의 균형이 무너졌을 때 일어난다. 우선 비타민이나 칼슘이 부족한가를 점검하고 부족한 영양소를 보충해 주면 식욕이 되살아난다. 이밖에 병에 걸려 식욕이 부진한 경우에는 기호성이 좋은 사료를 주며 소식인 경우에는 급여 횟수를 늘린다.

2. 위장이 약한 애완견

소화 불량이거나 설사를 자주 하는 애완견은 신경질적이므로 세심한 관리가 필요하다. 먹이는 규칙적이며 소화되기 쉬운 것을 주되 1회의 양을 적게 하고 횟수를 늘리도록 한다. 또한 칼슘이 부족한 경우에도 신경질적이 될 수 있으므로 영양의 균형에 주의해야 하고 유산균 음료(요구르트) 등을 급여하면 효과적이다.

3. 편식하는 애완견

편식하는 애완견은 보통 과보호로 키웠을 경우에 많이 나타난다. 강아지 때에 바른 식사 습관을 붙여 주면 편식은 피할 수 있다. 고치는 방법은 좋아하는 것과 싫어하는 것을 섞어 주거나 규칙적인 시간에 먹이를 주고 먹지 않으면 곧 치운다.

4. 비만, 허약한 애완견

대부분 사료와 운동의 균형이 맞지 않아 나타나는 현상이다. 비만견은 사료의 칼로리량을 운동량에 따라 조절하고, 너무 여위었을 때는 필요한 영양분을 충분히 주고 있는지의 여부를 다시 한 번 점검해 본다.

동물도 혈액형이 있을까?

동물들도 긴급한 상황이나 면역력이 떨어질 때 면역력이 높은 애완견의 혈액을 뽑아 수혈한다. 참고로 소의 경우는 A, B, C, F-V, J, L, M, N, S, Z, R`-S`, T 등 12가지 혈액형이 있고, 말은 7가지, 면양은 8가지, 돼지는 15 가지, 닭은 13가지의 혈액형을 가지고 있다.

애완견의 경우에는 다른 동물들처럼 A, B 등으로 나누지는 않고, 7가지 정도의 다른 동종 항체가 존재한다. 애완견의 수혈 시 중요한 것은 A인자가 중요한 역할을 하며 약 63%의 개가 A^+(양성)이고 나머지 37%가 A^-(음성)이다.

수혈을 할 때 피를 제공하는 애완견은 반드시 A^-(음성)이어야 하는데, 그 이유는 A^-(음성)의 피는 양성이나 음성인 개 모두에게 특별한 부작용 없이 피가 서로 섞일 수 있기 때문이다(사람의 O형처럼). 그리고 A^+(양성)인 애완견은 A^+(양성)인 애완견에게만 수혈을 할 수 있다. 다른 동물의 경우는 서로의 혈액형에 관계없이 1회에 한하여 수혈할 수 있다.

용어의 정의

카세인(casein): 젖 속에 들어있는 단백질을 말한다.

펩톤, 프로테오스: 단백질의 중간 분해산물(최종 분해산물은 아미노산).

리파아제: 간에서 생성되는 담즙으로 지방을 유화시켜 분해·흡수를 돕는다.

탐구활동

1. 건강한 애완견의 사육 방법을 알아보자.
2. 성장 단계별, 계절별 사양 관리 요점을 정리해 보자.
3. 비타민, 광물질의 결핍증상을 조사해 보자.

❶ 애완견의 소화기관은 입, 식도, 위, 소장(십이지장, 공장, 회장), 대장(맹장, 결장, 직장) 및 항문으로 되어 있다.

❷ 애완견의 이빨은 대부분의 육식동물과 같이 예리하고 튼튼하며 성견의 이빨은 윗니 20개, 아랫니 22개로 모두 42개다.

❸ 소장은 십이지장, 공장, 회장으로 이루어져 있으며 각종 효소(당, 단백질, 지방, 핵산 분해 효소)와 소장의 분절·진자·연동운동에 의해서 소화·흡수된다.

❹ 대장은 맹장(길이 약 12~15cm), 결장, 직장으로 이루어져 있으며 맹장은 짧다.

❺ 소화를 시키는 과정은 물리적 소화, 화학적 소화, 생물학적 소화의 세 단계로 나눈다.

❻ 영양소는 탄수화물, 지방, 단백질, 광물질, 비타민 등이 있으며 수분도 중요한 역할을 한다.

❼ 단백질은 세포의 구성성분으로 동물의 성장 발육, 유전인자의 구성, 대사와 합성에 필요한 효소와 호르몬의 주성분으로 다른 영양소로는 이 기능을 대체할 수 없는 아주 중요한 영양소이다

❽ 지방 중 리놀레산, 리놀렌산, 아라키돈산은 필수 지방산으로 반드시 먹이의 형태로 외부로부터 공급되어야 한다.

❾ 탄수화물은 에너지를 공급하는 중요한 영양소이며 뇌와 신경조직의 구성 성분이다.

❿ 수용성 비타민에는 비타민 B군, C 등이 있고 지용성 비타민에는 A, D, E, K가 있으며 소량으로 동물의 발육이나 에너지의 이용, 대사작용 조절, 화합물의 합성 등에 관여한다.

⓫ 광물질은 체내에 2~5% 정도 있지만 골격 형성, 산·염기 평형 유지, 삼투압 유지, 빈혈 방지, 식욕 증진을 위한 기능을 가지고 있다.

⓬ 사료는 단백질 22~25%, 탄수화물 50%, 지방 5~8% 정도의 비율이 이상적이다.

⓭ 대사에너지 요구량은 60~110kcal/1kg, 단백질 요구량은 4.8g/1kg이며 성장 발육기의 강아지나 임신 중의 개는 평소보다 2배 정도의 칼로리가 더 필요하다.

⓮ 건조 사료(dry food)는 수분이 10% 내외의 익스트루전 형태로 먹이기 쉽고 장기간 보관이 가능하고 이빨을 단단하게 한다.

⓯ 급여 횟수는 생후 1~3개월령까지 4~5회(아침, 점심, 저녁, 밤), 생후 3~6개월령 3~4회(아침, 점심, 저녁), 생후 6개월~생후 1년 2회(아침, 저녁), 1년 이상 1회(저녁)를 기준으로 한다.

⓰ 금기해야 할 식품은 닭 뼈, 생선 뼈, 게, 문어, 오징어, 쥐포, 양파, 파 종류, 꽁치, 정어리, 과자, 사탕, 달걀의 흰자, 우유 및 유제품, 고추, 후추, 식초, 채소류, 음식, 밥, 비스킷, 초콜릿 등이다.

⓱ 초유는 분만 후 5일까지 분비되는 젖으로 면역 물질과 영양소가 많이 함유되어 있으며 완화제 작용이 있어 태아의 소화관에 있는 태분을 배출하는 기능이 있다.

⓲ 봄철은 환절기이며 털갈이, 내·외부 기생충의 구제, 호흡기질환 예방 등에 신경써야 한다.

⓳ 여름은 더위로 체력 소모가 많으므로 육류, 어류 등 고단백질의 먹이를 주고 식중독에 세심한 주의가 필요하며 이른 아침이나 저녁 때 먹이를 주는 것이 좋다.

⓴ 가을철은 식욕이 왕성하므로 과식으로 비만이 되지 않도록 한다. 또한 털갈이 시기이므로 단백질, 고지방 식품을 주는 것이 좋다.

1. 다음 중 세포, 유전인자의 구성 성분으로 성장 발육에 관여하는 영양소는 무엇인가?

① 단백질　　② 지방　　③ 탄수화물　　④ 광물질　　⑤ 비타민

2. 다음 중 광물질의 기능에 속하는 것은?

① 질병 예방　　② 에너지원　　③ 체지방 형성　　④ 골격 형성　　⑤ 면역 형성

3. 다음 중 애완견의 체내에서 합성하는 비타민은 무엇인가?

① 비타민 A　　② 비타민 C　　③ 비타민 L　　④ 비타민 D　　⑤ 비타민 E

4. 다음 중 애완견의 사료 급여 방법으로 올바르지 않은 것은?

① 과일·채소류는 적게 급여한다.
② 사람이 먹는 음식은 가급적 주지 않는다.
③ 식욕이 부진할 때 비타민제를 급여한다.
④ 일정한 시간에 늘 주던 사람이 준다.
⑤ 식성에 따라 사료의 종류를 자주 바꾼다.

5. 다음 중 6개월 이상 된 성견의 사료 급여량은 체중의 몇 %가 적당한가?

① 1 %　　② 2 %　　③ 3 %　　④ 4 %　　⑤ 5 %

6. 다음 중 애완견의 소화기관 중 소장에 해당되는 것은?

① 십이지장　　② 위　　③ 직장　　④ 결장　　⑤ 맹장

7. 다음 중 효소에 의한 소화 작용의 내용이 바른 것은?

① 입-침-레닌-전분　　　　② 위-위액-펩신-단백질
③ 십이지장-트립신-지방　　④ 소장-장액-리파아제-카세인
⑤ 십이지장-장액-말타아제-펩톤

8. 다음 중 젖 속에 들어있는 단백질의 명칭은?

① 리파아제　　② 펩톤　　③ 카세인　　④ 락타아제　　⑤ 펩신

정답　1. ①　2. ④　3. ②　4. ⑤
　　　5. ②　6. ①　7. ②　8. ③

9. 리놀산, 리놀렌산, 아라키돈산은 무엇인가?

　① 휘발성 지방산　② 아미노산　③ 필수 지방산　④ 복합 비타민　⑤ 소화 효소

10. 다음 중 수용성 비타민에 속하는 것은?

　① 비타민 A　　② B 복합체　　③ 비타민 D　　④ 비타민 E　　⑤ 비타민 K

11. 다음 중 비타민에 관한 설명이 바른 것은?

　① 비타민 K의 결핍 시에는 안염, 식욕부진, 체중감소, 야맹증, 결막염이 생긴다.

　② 비타민 E는 장으로부터 칼슘의 흡수와 골 조직에 칼슘의 축적을 돕는다.

　③ 비타민 D의 결핍 시에는 정자 형성과정의 불능, 불임 등의 증상이 일어난다.

　④ 비타민 A는 장내 합성이 가능하기 때문에 그다지 중요시되지 않는다.

　⑤ 비타민 B_1의 결핍 시에는 식욕부진, 성장지연, 체중감소가 나타난다.

12. 다음 중 골격(뼈)의 형성과 관계있는 광물질은?

　① 칼슘(Ca)　　② 나트륨(Na)　　③ 칼륨(K)　　④ 염소(Cl)　　⑤ 마그네슘(Mg)

13. 애완견의 먹이 중 주어서는 안 되는 것은?

　① 채소, 고기　　② 달걀노른자　　③ 바나나　　④ 간　　　　⑤ 문어, 양파

14. 다음 중 시판 중인 애완견 사료의 형태는?

　① 가루　　　　② 펠릿　　　　③ 크럼블　　④ 익스트루전　⑤ 큐브

15. 다음 중 초유에 대한 설명으로 바르지 않은 것은?

　① 분만 후 5일까지 분비되는 젖이다.

　② 항병력을 가진 면역성 물질이 있다.

　③ 비타민 A와 칼슘이 많이 들어있다.

　④ 태분을 배출하는 기능이 있다.

　⑤ 성 성숙을 촉진하는 역할을 한다.

정답　9. ③　10. ②　11. ⑤　12. ①
　　　13. ⑤　14. ④　15. ⑤

애완견의 미용 관리

1. 목욕시키기(샴핑, 린싱, 드라잉)

2. 발톱 깎기 · 치석 제거

3. 귀 청소 · 눈물 자국 지우기

4. 애완견의 털 손질

5. 귀 자르기 · 꼬리 자르기

6. 래핑(종이 말아 싸기)

7. 도그쇼(전람회)

❋ 학습 결과의 정리 및 평가

VII

애완견은 인간의 반려자로서 청결과 건강은 물론 아름다움을 유지해야 한다. 따라서 목욕은 물론 항문낭 짜기, 발톱 깎기, 치석 제거, 귀 청소 등 건강을 유지시키고 냄새를 없애기 위한 관리와 눈물 자국 지우기, 귀와 꼬리 자르기, 털의 손질, 래핑 등 아름다운 자태를 나타나게 하는 미용은 필수 불가결한 것이다.

이 단원에서는 미용에 관한 전반적인 기술을 학습하기로 한다.

1. 목욕시키기(샴핑, 린싱, 드라잉)

1. 샴핑과 린싱의 목적과 필요성을 설명할 수 있다.
2. 알맞은 샴푸와 린스를 선택하여 샴핑, 린싱, 드라잉을 할 수 있다.

1. 샴 핑(Shampping)

애완견의 목욕은 피부 및 모발의 건강을 위해서 필요할 뿐만 아니라 그 품종의 특징을 잘 표현하는 아름다움을 위해 매우 중요하다.

그림 1-7-1

애완견용 샴푸

1. 샴핑의 필요성
샴핑의 필요성은 다음과 같다.
① 피부와 피모를 청결하고 아름답게 한다.
② 트리밍하기 쉽게 피모를 가지런히 한다.
③ 피부의 신진 대사와 피모의 발육을 촉진시킨다.

2. 목욕(샴핑)의 횟수
목욕을 필요 이상으로 하는 것은 피부병을 유발시키고 털의 윤기와 방수 효과가 없어지며 피모나 피부의 탄력을 잃게 됨으로 일정한 간격을 두고 실시하여야 한다.
목욕은 일반적으로 생후 7주령부터 시작하며 보통 10일에 1회가 적당하나 털 길이의 장단, 털의 질, 털의 양, 털의 상태, 계절에 따라 차이가 있다.

3. 샴푸의 종류
샴푸의 형태는 액체 크림형, 거품형(스프레이), 분말형 등이 있으며 자주 사용하면 피부의 털이 건조해지고 표백작용이 있기 때문에 탈색되는 경우도 있다.

샴푸의 종류는 플레인 샴푸, 오일 샴푸, 드라이 샴푸(온수를 사용하지 않는 분말형), 메디칼 샴푸(피부 질환 치료약 또는 구충제 배합 샴푸), 천연 허브형 샴푸 등 그 종류가 다양하다.

2. 린 싱(Rinsing)

1. 린싱의 목적

① 샴푸로 인한 알칼리성 피모를 중화시킨다.
② 피모에 영양을 주고 피모의 건조를 막아 유연하고 윤기를
　나게 한다.
③ 브러시나 빗이 잘 통과되어 트리밍을 쉽게 한다.
④ 정전기의 방지 효과가 있다.

그림 1-7-2
애완견용 린스

2. 린스의 종류

① 산성린스: 피모의 중화를 위한 린스(식초를 타서 쓰며 털을 탈색
　시킨다.)
② 오일린스, 크림린스: 유성물질에 계면 활성제를 넣어 피모의 유
　연성과 광택을 준다.
③ 칼라린스: 염료 배합으로 염색을 목적으로 한 린스이다.

3. 드라잉(털 건조하기, Drying)

1. 털의 건조 방법

털을 건조시키는 기구(드라이어)는 핸드 드라이어, 스탠드식
드라이어가 있으며, 브러싱하면서 말리는 방법과 상자형 케이
스 드라이어에 강아지를 넣어 말리는 방법, 털이 뜨지 않도록
몸에 수건을 덮고 드라이어로 말리는 방법이 있으며 품종에 따
라 건조 방법이 다르다.

그림 1-7-3
애완견용 드라이

① 털의 결을 따라 건조하는 견종: 말티즈, 시추, 친, 요크셔 테리어 등.

② 털의 결에 역행하여 건조하는 견종: 푸들, 베들링턴 테리어, 비숑 프리제 등.

③ 부분적인 건조 견종: 작은 견종의 숏 커트, 올드 잉글리시 십 도그, 보르조이, 콜리, 셔틀랜드 십 도그의 언더 코트 등.

④ 수건을 덮고 건조하는 견종: 코커 스패니얼

2. 털의 건조 시 주의사항

① 드라이어를 피모에 너무 바싹 붙이지 말고 20㎝ 정도 떨어진 거리에서 댄다.

② 드라이어의 풍량을 많고 열량은 높지 않게 하여 털이 상하지 않게 한다.

③ 피모의 모근에서부터 완전하게 건조시킨다.

④ 장모종은 같은 부분을 계속 말리지 말고 드라이어를 이동하면서 건조시킨다.

⑤ 곱슬 털이나 수축된 털은 같은 부분을 집중적으로 건조시킨다.

⑥ 건조 시에는 빗질(브러싱)을 부드럽고 빠르게 실시한다.

⑦ 얼굴 정면에 드라이어를 대지 않는다.

실습 Ⅶ-1   **애완견 목욕시키기**

1 기구 및 재료

스테인리스제 또는 폴리에틸렌의 욕조, 애완견 전용 샴푸, 린스, 브러시(슬리커), 드라이어, 전용 타월(수건), 코움(빗), 스펀지, 탈지면이나 거즈, 미용복, 탈지하지 않은 솜

② **목욕 순서와 방법**

① 목욕시키기 전에 빗질을 하여 털이 엉킨 부분을 풀어주도록 한다.

② 귀에 물이 들어가지 않도록 솜을 말아 넣어준다(가공하지 않은 솜을 쓴다).

③ 샴푸를 하기 전에 꼬리 밑의 항문낭을 엄지와 검지로 짜낸다.

④ 39~40℃의 온수에 놀라지 않도록 천천히 뒷발부터 시작하여 앞발, 몸통, 얼굴 순으로 담근다.

⑤ 등을 따라 적당량의 샴푸를 바르고 옆구리와 발까지 잘 문지르면서 충분히 거품을 내어 골고루 감긴다.

⑥ 머리를 제일 마지막으로 씻기고 눈과 코에 샴푸가 들어가지 않도록 주의한다.

⑦ 발과 귀, 꼬리 등 말단 부분의 더러운 부분을 깨끗하게 닦아 준다.

⑧ 린스로 샴푸와 같은 방법으로 마사지 해 준다.

⑨ 턱을 잡아 머리를 뒤로 젖혀 눈에 물이 들어가지 않게 머리부터 서서히 아래쪽으로 완전히 씻어낸다.

⑩ 수건으로 전신의 물기를 최대한 제거한다.

⑪ 핀 브러시로 빗으면서 드라이어로 배→겨드랑→발→등→전신→후신→발가락 순으로 완전히 말린다.

⑫ 마른 털은 결을 따라 빗질하여 말끔히 정리해 준다.

③ **유의점**

① 귀나 눈에 물이나 세제가 들어가지 않도록 한다.

② 목욕 후 완전건조를 하지 않으면 감기에 걸리고 피부병이 발생한다.

③ 인체용 샴푸를 사용하면 피부가 상하므로 애견 샴푸를 사용하도록 한다.

④ **평 가**

평 가 항 목	평 가 사 항	평 가 관 점
목욕시키기	● 물의 온도	● 물의 온도가 체온 정도로 적당한가?
	● 순서와 방법	● 빗질을 하고 샴푸 순서가 바르고 능숙한가? ● 샴푸와 린스가 완전히 씻기도록 하였는가? ● 건조 순서와 드라이어 사용이 올바른가?

애완견 항문낭 짜기

① 기구 및 재료

티슈(화장지), 애완견 전용 샴푸, 전용 타월(수건), 코움(빗), 스펀지, 탈지면이나 거즈

② 순서와 방법

① 장모종은 항문 주위 털과 꼬리 시작 부분의 안쪽 털을 짧게 자른다.

② 꼬리를 꽉 잡고 등 쪽으로 올려 항문을 돌출시킨다.

③ 엄지와 검지로 항문을 4시와 8시 방향으로 누른다.

④ 항문낭의 위치를 확인하여 가능한 한 부드럽게 누른다. 너무 강하게 누르면 항문낭이 상하여 질병의 원인이 되기 때문에 주의한다.

⑤ 티슈를 사용하여 흘러나온 분비물을 제거한다. 강아지 샴푸 시에 짜주면 효율적이다.

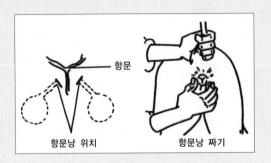

그림 1-7-4   항문낭 위치와 짜는 방법

③ 유의점 및 관련 지식

① 내용물은 항문낭 벽에 발달한 피지선과 분비선에서 끈적끈적하거나 물 같은 형태의 분비물을 그대로 방치하면 심한 악취가 난다.

② 항문낭을 자주 짜주지 않으면 항문낭염, 항문낭종을 일으키는 원인이 된다.

④ 평 가

평 가 항 목	평 가 사 항	평 가 관 점
항문낭 짜기	● 위치 선정	● 항문낭의 정확한 위치를 지적하였는가?
	● 순서와 방법	● 엄지와 검지로 적당한 압박을 가하여 바르게 짜는가?
		● 짜고 난 후 분비물을 완전히 제거하였는가?

◆ 버스, 택시 등을 이용할 때

여객자동차운수사업법시행규칙 제41조의4 [별표2의2] 규정에 의하여 다른 여객에게 위해를 끼치거나 불쾌감을 줄 우려가 있는 동물(장애인 보조견을 제외한다)을 자동차 안으로 데리고 들어오는 행위에 대하여 운수종사자는 다른 여객의 편의를 위하여 이를 제지하고 필요한 사항을 안내하여야 한다.

따라서 버스, 택시 등은 승객에게 위해나 불쾌감(상식선)을 주지 않는 범위 내에서 애완동물과 함께 대중교통을 이용할 수 있다.

◆ 기차, 지하철 등을 이용할 때

서울특별시 지하철공사 여객운송규정 제61조(휴대금지품)에 화학, 폭약, 화공품 등 위험품과 여객에게 위해를 끼칠 염려가 있는 물건 및 사체, 또는 동물 등을 데리고 이용할 수 없다.

다만 '동물 중에서 용기에 넣은 소수량의 조류, 소충류, 병아리와 시각장애자의 인도를 위해 공인증명서를 소지한 인도견은 제외한다'고 규정하고 있다. 이 규정을 어겼을 경우 5,400원의 부가금이 징수된다.

위의 규정은 애완동물 관련단체 등에서 법 개정을 요구하고 있는 사항이다.

탐구활동

1. 애완견 목욕 시의 주의점을 요약해 보자.
2. 항문낭의 정확한 위치를 확인하고 직접 항문낭을 짜보자.

1. 목욕시키기　　　149

2. 발톱 깎기 · 치석 제거

1. 발톱 깎기의 목적과 필요성을 설명할 수 있다.
2. 발톱 깎기를 이용하여 적당하게 발톱을 손질할 수 있다.

1. 발톱 깎기

애완견은 체중이 가볍고 운동량도 적으며, 주로 실내에서 사육되기 때문에 흙을 밟는 기회가 적어 발톱이 쉽고 길게 자란다.

1. 발톱 깎기의 필요성
① 강아지의 발톱은 안쪽으로 날카롭게 굽어들기 때문에 보행에 지장을 주고 자세가 바르지 못하게 된다.
② 젖을 빨면서 어미젖이나 배에 상처를 내거나 사람에게 상처를 내지 않게 하기 위함이다.

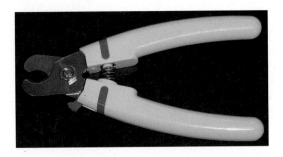

그림 1-7-5   발톱 깎기용 가위

2. 발톱 깎기의 방법
① 애완견 전용 발톱 깎기나 전용 그라인더를 사용한다.
② 혈관이 분포되어 있는 곳의 바로 밑까지 잘라준다.
③ 며느리발톱은 살을 파고들지 못하도록 항상 확인하여 잘라준다.

애완견 발톱 깎기

1 기구 및 재료

애완견용 발톱 깎기, 그라인더

2 순서와 방법

그림 1-7-6

발톱의 돌출

① 엄지와 검지로 발톱의 근원을 강하게 돌출시킨다.

② 애견 전용 발톱 깎기를 사용하여 발톱 끝을 직각으로 자른
   다. 이 때 혈관이나 신경이 통하고 있는 부위를 자르지 않도
   록 주의한다.

③ 검은 발톱은 조금씩 자르며 혈관을 확인하면서 애견 전용
   발톱 깎기로 자른다.

④ 자른 곳의 상하 각을 잘라낸다.

⑤ 각각의 각을 그라인더 또는 줄로 다듬는다.

⑥ 실내 애완견은 2개월에 1회씩 잘라준다.

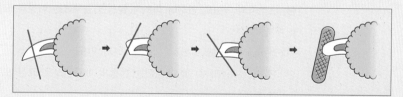

그림 1-7-7　　발톱 깎는 순서

3 유의점

① 발톱을 너무 많이 자르거나 잘못 자르면 통증과 출혈이 생기므로 주의한다.

② 발톱 깎는 습관은 강아지 때부터 길들이는 것이 좋다.

③ 발톱은 목욕 후 발톱이 부드러워지면 쉽게 자를 수 있다.

4 평 가

평가항목	평가사항	평가관점
발톱 깎기	순서와 방법	● 발톱을 돌출시키는 방법과 자세가 바른가? ● 발톱을 깎은 부위가 적당한가? ● 그라인더 사용이 바르고 자른 부위를 잘 다듬었는가?

2. 양치질과 치석 제거

    양치질의 목적은 치아 사이사이에 끼여 있는 각종 음식물 찌꺼기를 제거하여 세균의 번식을 억제하며 입 냄새를 없애고 각종 잇몸의 질환을 예방하는 데 있다.

    양치질은 생후 3~4개월령부터 1주일에 2~3회 정도 정기적으로 한다. 처음 시작할 때는 손가락에 거즈를 감고 강아지 전용 치약을 묻혀 강아지의 입술을 들어 올려 가볍게 마사지 하듯이 구석구석 깨끗이 닦아 주기 시작하여 양치질에 대한 공포심이 없어지면 전용 칫솔을 사용하여 닦아 준다.

    치석은 사람이 먹는 음식, 죽 상태의 사료를 먹는 애완견에게 더욱 많이 생기므로 건조 사료를 급여하는 것이 좋으며 1년에 1회 정도 치석을 제거해 준다.

애완견판매업에 대한 소비자피해 보상 규정

피해 유형	보상 기준
① 구입 후 15일 이내 폐사	동종의 애완견으로 교환 또는 구입가 환급 (단, 소비자의 과실로 인하여 피해가 발생한 경우에는 배상을 요구할 수 없음)
② 구입 후 15일 이내 질병 발생	판매업소 책임 하에 회복시켜 소비자에게 인도 (단, 판매업소 관리 중 폐사 시에는 동종의 애완견으로 교환 또는 구입가 환급)
③ 판매업자는 애완견을 판매할 때 다음 사항이 기재된 서면자료를 소비자에게 제공하여야 함. (신설)	① 분양업자의 성명과 주소 ② 애완견의 출생일과 판매업자가 입수한 날 ③ 혈통, 성, 색상과 판매당시의 특징사항 ④ 면역 및 기생충 접종기록 ⑤ 수의사의 치료기록 및 약물투여 기록 등 ⑥ 판매당시의 건강상태 ⑦ 구입 시 구입금액과 구입날짜

* 애완견의 구입금액, 구입날짜 등을 기재한 영수증을 반드시 받아 두어야 한다.

탐구활동

1. 발톱 깎기 기구를 이용하여 발톱을 깎아보고 평가해 보자.
2. 입 냄새의 원인과 대책을 조사해 보고 직접 양치질해 보자.

3. 귀 청소·눈물 자국 지우기

학습목표

1. 귀 청소의 목적과 필요성을 설명할 수 있다.
2. 귓속의 털을 뽑고 이어 클리너를 이용하여 귀를 청소할 수 있다.

1. 귀 청소하기

1. 귀 청소의 필요성

애완견의 냄새는 주로 귀와 입에서 난다. 귓속에는 기생충(ear mite)이 있어 귀를 가렵게 하며, 분비물을 배설하여 귓속이 습해지고 염증을 일으켜 냄새가 나게 된다. 따라서 귀 털을 제거하고 청결히하여 통풍이 잘 되고 냄새를 방지하며 귀의 질병을 예방할 수 있다.

2. 귀 청소의 방법

① 귀 청소는 5일 간격으로 한다.
② 귓속의 털은 이어 파우더를 뿌리고 자극이 가지 않도록 조금씩 뽑는다.
③ 면봉이나 겸자의 탈지면을 말아 귀 세정액(이어 클리너)을 묻혀 닦아준다.
④ 귀 청소는 보이는 범위만 하고 귓속의 안쪽은 건드리지 않는다.
⑤ 귓속이 헐었거나 염증이 발견되면 항생제 연고를 발라준다.

그림 1-7-8

귀 청소기

2. 눈물 자국 지우기

눈물을 흘리는 것을 방치해 두면 눈물에 젖은 부분의 털이 퇴색하여 미관상 좋지 않고 본래의 표정을 잃어버린다. 장모종은 털이 길어 눈을 찌르는 등의 자극에 의해 발생하므로 털을 묶어주던지 짧게 깎아주어 원인을 제거한다.

눈물자국으로 변색된 털은 되도록 짧게 깎은 후 안약을 넣어주고 탈지면으로 눈과´눈 밑의 눈물 자국부분을 닦아주거나 프리티 아이스 또는 붕산수를 적신 탈지면으로 매일 1~2회씩 1주일간 닦아준다.

| 실습 Ⅶ-4 | 귀 청소하기 |

1 기구 및 재료

과산화수소수 또는 귀 세정액(Ear Cleaner), 면봉, 털솔, 포셉(귀털 제거기), 이어 파우더, 탈지면, 겸자

2 순서와 방법

① 귓속에 파우더를 뿌린다(파우더를 뿌리면 잘 미끄러지지 않는다).

② 귀 입구 부분의 털을 손가락으로 조금씩 잡고 뽑는다.

③ 귓속의 털을 겸자 또는 포셉으로 뽑는다(겸자에 피부가 끼지 않도록 한다).

④ 왼 손으로 귀와 두부를 누르고 안 쪽에 세정액(이어 클리너)을 고루 뿌린다.

⑤ 탈지면이나 면봉을 이용하여 닦아낸다(귓속이 핑크색으로 될 때까지).

　또는 겸자로 탈지면을 말아 귀 세정액(이어 클리너)을 묻혀 귓속을 닦아준다.

⑥ 이어 파우더를 뿌린다.

3 유의점

① 한꺼번에 많은 털을 잡아당기면 귀에 상처가 생기므로 주의한다.

② 귀 청소 시 귓병의 유무도 확인하도록 한다.

4 평 가

평 가 항 목	평 가 사 항	평 가 관 점
귀 청소하기	순서와 방법	● 두부(머리)의 보정 방법이 바른가? ● 귀 입구의 털을 뽑는 분량이 적당한가? ● 겸자 또는 포셉을 사용하는 방법과 자세가 바른가? ● 세정액을 뿌리고 면봉으로 잘 닦았는가?

4. 애완견의 털 손질

학습목표

1. 털 손질에 적합한 기구를 선택할 수 있다.
2. 적기에 털 손질 기구를 사용하여 손질할 수 있다.

1. 털 손질 시기와 방법

애완견의 털은 속털(하모)과 겉털(상모)로 되어 있으며 여름에 많이 빠지고 겨울에 풍부해진다. 털의 손질은 엉킨 털을 풀어주어 아름다움을 유지해줄 뿐만 아니라 피부를 자극하여 혈액 순환을 촉진하고 피부병을 예방하는 효과도 있다.

1. 털 손질 시기
① 단모종: 1주일에 2~3회 실시한다.
② 장모종: 매일 또는 목욕 전 실시한다.

2. 털 손질 방법
빗질은 반드시 털끝부터 빗고 얽힌 털을 빗을 때는 아프지 않도록 주의한다. 특히 귀 뒤쪽, 엉덩이, 뒷다리, 발바닥, 항문 주위의 털은 가위로 손질하고 엉키지 않게 빗질한다.

2. 털 손질 기구의 종류

1. 나이프와 레이크

① 나이프

① 코스 나이프: 죽은 털의 제거에 사용한다. 날이 두껍고 굵어 사용하기 좋다.

② 미디움 나이프: 꼬리, 머리, 목의 털을 제거하는 데 사용되며 날이 얇고 가늘다.

③ 화인 나이프: 귀, 눈, 목의 털 제거에 사용하며 날이 얇고 이가 더 가늘다.

| 코스 나이프(굵은형) | 미디움 나이프(중간형) | 화인 나이프(가는형) |

그림 1-7-9   트리밍 나이프의 종류

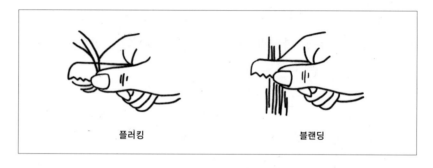

플러킹   블랜딩

그림 1-7-10   나이프의 사용방법

② 레이크와 글러브

레이크와 글러브는 스트리핑 후 피부에 자극을 주면서 털을 제거하는 데 사용한다.

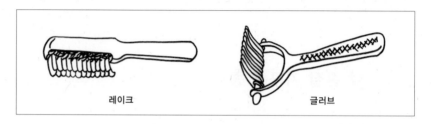

레이크   글러브

그림 1-7-11   털 제거용 기구

2. 빗과 브러시

일반 빗   양면 브러시   핀 브러시   슬리커 브러시   참 빗

그림 1-7-12   빗의 종류

3. 가위

① 깎기 가위: 연속적으로 털을 깎고 다듬어 전체적인 윤곽을 잡을 때 사용한다.

② 단모 가위: 귀, 수염, 눈썹, 발 주위 등 미세한 부분의 털을 깎을 때 사용한다.

③ 숱 가위: 한쪽 날에 빗이 있어 테리어종 등의 털 다듬기와 털의 양을 줄일 때 사용한다.

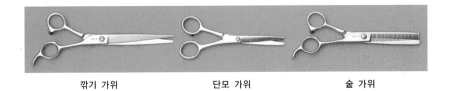

깎기 가위   단모 가위   숱 가위

그림 1-7-13   가위의 종류

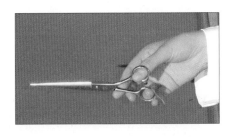 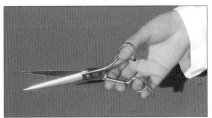

그림 1-7-14   가위 잡는 법

3. 털 손질 기구의 사용법

1. 빗의 사용법

① 빗을 가볍게 잡고 어깨와 팔목의 힘을 뺀다.

② 손목을 부드럽게 움직여 털 방향에 따라 옆으로 빗질한다.

③ 털이 심하게 엉킨 강아지의 경우 빗을 세워 빗의 끝 부분으로 빗어준다.

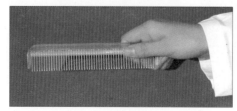 

빗 잡는 법   핀 브러시 잡는 법

그림 1-7-15   빗과 브러시 잡는 법

2. 슬리커의 사용법

① 슬리커는 빠진 털을 없애는 데 사용한다.

② 사용법은 옆구리부터 시작하여 털의 결을 따라 움직인다.

③ 사지 끝에 털이 짧은 부분도 슬리커로 손질한다.

④ 슬리커는 핀이 금속이고 날카롭기 때문에 피부에 상처를 내지 않도록
한다.

⑤ 하복부나 사지의 끝 등 털이 엉키기 쉬운 곳은 정성스럽게 제거하도록
한다.

그림 1-7-16   슬리커 브러시 잡는 법

빗질하기

① 기구 및 재료
빗(외날 빗, 양날 빗, 꼬리 빗)

② 순서와 방법

(가) 등과 몸통

① 털이 가늘고 긴 견종은 털이 뽑히거나 끊어지지 않도록 먼저 성긴 빗으로 털의 흐름에 따라 빗겨준다.

② 한줌 정도의 털을 손바닥에 올려놓고 조금씩 빗질해 간다.

③ 털이 바닥까지 똑바로 늘어지도록 아래로 빗질한다. 이때에는 빗의 평면이 항상 바닥과 평행이 되게 한다.

④ 등의 중심선을 따라 조금씩 등을 가른다(빗으로 한번에 일직선을 긋지 않도록 한다. 5mm씩 좌우로 빗질해 매만지면서 가르마를 낸다).

⑤ 3회에 1번 정도 빗의 끝을 가볍게 피부에 대 모근을 자극해 주면 발모가 촉진된다.

⑥ 마무리로 전체 피모를 곱게 빗질해 준다.

(나) 얼굴

① 머리: 머리는 면적이 적으나 털이 밀집해 있으므로 피모가 긴 경우 손으로 잡아 조금씩 빗어준다.

② 귀: 귀의 끝 쪽부터 빗질하기 시작해 점점 귀 뿌리부분으로 올라간다.

③ 입 주변: 눈이나 코가 긁히지 않도록 주의하여 턱 아래를 잘 잡고 눈 밑에서 바깥 쪽으로 빗는다.

③ 유의점

① 빗은 편리한 방법으로 잡고 반드시 손목만을 움직여 빗어 내린다.

② 장모종은 구역을 나누어 아래쪽을 먼저 빗고 위쪽으로 올라가며 빗어준다.

③ 장모종은 모근에 부담이 가지 않도록 반드시 모근을 손으로 누르고 빗질한다.

④ 평 가

평 가 항 목	평 가 사 항	평 가 관 점
빗질하기	• 빗 잡는 방법	• 빗 잡는 방법과 손놀림이 바른가?
		• 부위에 따라 적당한 빗을 선택하였는가?
	• 순서와 방법	• 빗질 순서가 바른가?
		• 빗질 상태가 양호한가?

5. 애완견 염색하기

학습목표

1. 애완견의 특성에 맞는 염색제를 선택할 수 있다.
2. 염색 순서에 따라 염색을 할 수 있다.

애완견의 털 염색은 미용뿐만 아니라 단점까지 보완할 수 있는 좋은 수단이 된다. 염색 도구는 염색용 빗 또는 칫솔, 팔레트, 고무장갑(일회용 장갑), 알루미늄 호일 또는 랩, 드라이어 등이며 염색방법은 다음과 같다.

1. 염색 방법 및 순서

1. 색상 결정
① 먼저 염색할 색상을 결정한다. 필요에 따라 혼합도 가능하다.
② 염색할 부분과 염색할 정도의 포인트를 정하고 색상을 결정한다.

2. 사전 준비
① 염색하기 전 애완견의 피모가 더러워져 있을 경우 목욕을 시킨다.
② 목욕 후에는 드라이하여 확실하게 피모를 건조시킨다.
③ 털이 엉키지 않도록 염색할 부분을 정성스럽게 빗질해준다.

3. 염색제 바르기

① 손에 염색제가 묻지 않도록 고무장갑을 착용한다.
② 팔레트에 염색약을 짜고 칫솔 또는 염색용 솔에 묻혀 염색할 부위에 발라준다.
③ 얼룩이 생기지 않도록 속 털과 겉 털 모두 고루 염색되도록 한다.
④ 도포가 끝나면 성근 빗으로 가볍게 빗는다.

4. 호일 래핑(포장)

① 염색한 부분을 적당한 크기로 자른 알루미늄 호일 또는 랩
   으로 감싼다.
② 염색할 부분 이외에는 염색제가 묻지 않도록 주의한다.

5. 색깔 고정하기

① 염색 후 실온에서 20~30분 정도 자연 방치하여 충분히 염색되도록 한다.
② 염색 시간이 길수록 색상이 더욱 선명하게 된다.
③ 드라이어로 가온하면 염색이 빠르게 된다(이때 열이 너무 뜨거우면 화상을 입힐 수도
   있고, 소리가 너무 크면 강아지가 놀라거나 스트레스를 받을 수도 있다).

6. 목욕

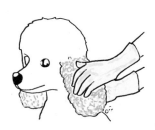

① 먼저 염색한 부분의 색이 빠지지 않을 때까지 2~3번
   세척한다.
② 표백 성분이 함유되어 있는 샴푸는 탈색되므로 피하는
   것이 좋다.

7. 털 건조

① 펫 타월로 충분히 물기를 닦는 후 드라이어로 말린다.
② 다 말린 후 전체적으로 빗어준다.

애완견의 염색 후 모습

6. 래핑(종이 말아싸기)

래핑 용지(세트 페이퍼)를 이용하여 전신을 래핑할 수 있다.

래핑(Wrapping)은 장모종의 털 전체 또는 일부분을 래핑 용지로 싸서 고무줄로 묶는 것으로 피모를 보호하고 털의 헝클어짐을 방지하여 아름다움을 유지하는 데 있다.

1. 래핑 시 주의사항

① 피모의 손상을 적게 하고 애완견이 활동하는 데 불편하지 않도록 한다.
② 래핑한 후 입을 벌리게 하거나 걷게 하여 동작에 방해가 되는지 확인한다.
③ 털의 길이와 양에 따라 래핑이 느슨해지거나 풀리기 때문에 세트 페이퍼는 3~7일 간격으로 새 것으로 교체한다.

2. 래핑의 순서와 방법

1. 눈 꼬리를 따라 귀 뿌리 부분까지 원형으로 잡는다.	2. 페이퍼를 대고 머리다발을 감는다.	3. 페이퍼를 3cm 정도 접는다.

4. 털의 아래 부분을 고정하여 둘로 감는다.	5. 다시 둘로 접어서 고무밴드로 묶는다.	6. 귀 쪽에서 볼의 털을 잡고 페이퍼로 감는다.

7. 털끝을 직선으로 페이퍼에 대고 감는다.	8. 둘로 접는다.	9. 다시 한번 둘로 접고 고무 밴드로 묶는다.

그림 1-7-17   래핑의 순서

10. 꼬리 래핑: 꼬리털을 들어올려 꼬리 끝 부분에 페이퍼를 감는다.

11. 뒷다리 래핑
   – 십자부까지 가르마를 넣는다.
   – 엉덩이쪽으로 가르마를 넣는다.
   – 슬개부에서 팽팽하게 가르마를 넣어 래핑한다.
   – 비절과 팽팽하게 가르마를 넣어 래핑한다.

그림 1-7-18   래핑한 모습

3. 미용 용어의 해설

미용에 관련된 용어는 다음과 같다.

표 1-7-1   미용에 관련된 용어의 해설

용 어	해 설
그루밍(Grooming)	피모 손질의 전반을 말한다. 신체 청결, 건강 유지, 피모의 매력을 발휘시킬 목적으로 실시한다.
트리밍(Trimming)	견체의 균형을 잡기 위하여 털을 깎고 다듬는 것.
래핑(Wrapping)	긴 털을 세트 페이퍼(래핑 종이)등으로 싸고 고무로 묶는 것.
베이싱(Bathing)	목욕시키기, 피부와 피모를 샴푸액으로 감기는 것.
브랜딩(Blending)	털 다듬기, 일반가위 또는 숱가위로 한다.
브러싱(Brushing)	털의 광택과 비듬, 엉킴을 없애주기 위해 빗어주는 것.
카딩(Carding)	빗살 빗이나 슬리커 등을 사용해 언더코트를 제거하는 것.
초킹(Chalking)	백색의 피모에 드라이 샴푸(흰 초크 블록)나 분말(파우더)을 문질러 바르는 것.
클리퍼(Clipper)	털 깎는 기계로 수동식과 전동식이 있다.
클리핑(Clipping)	클리퍼로 피모를 자르고 다듬는 미용기술.
시저링(Scissoring)	가위로 털을 자르는 것(커팅 셋업, Cutting Set up).
코우밍(Combing)	빗으로 엉킨 털을 풀어주고 탈모나 폐모를 제거하는 것.
커팅(Cutting)	가위나 클리퍼로 자르거나 길게 자란 털을 뽑아주는 것.
드라잉(Drying)	목욕 후 물기를 수건으로 닦거나 드라이어로 건조하는 것.
듀프렉스 트리밍 (Duplex Trimming)	처음 스트리핑 했을 때 아직 짧거나 혹은 남은 털이 나중에 길게 자란 후 다시 뽑아주는 것.
페이킹(Faking)	약품 등으로 모색, 모질에 대한 눈속임 일체를 말함.
그립핑(Gripping)	부분적으로 길게 자란 털을 트리밍 나이프로 뽑아주는 것.
헤어 업(Hair Up)	털을 페이퍼에 싸서 고무 밴드로 고정하는 것(헤어 세트).

7. 도그쇼(전람회, Dog show)

도그쇼는 우수한 순수견종의 보급과 계몽을 도모하고 심사를 통해 견종의 우열을 가려 선정함으로써 우수한 장점을 최대한 신장시키고 개량·보급하는 데 목적이 있다.

1. 도그쇼의 기원과 역사

1859년 영국의 캐슬온타인에서 60여 마리의 포인터를 대상으로 외모와 체형미를 심사한 것이 최초의 도그쇼이다. 그 후 도그쇼 규정의 제정과 관리가 절실해지면서 1873년 영국 케널 클럽이 창설되었고, 1891년 크러프트(Cruft Show)에서 전국 규모의 도그쇼가 개최되어 세계 최대의 도그쇼로 발전해 왔다.

미국에서는 1874년 시카고에서 최초의 도그쇼가 열렸으며 이 후 산업혁명과 더불어 국민적인 스포츠로 자리잡게 되었다. 1877년 개최된 웨스트민스터 쇼(Westminster Show)가 세계 2대 도그쇼로 발전하였다.

우리나라 최초의 도그쇼는 1949년 4월 5일 사단법인 조선국방견협회 주관으로 서울대 수의대 운동장에서 저면 셰퍼드와 도베르만 등 31두가 출전하여 개최된바 있으며 그 후 매년 여러 애견 관련 단체에서 개최하고 있다.

그림 1-7-19　도그쇼

2. 도그쇼 심사의 종류

1. 개체심사

한 마리씩 자세하게 살펴보는 것으로서 그 견종의 원산지나 대표국에서 결정된 표준에 따라 심사가 이루어진다. 골격의 형태, 이의 구조나 생김새, 발가락 모양, 꼬리의 위치, 털의 상태 등 각 부분별로 채점되고 종합 판정을 받게 된다.

결점은 실격이 되는 결점, 중대한 결점, 작은 결점 등으로 분류된다.

2. 보행심사

보행심사는 걷는 모양, 착지 상태, 전·후지의 간격, 다리의 자세, 견종 고유의 움직임을 관찰하면서 성격과 건전성을 심사하며 핸들러의 기술이 중요한 역할을 한다.

3. 비교심사

각 그룹에 속하는 출전견을 비교할 수 있도록 출전자와 함께 링 위를 돌게 하면서 하는 심사로서 점수로 표시하기 곤란한 미세한 차이도 구별할 수 있다.

비교심사는 참가견의 동작이나 걸음걸이, 기질의 우열을 가리기 위해 행해지는 심사방법이다.

4. 매너

참가견과 핸들러의 매너를 점수로 가산하게 된다. 참가견과 핸들러의 매너를 보는 것은 훈련의 성과를 파악하고 핸들러가 규정된 규칙을 잘 준수하고 있는가를 파악한다.

3. 도그쇼 심사의 관점

1. 체형(Type)

각각의 순수 혈통견이 갖는 고유한 체형, 성격 등 기본적인 특징을 얼마나 갖추고 있는가를 심사한다. 순수 혈종의 특색을 얼마나 가지고 있는가가 중요시된다.

2. 건실도(Soundness)

건실도는 신체 각 부분이 어느 정도 충실한가를 체크한다. 즉 골격과 근육의 부착 상태, 자세, 보행 상태, 치열 교합, 비만과 허약 등을 평가한다.

3. 자질(Quality)

자질은 개체 전체에 대한 특정 용도에 따른 순수 혈종(페디그리 도그)의 표준 체형(standard)을 얼마만큼 갖추었는가가 심사의 요점이다. 또 전체적인 아름다움을 얼마만큼 잘 표출하고 있는가가 중요시된다.

4. 균형(Balance)

균형은 체형의 기초가 되는 각 부위 상호간의 비교 관계를 말한다. 즉 각 부분의 강조보다 전체적인 균형미와 조화를 점검한다. 성격과 행동면의 조화도 매우 중요하다.

5. 상태(Condition)

상태는 일정 시기에 신체적으로 건강하고 정신적으로 명랑하고 활발한 상태, 외모에 대한 미용 상태를 말한다. 따라서 최상의 상태에서 심사를 받을 수 있도록 핸들러와 함께 당일의 컨디션에 유의하여야 한다.

6. 특성(Character)

특성은 외견상 표현으로 성징 표현이 뚜렷하고 특징 있는 외형과 아름다움이 잘 표현되고 품위 있는 자세뿐만 아니라 매너와 핸들러와의 호흡이 잘 맞으면 매력이 배가되고 보는 사람들의 시선을 끈다.

4. 도그쇼 용어 해설

도그쇼에서 사용하는 용어는 다음과 같다.

표 1-7-2   도그쇼 용어의 해설

용 어	해 설
핸들러(handler)	애완견의 장점을 살릴 수 있도록 리드하는 사람을 말한다.
핸들링(handling)	핸들러가 목줄을 이용해 참가견을 이끄는 기술을 말한다.
BOB(Best of Breed)	동일 견종 중에서 암수별로 1등을 한 애완견을 말한다.
BIG(Best in Group)	동일 그룹의 견종에서 1등을 한 애완견을 말한다.
BOS(Best of Sex)	전람회에 참가한 그룹 중에서 암수별로 1등을 한 애완견을 말한다. 수컷은 'King', 암컷은 'Queen'이라고 한다.
BIS(Best in Show)	'King'과 'Queen' 중 최종적으로 우승한 애완견을 말한다.

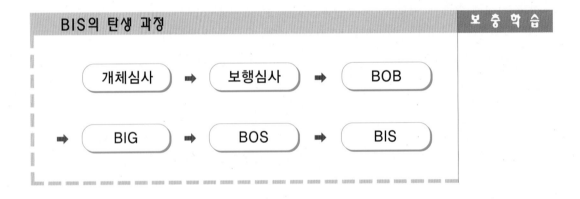

보충학습

BIS의 탄생 과정

개체심사 ➡ 보행심사 ➡ BOB

➡ BIG ➡ BOS ➡ BIS

탐구활동

1. 주변에서 개최되는 도그쇼를 관람하고 각종 행사의 내용과 심사과정을 조사해 보자.

❶ 목욕의 필요성은

　가. 피부와 피모를 청결하고 아름답게 한다.

　나. 트리밍하기 쉽게 피모를 가지런히 한다.

　다. 피부의 신진 대사를 높이고 피모의 발육을 촉진시킨다.

❷ 목욕은 일반적으로 생후 7주령부터 시작하며 7~10일 간격이 적당하나 털 길이의 장단, 털의 질, 털의 양, 털의 상태, 계절에 따라 차이가 있다.

❸ 샴푸의 종류는 플레인 샴푸, 오일 샴푸(오일 첨가), 드라이 샴푸(온수를 사용하지 않는 분말형), 메디칼 샴푸(피부 질환 치료약 또는 구충제 배합 샴푸), 천연 허브형 샴푸 등 종류가 다양하다.

❹ 린싱의 목적은

　가. 샴푸로 인한 알칼리성의 피모를 중화시킨다.

　나. 피모에 영양을 주고 건조를 막아 유연하고 윤기가 나게 한다.

　다. 브러시나 빗이 잘 통과되어 트리밍을 쉽게 한다.

　라. 정전기의 방지 효과가 있다.

❺ 털 건조 시 주의점은

　가. 드라이어를 피모에 너무 바싹 붙이지 말고 20cm 정도 떨어진 거리로부터 댄다.

　나. 드라이어의 풍량은 많고 열량은 높지 않게 하여 털이 상하지 않게 한다.

　다. 피모의 모근 부분부터 완전하게 건조시킨다.

　라. 장모종은 같은 부분을 계속 말리지 말고 드라이어를 이동하면서 건조시킨다.

　마. 곱슬 털이나 수축된 털의 강아지는 같은 부분을 집중적으로 건조시킨다.

　바. 건조 시에는 브러싱을 부드럽고 빠르게 실시한다.

　사. 얼굴 정면에 드라이어를 대지 않는다.

❻ 핀 브러시로 빗으면서 드라이어로 배→겨드랑→발→등→전신→후신→발가락 순으로 완전히 말린다.

❼ 인체용 샴푸를 사용하면 피부가 상하므로 애견 샴푸를 사용하도록 한다.

❽ 항문낭 짜기는 꼬리를 꽉 잡고 등 쪽으로 올려 항문을 돌출시킨 후 엄지와 검지로 항문을 4시와 8시 방향으로 누른다.

❾ 항문낭을 자주 짜주지 않으면 심한 냄새와 세균이 감염되어 항문낭염, 항문낭종을 일으키는 원인이 되기도 한다.

❿ 애완견의 발톱 깎기는 엄지와 검지로 발톱의 근원을 강하게 돌출시킨 후 애견 전용 발톱 깎기를 사용하여 발톱 끝을 자른다.

⓫ 귀 청소는 귀의 통풍이 잘 되고 냄새를 방지하며 귀의 질병을 예방하는 데 있으므로 정기적으로 점검하고 불필요한 털은 뽑아 주어야 한다.

⓬ 털의 손질은 엉킨 털을 풀어주어 아름다움을 유지해줄 뿐만 아니라 피부를 자극하여 혈액순환을 촉진하고 피부병을 예방하는 효과도 있다.

⓭ 빗질은 반드시 털 끝부터 밑으로 빗고 얽힌 털을 빗을 때는 아프지 않도록 주의한다.

⓮ 털 손질 기구는 빗과 브러시, 나이프, 레이크, 글로브, 가위(깎기 가위, 단모가위, 숱가위) 등이 있다.

⓯ 단이의 대상견은 그레이트 데인, 복서, 도베르만, 슈나우저, 미니어처 핀셔, 보스턴 테리어, 피불 테리어 등이 있다.

⓰ 단미 적기는 생후 7~10일령이며 복서, 도베르만, 폭스 테리어, 저먼 포인터, 에어데일 테리어, 스패니얼, 푸들, 아이리시 테리어, 미니어처 핀셔, 올드 잉글리시 십 도그, 미니어처 슈나우저, 아메리칸 코커 스패니얼, 요크셔 테리어, 로트 바일러, 스무드헤어드 폭스 테리어 등이 대상이다.

1. 다음 중 목욕시키기에 대한 설명이 <u>바르지 않은 것은?</u>

① 피부와 피모를 청결하고 아름답게 한다.

② 트리밍하기 쉽게 피모를 가지런히 한다.

③ 피부의 신진 대사와 피모의 발육을 촉진시킨다.

④ 목욕은 일반적으로 생후 7주령부터 시작한다.

⑤ 샴푸는 사람이 사용하는 샴푸를 써야 한다.

2. 다음은 무엇에 대한 목적을 설명한 것인가?

> 가. 샴푸로 인한 알칼리성 피모를 중화시킨다.
>
> 나. 피모에 영양을 주고 건조를 막아 유연하고 윤기가 나게 한다.
>
> 다. 브러시나 빗이 잘 통과되어 트리밍하기 쉽게 한다.
>
> 라. 정전기의 방지 효과가 있다.

① 샴핑   ② 린싱   ③ 타월링   ④ 드라잉   ⑤ 래핑

3. 다음 중 털의 결에 따라 건조시키는 품종으로 된 것은?

① 푸들, 베들링턴 테리어   ② 말티즈, 시추

③ 올드 잉글리시 십 도그, 콜리   ④ 비숑 프리제, 보르조이

⑤ 코커 스패니얼

4. 애완견을 목욕시키기에 적당한 물의 온도는?

① 30~32℃   ② 35~36℃   ③ 39~40℃   ④ 42~43℃   ⑤ 45~46℃

5. 다음 중 귀 청소에 필요한 용품으로 짝지어진 것은?

> 가. 글러브   나. 이어 클리너   다. 나이프   라. 빗   마. 포셉

① 가, 나   ② 가, 다   ③ 나, 라   ④ 나, 마   ⑤ 다, 라

6. 털 손질 기구 중 귀, 수염, 눈썹, 발 주위 등 미세한 부분의 털을 깎는 데 사용하는 기구는?

① 코스 나이프   ② 레이크   ③ 화인 나이프   ④ 단모 가위   ⑤ 깎기 가위

7. 다음 중 단이(귀 자르기)를 하는 애완견종은?

① 도베르만, 슈나우저   ② 푸들, 시베리안 허스키   ③ 아키다, 치와와

④ 퍼그, 셰퍼드   ⑤ 말티즈, 포메라니언

8. 다음에서 설명하는 미용 용어는?

> 긴 털 종류의 피모 전체 또는 일부를 부분적으로 파팅하고, 세트 페이퍼 등으로 싸고 둥근 고무로 묶어 털을 보호하고 아름다움을 유지시키는 것

① 그루밍(Grooming)   ② 트리밍(Trimming)   ③ 래핑(Wrapping)

④ 시저링(Scissoring)   ⑤ 클리핑(Clipping)

9. 도그쇼(전람회)에서 실시하는 심사방법이 아닌 것은?

① 개체 심사   ② 매너   ③ 비교 심사   ④ 혈통 심사   ⑤ 보행 심사

10. 다음 중 심사의 관점과 대상이 아닌 것은?

① 체형   ② 자질   ③ 균형   ④ 상태   ⑤ 체중

11. 전람회(도그쇼)에서 마지막으로 우승한 최고의 상은?

① BIS   ② BOB   ③ BIG   ④ BOS   ⑤ King

12. 전람회의 입상견 순서가 바르게 된 것은?

① BIS → BOB → BIG → BOS   ② BOB → BIS → BIG → BOS

③ BOS → BIS → BOB → BIG   ④ BOB → BIG → BOS → BIS

⑤ BOB → BOS → BIG → King

정답   6. ④   7. ①   8. ③   9. ④
10. ⑤   11. ①   12. ④

애완견의 훈련(길들이기)

VIII

1. 배변 훈련(대 · 소변 길들이기)

2. 애완견 훈련의 기초

3. 훈련의 실제와 스포츠

✻ 학습 결과의 정리 및 평가

사진자료의 출처
국제경비견훈련소 http://thedogs.najoy.net

애완견은 인간과 달리 사고하고 판단하는 능력이 부족하며 대부분 본능에 따라 행동하게 된다.

이 단원에서는 훈련을 통하여 본능을 억제하고 뛰어난 후각과 청각 능력을 개발하여 인간과의 생활을 원활하게 하고 특수 목적에 활용함으로써 인간사회에 공헌할 수 있는 훈련 방법에 대하여 학습하기로 한다.

1. 배변 훈련 (대·소변 길들이기)

강아지를 구입하여 집으로 데려 온 첫날, 제일 먼저 잠자리와 배변할 장소를 정해주어야 한다. 반려동물과의 행복한 삶을 영위하기 위한 첫 번째 가정교육(house training)이 시작된 것이다. 대·소변 길들이기는 원활한 가정생활을 위한 필수적인 교육이라고 해도 과언이 아니다.

1. 배변 훈련의 시기

강아지는 생후 5주령부터 분별력이 생기기 시작한다. 최대한 스트레스를 덜 주는 교육방법으로 입양 초기 즉, 2주 동안 집중적으로 길들이는 것이 가장 중요하다. 강아지는 새로운 환경에서의 적절한 배변 지역을 36~48시간 내에 선택하게 된다. 따라서 입양 첫 날부터 교육시키는 것이 가장 효과적인 방법이다.

2. 배변 훈련의 방법

1. 배변 장소의 지정

구입한 후 잠자리가 정해지고 나면 강아지가 평생 동안 이용할 수 있는 대·소변 장소를 지정해 주어야 한다. 모든 동물은 일단 한 장소에서 배변하는 버릇이 있으므로 배변 장소는 한 곳을 지정해 주어야 한다.

배변 장소는 보통 현관 앞이나 거실, 화장실, 베란다, 앞마당 등을 선택하며 배변 장소가 결정되면 배변 장소에 신문지를 깔아주는 방법이 가장 많이 이용된다.

처음에는 넓은 신문지를 깔아 놓고 그 위에 배변하게 한 후 배변 냄새를 조금 남기고 점차적으로 신문지 면적을 조금씩 줄여 가는 방법이 가장 이상적이다.

2. 규칙적인 사료 급여

매일 같은 시간에 일정한 시간과 간격을 두고 급식하는 것이 필요하다. 이는 강아지의 건강관리뿐만 아니라 배변시기 예측에도 큰 영향을 미친다. 초기 길들이기 2주 동안 식사시간 이외에는 급수와 급식을 통제하는 것이 바람직하다.

3. 배변 순간의 포착

배변하려는 순간을 포착하여 원하는 배변 장소로 이동시킨 후 배변하도록 한다.

일반적으로 강아지는 사료를 먹은 후, 물을 먹은 후, 산보 후, 낮잠을 잔 후, 과도하게 냄새를 맡은 후, 흥분 상태 이후 장운동으로 인한 배변 욕구를 느끼게 된다. 이때가 대·소변 장소를 알려줄 수 있는 최적기이다.

코를 갑자기 바닥에 대고 킁킁거리며 주변을 돌면 배변할 자리를 찾는 자세다. 바로 이때 정해진 배변 장소로 즉시 옮겨 배변하게 한다. 장소를 벗어나서 근처를 배회하면서 배변 자세를 취할 때 조심스럽게 원하는 위치로 옮겨 놓아 배변하게 한다.

4. 잘못된 배변 습관의 교정

잘못된 장소에 배변할 때 벌을 가볍게 주어야 한다. 어린 시기에 너무 무거운 벌은 엉뚱한 행동습관을 유발할 수도 있으므로 각별히 주의해야 한다.

① 배변 자세를 취하거나, 배변 중임을 알았을 때 재빨리 지정된 배변 장소로 옮겨준다.

② 배변 후 스스로 냄새를 맡는 동작을 취할 때 손뼉 등을 치며 놀라게 한다.

③ 배변 장소가 아닌 곳에서 배변했을 경우 냄새가 남지 않도록 깨끗하게 치우도록 한다.

애완견은 한번 배변한 곳의 냄새 자극에 의해 다시 그 곳에 배변하려는 본능이 강하기 때문에 잘못된 장소에 냄새가 배어있으면 계속 그 곳을 고집하게 된다. 따라서 냄새 중화제나 소독약 등을 사용해서 미세한 냄새까지도 완전히 제거해야 한다.

5. 반복 학습 실시

다른 곳에 배변하지 않고 정해진 배변 장소를 계속 이용할 수 있도록 지속적으로 교정해 준다.

강아지가 지정된 배변 장소를 스스로 인지할 때까지 반복학습이 필요하며 길게는 2주 정도의 시간이 소요된다. 강아지와의 의사소통 방법이 원활할 경우 지정된 배변 장소를 36~48시간 내에 거의 완벽하게 배우기도 한다.

2. 애완견 훈련의 기초

학습목표

1. 애완견 훈련의 기본자세를 설명할 수 있다.
2. 애완견 훈련에 사용되는 명령어를 말할 수 있다.

1. 훈련의 중요성

애완견을 길들인다는 것은 인간사회 구성의 일원으로서 기본예절과 주인 명령을 따르게 하는 데 있다. 즉, 기초 훈련과 복종 훈련을 통하여 인간의 정서 함양 및 인명과 재산을 보호하고자 함에 있다. 따라서 애완견을 사랑하는 마음으로 창의적인 훈련을 지향하고 인간과 애완견의 유대를 돈독히 하는 것이 중요하다.

2. 훈련의 기본 자세

애완견을 훈련시킬 때는 개들의 특성을 우선 잘 파악해야 하며 견주와 애완견 상호간에 즐기면서 신뢰를 바탕으로 진행되어야 한다. 또한 애완견이 본능을 억제하고 특유의 후각과 청각기능을 개발하기 위한 훈련에는 칭찬, 먹이, 휴식 등 적절한 보상체계가 이루어져야 한다.

강아지 때부터 적절한 조기교육이 필요하며 사람들과 접촉, 이웃 개들과의 어울림, 같이 놀아주는 등 친화가 중요하다.

애완견은 동물적 본능에 따라 행동하기 때문에 잘못된 행위를 하면 즉시 보상과 벌을 주어 잘못된 행동을 바로 잡아주어야 하며 훈련은 주인이 직접 훈련을 시키는 것이 효과적이며 반복 연습이 필요하다.

1. 보 상

① 먹이 주기: 애완견의 관심을 유도하기 위해 사용하며 배가 고플 때 효과적이다.

② 칭찬하기: "잘 했어"하고 칭찬을 하며 몸통을 따라 길게 쓰다듬어 준다.

③ 장난감 주기: 공, 씹는 장난감, 소리 나는 장난감 등을 주어 보상한다.

2. 벌

① 벌은 잘못된 행동을 하기 직전 또는 하는 순간을 포착하여 즉시 주어야 한다.

② 제지할 때는 "안돼"라고 하면서 자기의 무릎을 치거나 손뼉을 쳐서 제지하거나 신문지 등을 말아서 콧등을 가볍게 때려준다.

③ 애완견은 벌을 받을 때보다 칭찬을 받을 때 훈련의 효과가 크다.

차려

짖어

그림 1-8-1　명령어

3. 명령어의 사용

① 명령어는 일관되게 사용해야 한다. 할 때마다 다른 말을 쓰면 혼란을 주어 훈련의 효과가 적고 기간이 길어진다.

② 다른 동작에 발음이 비슷한 명령어를 쓰지 말아야 한다. 예를 들면 "가라"와 "와라"는 발음이 비슷하므로 "가"와 "이리와"로 사용한다.

③ 명령어는 정확하고 같은 억양으로 발음해야 한다. 애완견은 단어의 뜻을 알고 행동하는 것이 아니라 억양을 듣고 이해한다.

④ 감정이 있는 어조는 쓰지 말아야 한다. 높은 어조는 침착성을 잃게 해서 훈련을 그르칠 수 있다.

특이한 애완견

♤ 가장 무거운 애완견

체중이 가장 무거운 견종은 세인트 버나드종으로 1978년 미국 미시건주 그랜드 래피즈 거주 '어윈' 부부의 애견 '베네딕틴'으로 체중 138.34kg, 신장 99cm이었다.

♤ 가장 키가 큰 애완견

키가 가장 큰 견종은 그레이트 데인종과 아일랜드 울프하운드종으로 아일랜드 울프하운드종의 최고기록은 영국의 '브리지마이클'(1920년생)로 2살 때 1m 3cm이었다.

♤ 가장 작은 애완견

최소의 애완견은 요크셔 테리어종의 성견인 영국 '코니 하친스' 부인의 애견 '실비어'로 1971년 4월에 체중이 283g, 키가 8.9cm이었다.

♤ 최고 장수한 애완견

확실한 기록이 남아있는 것으로 호주 빅토리아주 '레스 홀'씨의 퀸슬랜드종 사냥개로 1910년 강아지를 구입해 목양견으로 활동하다 1939년 11월 14일 29살로 죽었다.

3. 훈련의 실제와 스포츠

1. 소형 실내견의 기초 훈련을 시킬 수 있다.
2. 중·대형견의 실외 훈련을 시킬 수 있다.

1. 소형견의 실내 훈련

1. 기초 훈련 시기와 시간
① 훈련 시기: 생후 7~12주령(사람과의 유대 관계 및 성격 형성)
② 훈련 시간: 10분 정도가 적당하며 같이 놀면서 훈련시킨다.

2. 기초 훈련 방법

1 이리와
조용한 실내에서 강아지와 거리를 짧게 두고 손에 먹을 것을 쥐고 시선을 집중시킨 후 이름을 부르며 "이리와"라고 말한다.
이쪽을 향해 걸어오면 "잘했어, 이리와"하고 칭찬하고 쓰다듬어 주거나 먹을 것을 준다.

2 앉아
허리를 굽혀 강아지와 시선을 맞춰 집중시킨 후 "앉아"라고 말한다. 이때 필요에 따라 줄을 위로 잡아당긴다.
"앉아"를 싫어할 경우 무릎을 꿇고 오른 손에 줄을 쥐고 왼손으로 자견의 뒷다리를 가볍게 치면서 "앉아"라고 말한다. 이때 오른손은 줄을 가볍게 위로 잡아당긴다.

3 엎드려

강아지 옆에 무릎을 꿇고 앉아 "앉아" 자세를 취하게 한다. 이때 왼손은 줄을 짧게 쥐고. 오른손을 아래로 내리면서 "엎드려"라고 말한다. 동시에 왼손에 쥔 줄을 가볍게 당긴다. 자견이 완전히 누우면 간식을 주고 몸을 쓰다듬으며 칭찬을 한다.

2. 중·대형견의 실외 훈련

애완견의 전문적인 훈련 목적은 인간과의 원활한 공동생활과 애완견 특유의 성능을 강화시키는 데 있다. 전문 훈련에는 그 목적에 따라 사역견, 경비견, 조·수렵견, 경찰·군용견, 마약 탐지견, 맹도견, 청도견, 썰매견, 재난·인명 구조견 등 매우 다양한 용도로 사용하기 위하여 고도의 전문 훈련이 필요하다.

훈련의 시기는 일반적으로 기본예절 훈련은 생후 2~5개월령, 전문 훈련으로 진도견은 생후 5~6개월령, 셰퍼드 및 기타 견종은 생후 6~8개월령이 가장 이상적이다.

1. 앉아

① 먼저 견주는 훈련견의 손잡이줄을 채우고 개는 견주의 좌측 가까이 이동시킨다.

② 견주는 손잡이줄을 20~30cm 정도로 짧게 오른손으로 잡고 허리를 약간 숙인 채 손잡이줄을 위로 당기며 왼손으로 엉덩이 부분을 툭 치듯 누르며 "앉아"라는 명령을 한다. 이에 앉으면 "좋아, 잘했어" 라고 칭찬을 하며 약간의 먹이를 준다.

그림 1-8-2   앉아

2. 일어서

훈련견이 앉아 있을 때 오른손으로 손잡이줄을 짧게 잡고 줄을 앞으로 살짝 끌듯 당기면서 동시에 "일어서" 명령과 함께 왼쪽 발이나 손을 이용해 훈련견의 아래쪽 배 부위를 치켜 올려 준다.

그림 1-8-3   일어서

3. 누 워

훈련견을 엎드리게 한 후 손잡이줄을 오른손으로 짧게 잡고 "누워" 명령과 동시에 손잡이줄을 훈련견의 좌측 지면으로 향해 당긴다. 왼 손은 바닥에 누울 수 있게 몸 전체를 바닥을 향해 밀어 쓰러뜨린 후 일어나지 못하게 손잡이줄을 짧게 발로 밟는다. 그리고 칭찬과 함께 쓰다듬어 준다.

그림 1-8-4   엎드려

4. 엎드려

① 훈련견을 마주 보면서 앉아 있는 훈련견의 머리 위에서 오 른손을 들어 손바닥을 펴서 아래로 내리는 동시에 왼손으 로 줄을 밑으로 당기면서 "엎드려"를 명령한다.

② 훈련견을 사육자의 왼쪽 다리 곁에 세운 다음에 훈련견의 시선 위쪽에서 오른손을 들어 손바닥을 아래쪽을 향해 펼 친다.

③ 오른손을 밑으로 내리면서 "엎드려"를 명령하고, 왼손으로 손잡이줄을 뒤로 당겨서 허리를 끌어내려 엎드리게 한다.

그림 1-8-5   쉬어

5. 쉬 어

"엎드려"의 연속훈련 동작으로 우선 훈련견을 엎드리게 한 후 손잡이줄을 잡고 견주는 오른쪽, 왼쪽 어느 방향이든 한쪽 방향으로 손으로 살짝 훈련견의 엉덩이 부분을 밀듯 치면서 넘어지도록 한 후 "쉬어"라고 명령한다. 이때 일어나면 "안돼 " 명령을 한다.

그림 1-8-6   이리와

6. 이리와

"이리와"는 손잡이줄을 길게 잡고 훈련견과 함께 즐겁게 놀 아주다가 훈련견이 한눈을 팔며 다른 곳으로 갈 때 이름을 부 르며 "이리와" 명령과 동시 줄을 잡아챈다.

앞으로 오게 되면 반갑게 맞아주고 먹이를 주거나 칭찬하 며 "잘했어"라고 쓰다듬어 준다. 오지 않을 경우는 줄을 당기 며 "이리와" 명령과 함께 앞으로 끌어당긴다.

7. 기다려

① 훈련견을 앉게 하고 "기다려"를 명령하면서 줄을 아래로 내린다.

② 훈련견이 일어서서 따라오려고 하면 "기다려"를 명령하면서 오른손으로 제지하며 한 걸음 다가가서 앉힌다.

③ 훈련견을 다시 앉힌 후 뒤로 한 걸음 후퇴하면서 마주본다.

④ 훈련견이 그대로 앉아 기다리면 칭찬해 준다.

그림 1-8-7   기다려

8. 물 어

이 훈련은 먼저 훈련견을 견주 옆에 앉힌 후 나무 막대나 테니스 공 또는 덤벨 같은 것을 이용한다. 훈련견을 좌측에 앉힌 후 견주는 훈련견의 입을 벌려 막대를 물린다. 막대를 물지 않을 때는 강제로 물린다.

막대를 물림과 동시에 "물어"를 명령하고 훈련견의 아래턱을 손으로 받쳐 올려 막대를 놓지 못하게 한다.

그림 1-8-8   물어

9. 가져와 - 사냥견 또는 수색견 훈련

먼저 손잡이줄을 길게 잡고 공(또는 다른 물건)을 가지고 같이 놀다가 공을 가까이에 살짝 던지면서 "가져와"를 명령한다. 던진 공을 쫓아가서 물면 즉시 "이리와"를 명령한다.

훈련견이 공을 물고 돌아오면 곧바로 "옳지, 잘했어" 칭찬을 해주며 쓰다듬어 주고 견주는 입에 물고 있는 공을 잡고 "놔" 또는 "이리 줘"라고 명령하면서 공을 뺏는다.

10. 정 지 - 원격 지도훈련 또는 사람에게 달려들 때

이 훈련은 이동 중일 때와 어떤 동물이나 사물을 보고 애완견이 뛰어가거나 어떤 범위를 벗어날 때 통제하기 위한 훈련이다.

훈련견의 손잡이줄을 채우고 이동중일 때 어느 순간 "정지" 명령과 동시 왼손에 잡고 있던 손잡이줄을 뒤쪽으로 치듯 잡아당기며 오른손은 더 이상 앞으로 가지 못하게 손바닥으로 훈련견의 얼굴 앞을 빠르게 가로막는다.

11. 따라와 - 각측 보행(산책 등 이동시)

처음에는 견주의 좌측에 훈련견을 서게한 후 왼손으로 손잡이줄을 잡고 "따라와" 명령과 함께 앞으로 이동한다. 이동 중 훈련견이 따라오지 않을 경우 "따라와" 명령과 함께 딱 치듯 순간적 충격을 가하여 따라오게 유도한다.

그리고 견주보다 빨리 앞으로 나아가면 반대로 손잡이줄을 뒤쪽으로 충격과 함께 잡아당기고 옆으로 위치를 벗어날 경우 견주쪽으로 손잡이줄을 당긴다.

그림 1-8-9   따라와

3. 애완견 스포츠

애완견과 함께할 수 있는 스포츠는 원반 던지기(프리스비), 공 릴레이(플라이 볼), 장애물 경기(어질리티), 사냥경기(트라이얼), 경주견 경기(레이싱) 등이 있다.

1. 원반 던지기(프리스비: Frisbee)

원반경기는 개의 순발력, 지구력, 민첩성, 유연성 등을 겨루는 경기로서, 특히 지도수와의 일체감을 중시한다. 경기종목에는 지정된 시간동안 원거리 비행하는 원반을 잡는 원거리경기(Long Distance) 종목과 일정시간 동안 여러 가지 기술을 구사하여 난이도, 의욕, 창의력 등을 겨루는 자유경기(Free Style) 종목이 있다.

기본적인 잡기 자세   백 핸드 드로잉   모서리 잡기

그림 1-8-10   원반잡는 법

원반의 종류는 천으로 만든 원반, 플라스틱 원반이 있으며 크기, 무게, 모양에 따라 다양하다.

원반 운동은 올바른 그립이 기술 향상을 좌우한다. 원반을 던지는 기술에는 여러 가지가 있으며 그때마다 그립 방법도 달라진다. 원반을 잡을 때에는 펌 그립(firm grip, 꽉 잡지 않는 그립)을 사용한다.

2. 공 릴레이(플라이 볼: Fry ball)

출발 신호에 따라 두 마리의 개가 4~5개의 허들(장애물)을 넘어 기계의 발판을 밟아 튀어 오른 공을 물고 돌아오면 다음 차례의 개가 달리는 릴레이 경기이다.

3. 장애물 경기(어질리티: Agility)

주인과 애완견이 혼연일체로 장애물을 뛰어넘는 경기로 A형 판벽, 터널, 계단, 테이블, 허들, 시소, 슬라롬 등의 기구를 이용한 장애물 경기이다.

4. 사냥 경기(트라이얼: Trial)

사냥개들의 사냥 능력을 겨루는 경기로서 지상과 수중 두 종류로 나누어 실시한다. 하운드 그룹 사냥개에게 사냥감의 추적과 사냥물 획득, 새 사냥 능력을 평가하는 경기이다.

5. 경주견 경기(레이싱: Racing)

트랙을 따라 모형 토끼가 돌아가도록 설치하여 경주견들이 모형 토끼를 추적하는 경주로서 경마와 비슷한 일종의 도박 게임으로 외국에서 행해지고 있다.

탐구활동

1. 배변 훈련에 실패하는 원인을 조사하고 효과적인 배변 훈련에 대하여 토론해 보자.
2. 시중에서 판매되는 배변 유인제의 효과에 대하여 조사해 보자.
3. 지역사회의 애완견 훈련소를 방문하여 훈련 방법을 조사해 보자.

애완견의 나쁜 습관 고치기

잘못된 습관	고치는 방법
산책 시 멈추지 않는다.	왼손으로 줄을 짧게 잡고 남은 줄의 끝을 오른손으로 쥔 다음 "안돼"하며 줄을 강하게 뒤로 잡아 당겨 쇼크를 준다.
집안으로 자꾸 들어온다.	잔돌을 넣은 빈 깡통이나 체인, 줄 등을 애완견 옆쪽에 던진다.
마당에 구멍을 판다.	위와 같이 한다. 페트병에 물을 얼려 옆에 놓아준다.
샴푸를 싫어한다.	젖은 타월로 발끝을 적신다 → 물에 적신 타월을 몸에 건다 → 발을 적신다 → 몸통을 적신다 → 머리를 적신다.
계속 장난을 친다.	가는 막대로 귀 끝을 때리며 "안돼"라고 말한다.
이물을 삼킨다.	이물을 치우고 이물을 넣으면 "이리 내"라고 말하고 간식을 준다.
산보를 싫어한다.	집 앞에서 좋아하는 장난감 등을 이용해 함께 놀아 준다.
계속 짖는다.	짖기를 그만둘 때까지 음식을 주지 않는다.
집에 잘 들어오지 않는다.	"이리와"라고 했을 때 돌아오지 않으면 줄을 당긴다. 줄이 풀려 돌아오지 않을 경우 뒤를 쫓아가서는 안 된다.
브러싱을 싫어한다.	우선 브러시 없이 손으로 몸을 쓸어 준다 → 목 근처를 쓰다듬어 준다 → 점차 등, 머리, 얼굴, 발, 꼬리 순으로 옮겨 간다.
집이 비면 짖는다.	지나친 애정 표현을 하지 않고, 외출할 때도 아무렇지 않은 듯 나가 혼자 집에 있는 것을 익숙해지도록 한다.
먹을 때 옆에 가면 으르렁거린다.	식사중일 때는 가까이 접근하지 않도록 하고 몸을 쓰다듬는 스킨십을 자주 한다.
장난칠 때 손을 세게 문다.	손으로 세게 코끝을 두드리며 "안돼"하고 야단을 친다. 한번 물면 그 자리에서 놀이를 중지한다.
케이지에 들어가지 않을 때	무리하게 집어넣지 말고 간식 등으로 유혹한다. 케이지에 들어가면 "기다려"를 지시하고 머무르는 시간을 늘린다.
외출에서 돌아오면 기뻐서 오줌을 눈다.	극도로 흥분시키지 않는 것이 중요하다. 필요 이상의 기쁨을 갖지 않도록 한다.
목줄 매는 것을 싫어한다.	평소에도 바닥에 늘어지지 않는 정도의 짧은 목줄을 매어 둔다.
산보 중 다른 견과 싸운다.	줄을 당겨 쇼크를 주면서 "안돼"하고 야단을 친다.
자신의 똥을 먹는다.	먹으려고 하면 "안돼"하고 야단을 치거나 소리가 나는 물건을 던진다. 동작을 멈추면 빨리 똥을 치운다.
신발을 물어뜯는다.	소리 나는 물건을 던지거나, 싫어하는 스프레이를 뿌리거나 겨자를 바른다. 견용 껌 등을 놓아주어 관심을 분산시킨다.
사람을 보면 대든다.	간단한 방법으로 손바닥을 코끝에 대고 "안돼"하고 말한다.

잘못된 습관	고치는 방법
서로 싸운다.	우열을 가리거나 주인을 독점하려는 것이 원인으로 집을 비울 때는 같은 곳에 두지 않도록 하고 산보할 때 한 마리씩 다른 사람이 리드를 쥐고, 물면 야단을 친다.
교미 행동을 취한다.	수컷의 경우 상대를 정복하려는 의식에서 비롯된다. "안돼"하고 말하면서 코끝을 강하게 밀어준다.
사람이 식사를 하면 소란을 떤다.	가족이 협력해 무시함으로써 고쳐진다. 식사가 끝난 후에 먹이를 준다.
약 먹는 것을 싫어한다.	좋아하는 먹이 속에 약을 넣어 먹인다.
아무데나 오줌을 눈다.	대소변 길들이기 기간 중 집을 비울 때는 배설장소를 서클로 둘러 그곳에서만 배설할 수 있게 만들어 준다.
아무나 쫓아간다.	쫓아가는 사람에게 부탁해 무시하거나 코끝을 때리게 한다.
음식물을 밖으로 꺼내 놓고 먹는다.	좁은 방이나 케이지 안에서 먹도록 한다.
길에서 주워 먹는다.	길가에 먹을 것을 놓아두고 먹으면 줄을 당긴다. 먹지 않으면 칭찬하고 상을 준다.
계단 오르기를 무서워 한다.	경사가 낮은 계단을 이용해 먼저 올라가는 것부터 가르친 후 내려가는 것을 가르친다. 한 계단씩 오를 때마다 간식 등으로 유도하고 그 때마다 칭찬해 준다.

관련 사이트

http://www.dogcome.co.kr   http://www.wooridogs.com

http://www.dogkc.pe.kr   http://www.flydisc.co.kr

http://www.badugy.com   http://www.dogsarang.com

❶ 강아지는 생후 5주령부터 분별력이 생기기 시작하기 때문에 입양 초기 즉, 2주 동안 집중적으로 길들이는 것이 가장 중요하다.

❷ 배변 장소는 강아지가 평생 동안 이용할 수 있는 대·소변 장소를 지정해 주어야 한다.

❸ 배변 장소가 결정되면 배변 장소에 신문지를 깔아주는 방법이 가장 많이 이용된다.

❹ 배변 길들이기를 위해서는 일정 시간 간격을 두고 규정된 급식량을 준다.

❺ 배변은 사료를 먹은 후, 물을 먹은 후, 산보 후, 낮잠을 잔 후, 과도하게 냄새를 맡은 후, 흥분 상태 이후 장운동으로 인한 배변 욕구를 느끼게 된다.

❻ 애완견은 한번 배설한 곳의 냄새 자극에 의해 다시 그 곳에 배설하려는 본능이 강하기 때문에 냄새 중화제나 소독약 등을 사용해서 미세한 냄새까지도 완전히 제거해야 한다.

❼ 애완견의 훈련 시 애완견이 잘못된 행동을 하기 직전 또는 하는 순간을 포착하여 즉시 벌을 주어야 하며 제지할 때는 "안돼"라고 하면서 자기의 무릎을 치거나 손뼉을 쳐서 제지하며 손으로 때리는 것은 좋지 않다.

❽ 보상에는 먹이, 칭찬하기, 장난감 등이 있다.

❾ 훈련 시 명령어는
가. 일관되게 사용해야 한다.
나. 다른 동작과 발음이 비슷한 명령어를 쓰지 말아야 한다.
다. 명령어는 정확하고 같은 억양으로 발음해야 한다.
라. 감정이 있는 어조는 쓰지 말아야 한다.

❿ 훈련의 시기는 개의 성격 및 소질 여부에 따라 다르나 일반적으로 기본예절 훈련은 생후 2~5개월령에, 전문훈련은 진돗개는 생후 5~6개월령, 셰퍼드 및 기타 견종은 생후 6~8개월령이 가장 이상적이다.

⓫ 훈련 내용은 복종 훈련, 경비 · 호신 훈련, 전람회 훈련, 스포츠 훈련, 인명 구조 훈련, 마약 탐지 훈련, 맹도 훈련, 조 · 수렵 훈련 등 그 목적에 따라 다양하다.

⓬ 친화란 훈련에 들어가기 전에 필수적으로 거쳐야 하는 단계이며 이 과정을 무시한다면 올바른 훈련은 절대 성립될 수 없다.

⓭ 훈련의 과정은 다음과 같은 단계를 거치게 된다.
경계심(불안감) → 경계심의 감퇴 → 안심감의 발생 → 경계심의 해제 → 안심감의 고정 → 친밀감의 발생 → 불쾌감에서 인내 → 친밀감에 고정 → 충성심의 발생 → 친밀감의 절대화 → 충성심의 고정단계로 이루어진다.

⓮ 기초훈련은 "안돼", "앉아", "멈춰", "이리와", "짖어" 등의 간단한 명령어를 반복해서 훈련한다.

⓯ 전문 훈련은 사역견, 경비견, 조 · 수렵견, 경찰 · 군용견, 마약 탐지견, 맹도견, 청도견, 썰매견, 재난 · 인명 구조견 등 매우 다양한 용도로 사용하기 위하여 고도의 전문 훈련이 필요하다.

⓰ 원반경기는 개의 순발력, 지구력, 민첩성, 유연성 등을 겨루는 경기로서, 특히 지도수와의 일체감을 중시한다.

⓱ 플라스틱 원반은 프리스비에 가장 보편적으로 사용하는 원반이다.

1. 다음 중 애완견의 배변 길들이기 방법으로 옳지 않은 것은?

 ① 배변장소는 주기적으로 바꾸어 주는 것이 좋다.

 ② 배변 길들이기는 신문지법이 가장 많이 쓰인다.

 ③ 규칙적인 급여 시간과 일정한 급여량을 준다.

 ④ 잘못된 장소에 배변을 볼 때 벌을 가볍게 주어야 한다.

 ⑤ 잘못된 배변은 발견 즉시 치우고 냄새를 없앤다.

2. 훈련에 사용되는 명령어에 대한 설명으로 옳지 않은 것은?

 ① 명령어는 일관되게 사용해야 한다.

 ② 발음이 비슷한 명령어를 쓰지 말아야 한다.

 ③ 명령어는 정확하고 같은 억양으로 발음해야 한다.

 ④ 감정이 있는 어조는 쓰지 말아야 한다.

 ⑤ 말보다는 손의 동작, 줄의 조정 등으로 실시한다.

3. 다음 중 사냥견에서 꼭 필요한 훈련내용은?

 ① 앉아　　　② 차렷　　　③ 누워　　　④ 굴러　　　⑤ 가져와

4. 도그쇼(전람회)에 출전할 애완견의 훈련 내용은?

 ① 가져와, 물어　　　　　② 굴러, 차렷

 ③ 짖어, 돌아와　　　　　④ 기다려, 앉아

 ⑤ 쉬어, 이리와

5. 다음 중 원반던지기에 대한 설명으로 옳지 않은 것은?

 ① 천으로 만든 원반은 유연성과 부드러움 때문에 다칠 위험성이 적다.

 ② 가장 보편적으로 사용하는 원반은 플라스틱 제품이다.

 ③ 원반은 멀리 나가는 무거운 것일수록 좋다.

 ④ 원반 마감 상태는 양호하고 원형 복귀가 잘 되는 것을 선택한다.

 ⑤ 백핸드 드로우는 손바닥을 위로 손을 펴고 엄지손가락으로 잡는다.

정답 1. ① 2. ⑤ 3. ⑤ 4. ② 5. ③

애완견의 질병과 위생

1. 질병의 조기 발견

2. 애완견의 전염병

3. 애완견의 예방 접종과 간호

4. 애완견의 기생충

5. 애완견의 응급처치

✻ 학습 결과의 정리 및 평가

IX

질병이란 애완견이 내적 · 외적 환경의 영향에 대응하여 더이상 평형을 유지할 수 없는 상태를 말한다.

이 단원에서는 애완견의 질병을 미리 예방하고 조기에 진단하여 치료함으로써 건강한 애완견을 사육하고 인수 공통 전염병을 예방하는 방법을 학습하기로 한다.

1. 질병의 조기 발견

학습목표

1. 애완견의 질병 예방을 위한 관리 요령을 설명할 수 있다.
2. 애완견의 외모와 행동을 관찰하여 건강상태를 판정할 수 있다.
3. 증상에 따른 질병을 추정하여 조기에 발견하여 치료할 수 있다.

1. 질병 예방과 건강 진단

1. 질병 예방의 기본 사항

애완견을 건강하게 기르기 위해서는 평소의 일상적인 관리가 매우 중요하다. 따라서 철저한 환경 위생과 사양 관리를 통하여 질병을 예방할 수 있다.

① 주기적인 샴푸, 그루밍, 귀 청소, 눈 청소, 치석제거 등 피모 관리를 철저히 한다.
② 일상적인 운동 및 일광욕을 실시한다.
③ 적기에 예방 접종을 실시한다.
④ 정기적인 내·외부 구충제를 투약한다.
⑤ 균형있는 영양분이 함유된 사료를 급여하여 항병력을 강화한다.
⑥ 쥐, 파리, 모기, 야생동물들을 구제하여 전염병의 전파를 막는다.
⑦ 질병을 조기 발견하여 신속한 격리와 치료를 실시한다.

2. 건강 상태 판정법

건강한 애완견의 여러 가지 외관 상태를 알고 항상 세심한 관찰을 하면 질병을 조기에 발견할 수 있다. 즉 식욕과 원기 상태, 동작의 민첩성, 피부와 피모의 탄력과 윤기, 비경 점막의 습윤 정도, 비만과 야윔, 오줌의 색과 양, 체온과 맥박의 이상, 보행 상태 등은 건강 상태를 판정하는 매우 중요한 척도이다.

건강 상태의 판정 요령은 다음과 같다.

표 1-9-1 건강 상태 판정법

관 찰 부 위	조 사 내 용 및 방 법
1. 식욕 및 원기	● 귀의 움직임이 활발하다. ● 식욕이 왕성하여 급여 후 5분 이내 섭취한다. ● 접근하면 경계하는 동작을 취한다(외부의 자극에 민감).
2. 동작	● 눈이 충혈되지 않고 움직임이 활발하다. ● 꼬리의 움직임이 활발하고 거동이 민첩하다.
3. 피모 · 피부	● 피모가 윤택하고 밀도가 높다. ● 피부의 탄력이 좋다.
4. 비경 및 점막	● 비경은 점액이 나와 축축히 젖어 있다. ● 콧구멍, 눈까풀 안의 점막이 붉지 않다. ● 입안에서 거품이 흐르지 않고 점막에 궤양이 없다.
5. 비만 정도	● 몸에 풍만미가 있고 좌골단의 뼈를 감지할 수 있다.
6. 오줌 상태	● 오줌에 피나 점액이 없을 것 ● 외음부 주변과 음모가 깨끗할 것
7. 체온 및 맥박	● 평균 정상 체온은 38~39℃ 내외이다. ● 정상 맥박은 70~120회이다. ● 호흡수는 20~25회/1분이다.
8. 보행	● 걸음걸이가 활기 있고 자세가 바르다.

2. 증상에 따른 질병의 진단

애완견의 증상에 따른 질병은 다음과 같다.

표 1-9-2 증상에 따른 질병

증 상	질 병
1. 설사	급성 및 만성 질환, 디스템퍼, 파라티푸스, 식중독, 회충증 등
2. 혈변	콕시듐성 장염, 살모넬라성 장염, 파보 바이러스성 장염, 렙토스피라증, 십이지장충증, 편충증 등
3. 변비	디스템퍼 초기, 항생제 과다 투여, 장의 유착, 복수증 등
4. 식욕감퇴	급성 위염, 자궁 축농증, 위궤양, 위장 이물질 등

증 상	질 병
5. 구토	위염, 뇌염, 뇌막염, 복막염, 톡소플라스마, 간 질환
6. 엉덩이를 비빔	항문낭 질환, 촌충증
7. 동작의 둔화	구루병, 슬개골 탈구 등
8. 귀를 긁거나 털음	외이염, 귀 개선충증 등
9. 기침	전염성 기관지염, 기관 허탈 등
10. 눈동자 흐려짐	망막 손상, 안구내 출혈, 안검염 등
11. 침 흘림, 악취	치주 질환
12. 통증	구루병, 슬개골 탈구 등
13. 탈모, 경련	농가진, 모낭염, 여드름, 개선충증, 모낭충증, 진드기 피부 사상균증, 식이 과민증, 담마진과 혈관 부종, 지루성 피부염, 지방층염, 피부 낭포, 갑상선 기능 저하증 등

보 충 학 습 **용어의 정의**

1. 감염(infection) 의 정의
병원체(pathogen)가 숙주(host)에 침입하여 정상적인 방어기구를 누르고 친화성이 있는 장기나 조직에 도달하여 발육·증식하는 것.

2. 감염(발병)을 결정하는 요소
- 병원체의 수. - 병원체의 독성. - 숙주의 면역력(저항력)
(병원체 → 병원체의 노출 → 체내에서의 증식 → 숙주의 감염 → 발병)

3. 전염병 감염 경로
- 피부를 통한 감염
- 점막을 통한 감염(구강, 비강, 눈, 생식기, 항문)
- 모체를 통한 감염

4. 전염병 전파와 환경
공기 전파, 물·사료 전파, 토양 전파, 절지동물 전파, 중간숙주 전파, 야생동물 전파, 사람 전파, 기구 전파, 접촉성 전파, 선천성 전파

2. 애완견의 전염병

전염병의 종류에 따른 원인, 증상, 예방 및 치료법을 설명할 수 있다.

1. 파보 바이러스 감염증(Canine Parvovirus Disease)

개 파보 바이러스(canine parvo virus: CPV) 감염증은 1978년 이후 세계적으로 발생되었고, 우리나라에서는 1980년대 경기도 지방에서 최초로 유행된 것이 확인되었으며 그 후 전국적으로 발생되었다.

1. 원 인

파보 바이러스가 원인균으로 임상 병리학적으로 주로 3~8주령의 어린 강아지에서 볼 수 있는 심장형과 이유 후 나타나는 장염형의 2가지로 크게 구분할 수 있다.

2. 증 상

파보 바이러스에 감염되면 원기가 소실되고 식욕이 부진하고 구토와 설사가 가장 보편적인 증상이며 붉은 설사를 하는 경우도 매우 흔하게 나타난다.

장염형은 심한 구토, 출혈성 설사로 인한 탈수, 백혈구 감소의 증상이 나타나며 심장형에서는 좌심실을 중심으로 비화농성 심장염이 급성으로 진행된다.

3. 예방과 치료

파보 바이러스 감염증은 폐사율이 높고 예후도 불량하다. 파보 바이러스 감염을 막기 위한 방법은 예방이 최선의 방법이며 효과적인 치료법은 없다. 초기 장염형의 경우 경증일 때는 항 구토제, 지사제 사용을 권장할 수 있으며 중증일 때는 수분 및 전해질 용액을 주사와 혈장 및 수액요법을 병행하고, 감염 후 4일 이내에 고도 면역혈청을 접종하면 유효할 수 있다.

2. 디스템퍼(홍역, Canine Distemper)

디스템퍼(홍역)는 급성, 열성 전염병으로 원인체는 paramyxo virus
이다. 사람의 홍역 바이러스와 비슷한 성상을 나타내어 "개홍역"이라
고도 하며 폐사율이 약 90%로 매우 높다.

1. 원 인
애완견을 비롯한 육식동물에서 전염성이 매우 높은 급성 또는 아
급성의 열성전염병이다. 전 세계적으로 갯과 동물과 족제비과 동물
등이 감염되어 높은 전염률과 폐사율을 나타내는 바이러스성 질병이
며 감염경로는 공기, 분비물, 접촉을 통해서 감염된다.

2. 증 상
잠복기는 5~6일이며 임상증상은 호흡기, 소화기, 피부 및 신경 등
4가지 증상이 단독 또는 복합적으로 나타난다.
발열(40℃)과 폐렴, 인두염, 기관지염, 눈물과 눈곱 등의 호흡기 증
상과 설사 등 소화기 증상도 보인다. 또한 피부의 각질화로 인한 피부
증상 및 안면 경련, 후구 마비, 전신성 경련 등 신경 증상도 수반된다.

3. 예방과 치료
예방만이 최선책이다. 치료법은 거의 없고 가끔 혈청요법으로 혈청
제제가 용이하지만 실용성이 없으며, 항생제나 설파제의 사용은 2차
세균감염을 예방하는 데 유효하다.

3. 전염성 간염(Infectious Canine Hepatitis)

전염성 간염은 1947년 처음으로 발견되었으며 이 질병은 개, 여우,
코요테와 이리 등 갯과 동물에서 발생하며 디스템퍼와 판별이 어렵고
사람에게는 전염되지 않는다.

1. 원 인

전염성 간염은 아데노 바이러스(canine adeno virus typeⅠ)가 원인균이며 오염원과의 접촉과 분비물을 통하여 감염되며 완쾌 후에도 원인균이 장기간 잠복하는 질병으로 야생 갯과 동물에서 전염률과 폐사율이 높은 질병이다.

2. 증 상

잠복기는 5일 정도이며 발병 시 고열(39~41℃), 눈의 충혈, 식욕부진, 갈증, 머리, 목, 하복부의 부종, 구토, 설사, 체력저하, 복부 통증, 황달 등의 증상이 나타난다.

일반적으로 복부 벽에 압박을 가하면 간 비대증 때문에 신음소리로 고통을 표시한다.

3. 예방과 치료

효과적인 치료법은 없으며 불활화 혹은 약독화된 CAV-1과 CAV-2 백신을 접종하는 것이 최선의 방법이다.

감염초기나 복합 감염일 경우 수혈, 항생제, 합성 비타민 K 투여, 알부민, 고장성 포도당액 등의 수액 치료가 효과적이다.

디스템퍼와 전염성 간염의 비교

구 분	디스템퍼	전염성 간염
전염 형태	공기 전염	병견의 분비물
잠복 기간	5~15일	5~6일
증상과 특징	① 황달 증상이 심하다. ② 기관지염 증상이 없다. ③ 혈변이 심하다. ④ 열은 초기에 높고 점차 내려간다. ⑤ 구토가 심하다.	① 황달 증상이 약하다. ② 입, 점막의 출혈반이나 궤양을 일으킨다. ③ 혈변을 수반한다. ④ 열은 초기에 높고 점차 내려간다. ⑤ 맥박이 점차 빨라지고 약해진다. ⑥ 호흡이 약하고 조용하다.

4. 렙토스피라증(Canine Leptospirosis)

인수 공통 전염병으로 2가지 형태가 있다. 캐니콜라형은 애완견만 전염되고 와일드형은 사람에게도 전염된다.

1. 원 인

병원체는 렙토스피라(*Leptospira*)균이며, 1898년 이래 유럽, 특히 독일에서 많이 발생하였다. 출혈성 위장염의 증상이 있어 '견티푸스'라고도 하며 출혈형과 황달형이 있다. 감염된 쥐의 오줌을 통하여 전파되며 입, 피부, 점막이 전염 경로이다.

2. 증 상

잠복기는 1주일 전후이며 소, 돼지와의 접촉에 의해서 이루어진다.

① 출혈형

발열과 심한 구토, 입의 점막에 궤양이 생기며 출혈성 설사를 하고 체온이 내려가 수일 안에 죽는다. 신장 등에 심한 손상을 일으켜 내부 장기에 출혈과 혈뇨를 유발한다.

② 황달형

병원균이 간장에 침입하여 전신에 황달이 생긴다. 애완견은 털이 길어 피부의 관찰이 곤란하며 눈의 결막과 복부, 귀 안쪽과 같은 털이 짧은 곳을 관찰해야 발견할 수 있다. 황달과 함께 구토, 설사 등이 발견되면 이 병을 의심할 수 있다.

3. 예방과 치료

렙토스피라증은 사람에게도 전염되므로 평소 예방 접종을 실시하고 주워 먹는 습관도 교정시켜 주어야 한다. 초기에는 페니실린과 스트렙토마이신이 효과가 있다.

5. 전염성 기관지염(케널코프, Kennel Cough)

1. 원 인

원인체는 보데텔라 브로치셉티카(*Bordetella bronchiseptica*)로 높은 전염성을 가지는 호흡기 질병으로 기침과 콧물을 특징으로 한다. 개 아데노바이러스 2형(canine adenovirus type), 개 헤르페 바이러스(canine herpes virus), 개 파라인플루엔자 바이러스(canine parainfluenza virus) 등의 바이러스 원인체와 2차적인 보데텔라(*Bordetella*)균과 기타 세균성 원인체가 중복 감염되어 일어나는 급만성 호흡기 질병이다.

2. 증 상

주로 어린 강아지에서 심한 증상을 나타내며 감염 3~4일 후 임상 증상을 나타내게 된다. 수양성 콧물과 폭발적인 건성 기침이 특징적이며 연속적인 기침 후 구토가 따른다.

초기에는 발열 증상을 보이지 않다가 39~40℃까지 체온이 급격히 올라간다. 심한 경우 폐장에 광범위한 기관지 폐렴 병변을 나타낸다.

3. 예방과 치료

초기에는 광범위 항균제와 대사촉진제, 영양제 등을 병용 투여하여 애완견의 회복을 촉진시켜 주어야 한다. 케널코프 백신을 접종하여 예방하는 것이 최선이다.

6. 코로나 바이러스성 장염(Coronaviral Enteritis)

1. 원 인

원인체는 코로나 바이러스(Corona virus)로 위와 장에 발생하며 그다지 중요한 질병은 아니다. 애완견의 코로나 바이러스는 돼지 전염성 위장염(TGEV)과 고양이 전염성 복막염 바이러스(feline infectious peritonitis virus, FIPV)와 항원적으로 관련이 깊으며 구성성분에서 공통 항원성을 지니고 있다.

2. 증 상

열이 없으면서 구토와 혈변을 보이고 탈수증상이 심하며 특히 자견에서 증상이 심하다. 원기 쇠약, 식욕 철폐, 급사 집단 발생 등 파보바이러스성 장염과 비슷한 증상을 보이며 7~10일 경과하게 되면 회복되나 어린 강아지는 담황색 또는 담적색의 설사 후 급사하는 경우가 있다.

3. 예방과 치료

초기의 경증에는 치료하지 않아도 1~2주안에 자연적으로 회복되는 것이 보통이다.

조기에 진단하고, 안정과 보온을 취하고 급성의 설사나 탈수가 있을 때에는 전해질과 수액을 공급해주며 항생제, 대사촉진제 등을 복합 치료하면 더욱 효과적이다.

7. 광견병(Rabies)

광견병(Rabies)은 거의 모든 온혈동물에 치명적인 급성전염병으로 인수 공통 전염병이다. 이 병에 걸리면 물을 두려워한다고 하여 '공수병'이라고도 불린다. 우리나라에서도 1993년 9월 강원도에서 광견병 발생이 확인된 바 있고 1999년에는 사람이 사망하는 사고가 발생하였다.

1. 원 인

광견병 바이러스는 감염된 애완견의 타액 속에 있으므로 물린 상처를 통해 신경이나 중추신경계로 침입하여 발생한다. 잠복기는 1~2개월 또는 수년 후에 발병하기도 한다. 또한 머리에 가까운 부분을 물렸을 경우 빨리 발병하기 때문에 어린이가 물리면 한층 더 위험하다. 그러나 물렸다고 반드시 발병하는 것은 아니다.

2. 증 상

① 전구기

불안해하거나 환경변화에 아주 민감하게 되며, 공포 때문에 어두운 곳에 숨는다.

② 흥분기(광조기)

전구기가 1~3일 지속된 후 외부자극에 과민 반응을 보이며, 흥분된 동물은 이물질들을 먹는 경우도 있으며 물건에 부딪히거나 강한 빛을 쪼이면 공격하는 행동을 한다.

타액분비가 현저히 증가하게 되고 안면근육이 수축하여 험악한 인상을 보이고 눈과 구강이 충혈되며 평소와는 다른 이상한 소리를 낸다. 흥분기는 2~4일간 지속된다.

③ 마비기

전신이 쇠약해지며 전신마비가 시작된다. 발병 초기에는 체온이 40℃ 이상 상승한 후 체온이 떨어진다. 이 시기의 특징은 인·후두의 마비로 환축은 입을 벌린 상태이며 1~3일 내에 폐사한다.

3. 예방과 치료

광견병의 의심이 있는 가축은 즉시 격리시키고 세심한 관찰을 하여야 하며 확인될 경우 안락사를 시켜야 한다. 인수 공통 전염병으로 예방 접종을 의무적으로 실시해야 하고 치료법은 없다.

광견병에 대한 주의사항은 다음과 같다.

① 애완견에게 함부로 손을 내밀거나 접근하지 않는다.

② 감염된 애완견에게 물렸다면 즉시 상처의 피를 짜내고 식초와 같은 산성이 강한 것으로 씻고 치료를 받는다.

③ 물린 후 애완견의 상태를 살펴 전염 여부를 확인한다(동물병원에 입원하여 검사).

④ 감염된 애완견에게 물렸다면 예방 접종을 한다(부작용도 있음).

8. 브루셀라(유산균증, Brucellosis)

1. 원 인

브루셀라병은 브루셀라 캐니스(*Brucella canis*)라는 세균에 의해서 일어나는 인수 공통 전염병이다. 감염견으로부터 사람의 발병률은 낮지만 임신한 부인, 면역 억제된 환자, 위생상 좋은 습성을 갖지 못하는 어린이는 특별히 조심해야 한다.

이 질병의 전파는 주로 유산 후 유산태아나 유산물질, 질 분비물로부터 감염된다.

2. 증 상

브루셀라병은 생식기를 제외하고는 임상증상을 거의 나타내지 않는다. 수캐에서는 전립선염, 고환염 비정상적인 정자 형태, 정자 운동성 감소, 정자수 감소, 음낭 종창(scrotal swelling) 및 음낭 피부염(scrotal dermatitis) 등을 관찰할 수 있다. 암캐에서는 임신 45~59일경 유산, 불임 등 번식 장애를 일으킨다.

3. 예방과 치료

위생관리를 철저히 하고 항생제나 설파제를 투여한다(완전한 퇴치는 힘들다). 브루셀라균은 세포내에 기생하는 세균이므로 치료에 어려움이 있으므로 안락사시켜 매몰 처리해야 한다. 예방약이 없으므로 구입한 동물은 8~12주간 격리 · 검사해야 한다.

9. 톡소플라스마(Toxoplasmosis)

1. 원 인

1980년 북미의 파스퇴르 연구소에서 발견된 것으로 병원체는 원충이다. 포유류, 조류, 사람에게서도 발생하는 인수 공통 전염병으로 오염된 분뇨, 타액을 통하여 전염된다.

2. 증 상

주로 강아지에 많이 발생하며 빈혈, 원기 소실, 기침, 고열 등의 증상이 나타난다. 이 병은 디스템퍼나 렙토스피라증과 증상이 유사하기 때문에 판단하기 힘들다. 사람의 경우 임신부의 유산, 사산, 태아의 뇌수종 등의 증상이 있다.

3. 예방과 치료

날고기의 생식을 피하고 야생 고양이와의 접촉을 금지하며 초기에 설파제를 투여하면 효과적이다. 특히 어린 아이나 임신부와의 접촉을 주의해야 한다.

소독약 사용의 일반적 상식　　　　　　　　보 충 학 습

① 소독 전에 청소가 선행되어야 한다.
② 적정 농도로 희석한다(농도가 짙다고 소독력이 강한 것은 아니다).
③ 소독약을 희석하는 물의 온도를 높임으로써 효과가 증대된다.
④ 물은 연수를 사용하고 조제 후에는 즉시 사용한다.
⑤ 대상 병원체에 잘 듣는 약제를 선택한다.
⑥ 산과 알칼리 계통의 소독제를 동시에 사용하지 않는다.

3. 애완견의 예방 접종과 간호

1. 전염병 예방 접종을 적기에 실시할 수 있다.
2. 전염병에 감염된 애완견을 간호하여 빨리 회복시킬 수 있다.

1. 예방 접종 방법

전염병이 발병하면 전염률, 폐사율이 높고 치료기간이 길어 막대한 경제적 손실을 가져온다. 따라서 예방 접종의 목적은 애완견의 전염병에 대한 방어능력을 길러주어 전염병을 사전에 예방하고자 하는 것이다.

중요한 애완견의 예방 접종 프로그램은 다음과 같다.

표 1-9-3 예방 접종 프로그램

백 신 종 류		접 종 시 기
종합 백신 (D.H.P.P.L)	전염성 간염 파보 바이러스성 장염 파라 인플루엔자 홍역(디스템퍼) 렙토스피라	● 생후 6주부터 2~4주 간격으로 3~5회 접종 (18주까지 접종) ● 이후 매년 1회 보강 접종
코로나(Corona) 장염		● 생후 6주부터 2~4주 간격으로 2~3회 접종 (18주까지 접종) ● 이후 매년 1회 보강 접종
전염성 기관지염(케널 코프, kennel cough)		● 생후 8주부터 2~4주 간격으로 2~3회 접종 (18주까지 접종) ● 이후 매년 1회 보강 접종
광견병(Rabies)		● 생후 3~4개월령 1회 접종 ● 이후 6개월마다 보강 접종

2. 예방 접종 시 주의점

1. 예방약 구입 시 주의점
① 약품에 표시된 유효 기간을 반드시 확인한다.
② 예방약은 접종하기 전까지 2~5℃에 보관하여야 한다.
③ 생독(생균)백신은 냉동실에 보관하여야 한다.
④ 사독(불활화)백신은 냉장 보관하여 얼리지 말아야 한다.

2. 예방약 주사 시 주의점
① 일회용 주사기를 사용하거나 한 마리마다 주사바늘을 바꾸어 사용한다.
② 생균백신과 생독백신 사용 시 주사기나 주사침을 소독약으로 소독하지 않는다.
③ 종합백신과 광견병 예방주사는 같은 날 접종하지 않고 2주 이상 간격을 둔다.
④ 접종 후 1주일 정도는 스트레스(목욕, 미용, 여행)를 주지 말아야 한다.

종합 백신이란?   보충학습

백신은 항원(병원체)을 주사하여 항체(면역체)를 만드는 것으로서 질병을 예방하기 위하여 실시하는 것이다. 병원성을 제거한 항원(백신)을 주사하면 2~3주일 후에 항체가 형성된다.
종합 백신에는 D(디스템퍼, 홍역), H(전염성 간염), P(파보 바이러스), P(파라 인플루엔자), L(렙토스피라)의 5종이 복합되어 있다.

3. 애완견의 간호

동물이 건강의 균형을 잃고 질병에 걸리면 스스로 회복하려는 힘이 발휘된다. 그러나 환축을 조속히 회복시키기 위해서는 치료약의 투약과 성실한 간호가 필요하다.

환축을 간호하기 위해서는 애완견의 생리와 습성, 질병에 대한 상식이 있어야 한다.

① 기호성이 좋고 소화가 잘 되는 고열량, 고단백질 사료를 급여한다.

② 열성 질병을 앓고 있는 애완견은 보온을 해준다.

③ 누워 있는 애완견은 두툼한 방석을 깔아주거나 누운 자세를 바꾸어 준다.

④ 병든 애완견은 조용한 곳에서 휴식을 취하도록 한다.

⑤ 환축의 치료약은 정확한 양을 투약하고 투약시간을 엄수한다.

4. 애완견의 기생충

학습목표

내·외부 기생충의 종류와 증상을 알고 구충제를 투약하여 구제할 수 있다.

1. 내부 기생충

기생충에 감염되면 영양 손실과 빈혈로 쇠약해지고 병에 대한 저항력이 약화된다. 또한 간장, 심장, 폐 등 내부 장기가 손상됨으로써 발육이 저하되고 2차적인 세균 감염이 생기게 된다. 따라서 일정한 기간마다 기생충 검사와 구충제를 투여해야 한다.

변 검사는 부유 집란법에 의하여 1세 미만의 유견은 매월 1회, 성견은 연 2회 검사를 실시하여 기생충 감염 여부를 진단하고 적당한 구충제를 투약해야 한다.

1. 심장 사상충(필라리아증)

1 원인과 전파

심장 사상충은 길이 17~28cm의 가늘고 긴 기생충으로 심장 우심실과 폐동맥에 기생하여 발생하는 질병으로 모기에 의해서 애완견이나 고양이에게 전파된다. 유충은 애완견의 혈관을 따라 심장에 들어가 190일 정도면 유충을 산란하게 되며, 이 유충을 모기가 흡혈하여 다시 다른 동물에게로 전파하게 된다. 국내에서도 10~30% 정도 감염된 것으로 보고되었다.

2 증상

초기에는 아침, 저녁으로 가끔 기침을 하고 식욕이 떨어지며 피모가 조금씩 빠지기 시작하여 점차 혈뇨, 복수, 심부전증 등을 일으켜 폐사된다.

③ 예방 치료

모기가 발생하기 1개월 전부터 모기의 활동이 중지되는 시기까지 체중에 따라 적량을 투약한다. 주로 5월에서 10월까지 6개월간 투약하는 것이 안전하다. 유충의 구제는 10~11월경이 적당하다.

2. 회충증

그림 1-9-1

회충

① 원인 및 성상

회충은 가장 흔한 기생충으로 소장에 기생하며 그 유충은 장벽을 뚫고 폐, 기관지, 식도를 거쳐 약 1주일 후에 다시 소장으로 내려와 성충이 된다. 신장이나 간장에 침입하는 경우도 있다. 유견은 회충증 감염이 많고 방치하면 폐사하는 경우도 있다. 모견의 태반을 통하여 감염되기 쉬우며 구입 강아지는 구충제를 투약하는 것이 좋다.

② 증상

회충증의 증상은 구토, 설사, 기침, 빈혈, 탈수, 폐렴, 성장 장애, 털의 윤기 소실, 쇠약 등이 나타나고 유충이 뇌에 침입하면 발작을 일으키기도 한다.

③ 예방 치료

구충제는 생후 2~4주경 1차 투약하고, 생후 6~8주 2차 투약 후 매년 정기적으로 투약한다.

3. 십이지장충

1 원인 및 성상
입이나 사지의 피부를 통하여 소장에 기생하며 장점막의 혈액을 빨아먹는다. 한 마리가 하루에 0.8mL 정도의 혈액을 빨아먹는다.

그림 1-9-2
십이지장충

2 증상
십이지장충 감염 증상은 복통, 피로, 식욕부진, 빈혈을 일으켜 쇠약해지며 검은 점액성 변을 누고 소장 벽의 출혈로 폐사할 수 있다.

3 예방 치료
구충제는 독성이 강하므로 투약량을 정확히 하고 정기적인 투약을 한다.

4. 편충증

1 원인 및 성상
입을 통해서 맹장에 기생 흡혈하고 때로는 맹장염을 유발한다. 피해는 적지만 번식력이 강한 기생충이다.

그림 1-9-3
편충

2 증상
염증과 점액성 설사와 때로는 혈변을 배설하고 등을 웅크리는 자세를 취한다.

3 예방 치료
구충제는 독성이 강하므로 투약량을 정확히 한다.

5. 촌충증

그림 1-9-4
촌충

1 원인 및 성상

촌충은 벼룩이나 이가 매개하여 소장벽에 기생하며 긴 연절상의 성충으로 되어 말단이 잘려 대변과 함께 배설된다. 체내에서 산란하지 않아 변 검사로 검출되지 않는다.

2 증상

대변 중에 쌀알 크기의 흰 벌레가 움직이는 것을 확인할 수 있다. 감염된 애완견은 항문을 바닥에 비비는 행동을 하며 영양 불량, 쇠약, 빈혈, 장염으로 설사를 한다.

3 예방 치료

구충제는 공복에 투약하며 20~30분 후면 촌충이 나온다. 그러나 촌충의 머리는 장벽에 붙어 살아남기 때문에 또다시 연절을 만든다. 따라서 촌충의 구제는 1주일 간격으로 2~3회 연속하여 투약한다.

보충학습   **종합 구충제 투여 요령**

1. 구입한 애완견은 2~5일 후 투약한다.
2. 생산된 애완견은 생후 21일령: 1일 1알씩 10일 간격으로 3~4회 투약한다.
3. 생후 5~6개월령: 1~2개월 간격으로 1회 투약한다.
4. 1년 이상: 2~3개월 간격 1회 / 임신견은 임신 4일, 28일경 2회 투약한다.
5. 임신견은 태아에게 영향을 주지 않는 구충제(pebendazole)를 투약한다.

2. 외부 기생충

애완견의 외부 기생충은 세심한 관찰을 하면 쉽게 발견할 수 있다.

표 1-9-4　외부 기생충의 종류와 증상

기생충	원인 및 증상
모낭충증 (데모덱스)	• 모낭에 모낭충 감염으로 발생한다. • 털이 짧은 품종에 자주 발생한다. • 비듬, 농포가 생겨 냄새가 나고 차차 가려움이 심해진다.
개선충증	• 피부에 점액이 생기며 털이 엉키고 가려움증이 있다. • 얼굴, 귀 등에 털이 빠지며 사람에게도 전염된다.
귀 개선충증	• 외이도에 기생하며 적갈색의 염증을 일으킨다. • 가려움과 통증을 일으킨다.
벼룩감염	• 피부 자극과 흡혈, 배설물 등으로 피부 알레르기를 유발한다. • 심한 가려움증을 일으킨다. • 구제용 샴푸로 목욕시키고 견사와 주변을 청소하고 소독한다.
피부 사상충증	• 부분적인 원형 탈모, 분홍빛의 비듬이 발생한다. • 털은 빠지지 않지만 온몸에 비듬이 발생한다. • 옴 등이 혼합하면 가려움이 심해진다.
옴	• 아주 작은 진드기(0.5mm 이하)가 원인이다. • 가려움증이 나타나고 피부 손상과 탈모가 일어난다. • 구충제를 피부에 살포, 대사 촉진제를 주사하여 준다.
기타 피부병	• 공해, 기생충, 알레르기, 호르몬 이상, 관리 소홀 등이 원인이다. • 잘못된 털 관리나 거친 취급으로 인한 상처로 발생한다. • 사료 중 지방의 함량 부족, 비타민 D 합성 장애 등으로 발생한다.

견사 및 기구의 소독 방법　　보충학습

1. 식기류: 열탕 속에 넣어서 15분 이상 삶는다.
2. 면 등 의류 : 약 3%의 크레졸액을 만들어 1시간 이상 담근다.
3. 견사, 운동장 등: 60~80℃의 더운 물에 3%의 크레졸액을 분무한다.
4. 운동장의 흙: 생석회를 살포한다.

5. 애완견의 응급처치

학습목표

애완견 사육 중 발생하는 사고에 대한 응급처치를 할 수 있다.

1. 열사병과 일사병

열사병은 애완견이 체온을 조절할 수 없는 상태에서 발생한다. 주로 여름철 밀폐된 차안에 장시간 방치하거나, 무리한 운동 후, 주둥이를 묶은 상태에서 장시간 미용(드라이어)을 할 경우 등에 나타나고 일사병은 강한 햇볕에서 장시간 노출되었을 때 발생되며 심한 경우에는 목숨을 잃는다. 증상으로는 체온이 상승하고 헐떡거림이 심해지며, 구토를 하고, 입에서 거품이나 타액을 흘린다.

응급 처치법으로는 주변 온도보다 낮은 곳으로 신속히 옮기고 찬물을 급여하며 찬물을 끼얹거나 얼음주머니로 몸을 식히고 심한 경우 찬물 관장을 실시한다.

2. 인공호흡법

인공호흡은 쇼크나 전기 감전, 호흡 곤란 등에 의해 호흡이 정지된 상태에서 실시한다. 호흡이 정지되면 잇몸이 파랗게 되고 축 늘어져 기력을 잃게 된다. 인공호흡 전에는 반드시 맥박을 체크하여 맥박을 못 느끼면 심폐 인공호흡법을 써야 한다.

1. 심장 압박법
애완견을 심장이 위로 오게 오른쪽으로 누인 다음 입 속을 살펴 이물질을 제거한 뒤 공기가 유입되기 쉽게 혀를 빼준다.

양손을 모아 애완견의 흉부 약간 아래쪽을 눌러 공기를 빼준 후 손을 떼고 약 2초 정도 공기가 들어가면 다시 실시한다. 이런 방법을 반복적으로 실시한다.

2. 휘두르기법

애완견의 심장 쪽에 손으로 자극을 준 뒤, 뒷다리를 잡고 이쪽저쪽으로 흔들어 본다. 이렇게 10회 정도 실시하여 반응이 없으면 다시 반복한다.

3. 코에 공기를 불어 넣는 법

압박법이나 휘두르기법을 하여도 효과가 없을 경우에 실시한다. 애완견의 혀를 앞으로 빼내고 입을 손으로 막은 뒤 개의 코에 입을 대고 공기를 약 2~3초간 세게 불어넣어 준다. 애완견의 가슴이 부풀어 오르면 입을 떼고 공기가 빠질 때까지 기다린다. 이런 방법으로 1분당 14~17회 정도 반복 실시한다.

3. 구토의 처치

구토는 위 또는 십이지장 등 상부 소화기관의 내용물이 구강(입)을 통해서 강제적으로 토해내는 반사적 행동을 말한다. 특히 애완견의 위는 다른 동물보다 민감해서 쉽게 구토를 한다.

1. 구토의 원인

구토는 급성위염, 기생충감염, 전염성 질환(개 홍역, 파보 장염, 코로나 장염, 전염성 간염), 췌장염, 장중첩, 간 질환, 신장질환, 중독성 물질 섭취, 자궁축농증, 복막염, 종양, 호르몬 이상 등이 원인이다. 상한 음식을 먹었거나, 변질된 통조림 또는 사료, 알루미늄 호일, 닭 뼈, 고기 덩어리를 씹지 않고 섭취했을 때도 발생한다.

2. 구토의 대처 방안

구토할 때는 음식과 물을 최소한 24시간(최대 48시간까지) 동안 금식시키고 위를 최대한 진정시키며 심한 갈증을 느끼면 얼음조각을 핥아먹게 해 준다.

구토증상이 완화되면 탈수가 되지 않도록 소량의 물과 전해질 등을 투약한다. 구토가 멈추면 소화되기 쉬운 사료를 소량씩 급여한다.

4. 부상 동물의 취급과 처치

1. 부상 동물의 접근

부상 동물은 공포심과 통증 때문에 사람을 물 수도 있으므로 접근할 때에는 30㎝ 정도 앞에서 이름을 부르면서 몸을 낮추어 점차 손을 가까이하여 접근한다.

만일 공격적인 면이 보이면 몇 분 후 다시 시도한다. 만일 성공하지 못하면 강제력을 사용하여야 하는데 이때 수건이나 옷감으로 눈을 가린 후 목 부위를 양손으로 꼭 잡아야 한다.

2. 부상 동물의 운반

소형의 애완견은 좌측 팔로 흉부를 받혀주고, 우측 팔로 안고 가면 된다. 그러나 대형견인 경우 한 손은 가슴을 받치고 다른 손은 복부를 받쳐 운반한다. 만일 부상 정도가 심한 상태이면 매트리스, 옷, 담요 등으로 감싸 운반한다.

3. 상처의 처치

상처로 인하여 출혈이 되면 먼저 지혈을 시키고 깨끗한 물로 세척한 후 3% 과산화수소수로 소독하고 붕대를 감고 항생제, 소염제를 투여한다.

4. 출혈의 처치

① 직접 압박법
① 애완견을 움직이지 못하게 보정한 후 상처 부위에 거즈를 대고 압박한다.
② 반창고로 단단히 직접 압박을 계속한다. 지혈이 안 되면 더 강하게 압박한다.

② 지혈대를 씌우는 방법
① 15㎝ 정도의 지혈대를 상처보다 조금 위쪽의 압박하기 쉬운 곳에 동여맨다. 만약 관절이 있으면 관절 위쪽에 매야 한다.
② 지혈대를 2중으로 돌려 맨 다음 한번에 묶는다.
③ 짧고 튼튼한 부목을 지혈대의 위에 놓고 묶는다.
④ 지혈될 때까지 부목을 조이면서 돌린다.
⑤ 부목을 반창고로 고정시키고 수의사의 지시에 따른다.

5. 골절의 처치

애완견은 주로 다리가 골절되기 쉬우며 골절이 되면 발을 땅에 딛지 못하고 들고 다니는 것이 특징이다. 또한 다리가 휘거나 부종과 함께 심한 통증을 느낀다. 이때에는 즉시 동물병원으로 데리고 가서 X-선 촬영을 한 뒤 석고 붕대나 금속판, 골판지 등을 이용한 정형 외과적 수술을 하고 3~4주 후 석고 붕대를 풀어 준다.

5. 쇼크의 처치

쇼크는 애완견의 심각한 변화, 심한 출혈, 외상, 체액 상실(구토, 설사, 화상), 감염, 심장 이상, 호흡곤란 등에 의하여 발생한다.
쇼크의 증상은 다음과 같다.
① 잇몸이 창백하거나 진흑색이 된다.
② 맥박이 약하고 빠르다.

③ 피부를 누르면 모세혈관에 혈액이 재충전되는 데 2초 이상의 시간이 걸린다.

④ 호흡이 빠르다(40회/분).

⑤ 체온이 저하(35℃ 이하)되어 피부 및 다리가 차다.

손상 받은 애완견의 위치를 급격하게 옮기는 것은 좋지 않다. 빠른 운반, 충격은 쇼크 상태를 악화시킬 수 있다.

6. 이물질, 유독 물질의 섭취

1. 이물질의 섭취

애완견이 이물을 삼키게 되면 구토, 매스꺼움, 기침, 복통, 호흡 곤란, 식도나 위장관의 폐쇄가 일어날 수도 있다.

이물질을 통과시킬 수 있는 방법으로는 식사량을 늘리거나 우유를 적신 빵을 주어 식도, 위, 장을 통과시키거나 식용유 등을 먹여 부드럽게 통과시키는 방법이 있다.

2. 유독 물질의 섭취

유독 물질을 섭취했을 때는 달걀 흰자, 산화마그네슘 현탁액, 우유 등을 먹인다.

구토를 시키는 방법으로는 3%의 과산화수소수와 물을 1 : 1 비율로 섞어 15mL 정도 투여하거나 소금을 먹여 토하게 한다.

7. 화상의 처치

화상은 뜨거운 물과 기름, 전기, 화학 약품 등에 의해 발생하며 가벼운 화상은 물집이 잘 잡히지 않고 털로 인해 환부가 가려져 발견이 용이하지 않다. 화상을 입은 애완견은 고통이 심하기 때문에 입마개(마스크)를 하거나 입을 보정하여 사람이 물리지 않도록 한다.

화상 부위는 곧바로 찬물 또는 얼음으로 식히고 화학약품에 의한 경우에는 화학약품을 씻어 내고 전문 수의사의 진료를 받는다.

화상의 정도에 따른 증상과 처치 사항은 다음과 같다.

표 1-9-5 화상 정도에 따른 증상과 처치

화상 정도	증 상	응급처치
1도 화상	피부가 빨갛고 가벼운 통증이 있다.	털 제거 후 환부를 찬물로 씻고 멸균 거즈로 덮어 준다.
2도 화상	심한 부종, 통증, 괴사 조직 발생, 심한 체액 상실이 온다.	냉수 또는 얼음물에 적신 청결한 거즈를 대 준 후 건조한 멸균 거즈로 수분을 제거한다.
3도 화상	털이 타서 피부가 드러나며 감염이 심하다.	피부이식 수술을 해야 한다.

탐구활동

1. 애완견의 예방 접종 프로그램을 계획해 보자.
2. 인수 공통 전염병의 종류와 예방 대책을 조사해 보자.
3. 가정에서 기르는 애완견의 응급 처치법에 대하여 알아보자.

애완견의 약 먹이기

1 기구 및 재료

기구: 체온계, 가위(끝이 둥근형), 핀셋, 거즈, 붕대, 면봉, 보정 끈, 탈지면, 반창고
약품: 귀약(청소용, 치료용), 안약, 영양제, 구충제, 변비약 등

2 순서와 방법

(가) 알약 먹이기

① 왼손 바닥이 콧등 부분에 닿게 하여 애완견 머리를 뒤로 제친다.
② 왼손 엄지와 검지로 송곳니 뒤쪽을 잡고 입을 벌린다.
③ 오른손 중지와 검지로 약을 잡고 가능한 한 안쪽에 약을 집어넣는다.
④ 약을 넣은 뒤 입을 닫고 약 3초간 기다린다.
⑤ 애완견의 코에 바람을 불어 주면서 손을 놓으면 혀로 코를 핥으면서 삼킨다.

(나) 물약 먹이기

① 왼손 바닥이 아래턱에 닿도록 잡고 가도록 주둥이를 벌린다.
② 오른손으로 물약이 들어있는 스포이드(또는 주사침을 뺀 주사기)를 주둥이 옆쪽 이빨 사이로 짜서 넣는다.
③ 약을 넣은 후 입을 다물게 하여 잠시 동안 기다린다.

(다) 가루약 먹이기

① 가루약을 설탕물 또는 요구르트에 섞는다.
② 물약 먹이는 방법으로 먹인다.
③ 가루약은 좋아하는 음식과 섞어 입 언저리에 발라주면 핥아먹는다.

(라) 안약과 귀약 투여

① 애완견이 약을 보지 못하게 한다.
② 안약과 귀약 투여 시에는 개의 눈과 귀가 상하지 않게 조심스럽게 다룬다.

3 평 가

평 가 항 목	평 가 사 항	평 가 관 점
약 먹이기	● 애완견의 보정	● 보정 방법과 자세가 바른가? ● 안전 조치를 충분히 취하였는가?
	● 투약 방법	● 투약량이 정확하고 허실되는 것이 없는가? ● 투약 후 부작용이 없는가?

❶ 애완견을 건강하게 기르기 위해서는 평소의 일상적인 관리가 매우 중요하다. 따라서 철저한 환경 위생과 사양 관리를 통하여 질병을 예방할 수 있다.

❷ 질병의 조기 발견을 위한 관찰 사항은 식욕과 원기 상태, 동작의 민첩성, 피부와 피모의 탄력과 윤기, 비경 점막의 습윤 정도, 비만과 야윔, 오줌의 색과 양, 체온과 맥박의 이상, 보행 상태 등은 건강 상태를 판정하는 매우 중요한 척도이다.

❸ 감염을 결정하는 요소는 병원체의 수, 병원체의 독성, 숙주의 저항력이다(병원체 → 병원체의 노출 → 체내에서의 증식 → 숙주의 감염 → 발병).

❹ 전염병의 전파는 공기 전파, 물·사료 전파, 토양 전파, 절지동물 전파, 중간숙주 전파, 야생동물 전파. 사람 전파, 기구 전파, 접촉성 전파, 선천성 전파 등이 있다.

❺ 개 파보바이러스는 1980년대 경기도 지방에서 발생된 적이 있으며, 장염형은 심한 구토, 출혈성 설사로 인한 탈수, 백혈구 감소의 증상이 나타나며 심장형에서는 좌심실을 중심으로 비화농성 심장염을 일으킨다.

❻ 디스템퍼(홍역)는 급성, 열성 전염병으로 발열(40℃)과 폐렴, 인두염, 기관지염, 눈물과 눈곱 등의 호흡기 증상과 설사 등의 소화기 증상이 있으며 예방만이 최선책이다.

❼ 전염성 기관지염(케널코프)은 주로 어린 강아지에서 심한 증상을 나타내며 수양성 콧물과 폭발적인 건성 기침이 특징적이며 연속적인 기침 후 구토가 따른다. 초기에는 발열 증상을 보이지 않다가 차츰 39~40℃까지 체온이 급격히 올라간다.

❽ 광견병(Rabies)은 모든 온혈동물에 신경증상을 동반하는 치명적인 급성전염병으로 인수 공통 전염병이다. 증상은 그 특징에 따라 전구기, 흥분기(광조기), 마비기로 구분한다. 광견병의 의심이 있는 가축은 즉시 격리시키고 세심히 관찰하여 확인될 경우 안락사시켜야 한다. 예방 접종을 의무적으로 실시해야 한다.

❾ 렙토스피라(Leptospira)병은 출혈성 위장염의 증상이 있어 '견티푸스'라고도 하며 출혈형과 황달형이 있다. 감염된 쥐의 오줌을 통하여 전염되며 전염 경로는 입, 피부, 점막을 통하여 이루어지며 발열, 구토, 점막 괴양, 출혈성 설사, 황달증상이 있다.

❿ 애완견의 종합 백신에는 D(디스템퍼), H(전염성 간염), P(파보바이러스), P(파라인플루엔 자), L(렙토스피라)의 5종이 복합되어 있다.

⓫ 심장 사상충은 심장에서 기생하는 기생충으로서 모기에 의해 전파되는 질병이다. 기침, 식 욕 부진, 탈모, 혈뇨, 복수, 심부전증 등을 일으켜 폐사한다.

⓬ 회충은 가장 흔한 기생충으로 소장에 기생하며 유견은 회충증 감염이 많고 방치하면 폐사 하는 경우도 있다. 증상은 구토, 설사, 기침, 빈혈, 탈수, 폐렴, 성장 장애, 털의 윤기 소실, 쇠약 등의 증상이 나타나고 유충이 뇌에 침입하면 발작을 일으킨다.

⓭ 십이지장충은 입이나 사지의 피부를 통하여 몸에 들어가 소장에 기생하며 장점막의 혈액 을 빨아먹는다. 증상은 복통, 피로, 식욕부진, 빈혈, 검은 점액성 똥을 누고 소장 벽의 출혈 로 인하여 폐사할 수 있다.

⓮ 편충은 입을 통해서 몸에 들어가 맹장에 기생하여 흡혈하며 때로는 맹장염을 유발한다. 증 상은 염증과 점액성 설사, 혈변을 배설하고 등을 웅크리는 자세를 취한다.

⓯ 촌충은 벼룩이나 이가 매개하여 소장벽에 기생하며 긴 연절상의 성충으로 되어 말단이 잘 려 대변과 함께 배설된다. 증상은 항문을 바닥에 비비는 행동을 하며 영양이 불량해지고 쇠 약해지며 빈혈과 장염으로 설사를 한다.

⓰ 종합 구충제는 구입한 애완견은 2~5일 후 투약, 생산된 애완견은 생후 21일령: 1일 1알씩 10일 간격으로 3~4회 투약, 생후 5~6개월령: 1~2개월 간격으로 1회 투약, 1년 이상: 2~3 개월 간격 1회, 임신견은 임신 4일, 28일경 2회 투약한다.

1. 다음 중 애완견의 질병을 예방하기 위한 방법이라고 <u>볼 수 없는 것은?</u>

　① 일상적인 운동 및 일광욕을 실시한다.　② 정기적인 내·외부 구충제를 투약한다.

　③ 샴푸, 그루밍은 매일 실시해 준다.　④ 질병을 조기 발견하여 치료한다.

　⑤ 균형있는 영양분 사료를 급여한다.

2. 다음 중 건강한 애완견의 상태를 설명한 것은?

　① 귀의 움직임이 둔하다.　② 비경이 축축히 젖어 있다.

　③ 평상시 체온이 39~40℃ 내외이다.　④ 피모가 거칠고 밀도가 낮다.

　⑤ 콧구멍, 눈의 점막이 붉다.

3. 다음 중 감염을 유발하는 3요소로 알맞은 것은?

| ㄱ. 애완견 수　　ㄴ. 애완견의 나이　　ㄷ. 숙주의 저항력 |
| ㄹ. 야생동물의 수　ㅁ. 병원체의 독성　　ㅂ. 병원체의 수 |

　① ㄱ, ㄴ, ㄷ　② ㄹ, ㅁ, ㅂ　③ ㄴ, ㄷ, ㄹ　④ ㄷ, ㄹ, ㅁ　⑤ ㄷ, ㅁ, ㅂ

4. 3~8주령의 어린 강아지에서 많이 발생되며 심장형과 장염형의 증상이 나타나는
　질병은?

　① 디스템퍼　　　　② 브루셀라　　　　　③ 광견병

　④ 파보 바이러스　　⑤ 전염성 기관지염

5. 다음에서 설명하는 전염병은?

| ㄱ. 일명 '개 홍역'이라고 하며 잠복기는 5~6일 정도이다. |
| ㄴ. 전염성이 높은 급성 열성전염 병이다. |
| ㄷ. 호흡기, 소화기, 피부 및 신경증상이 단독 또는 복합적으로 나타난다. |

　① 전염성 간염　　　② 브루셀라　　　　　③ 렙토스피라병

　④ 파보 바이러스　　⑤ 디스템퍼

정답　1. ③　2. ②　3. ⑤　4. ④　5. ⑤

6. 감염된 쥐의 배설물을 통하여 전염되는 전염병은?

① 케널코프   ② 렙토스피라   ③ 브루셀라

④ 파보 바이러스   ⑤ 톡소플라스마

7. 광견병에 대한 예방과 애완견에 물린 후 대처 방법으로 옳지 않은 것은?

① 애완견에게 함부로 손을 내밀거나 접근하지 않는다.

② 감염된 애완견에게 물렸다면 즉시 상처의 피를 짜내고 치료를 받는다.

③ 감염된 애완견에게게 물렸다면 예방 접종을 한다.

④ 물린 후 애완견을 즉시 도살하여 매장한다.

⑤ 정기적으로 광견병 예방 접종을 실시한다.

8. 애완견 종합 백신에 포함되지 않는 것은?

① 전염성 간염   ② 파보바이러스성 장염   ③ 광견병

④ 파라 인플루엔자   ⑤ 홍역(디스템퍼)

9. 심장 사상충에 대한 설명 중 옳지 않은 것은?

① 모기에 의해서 애완견이나 고양이에게 전파된다.

② 기침, 식욕 부진, 탈모, 혈뇨, 복수, 심부전증 등을 일으킨다.

③ 5월부터 10월까지 6개월간 투약하는 것이 안전하다.

④ 벼룩이나 이가 매개하며 소장벽에 기생한다.

⑤ 심장 사상충에 감염된 경우에는 예방약을 투여해서는 안 된다.

10. 다음 중 열사병에 대한 설명으로 옳은 것은?

① 여름철 밀폐된 차안에 장시간 방치하면 발생할 수 있다.

② 강한 햇볕에서 장시간 노출되었을 때 발생된다.

③ 과식으로 인한 구토가 심하면 발생된다.

④ 열성 전염병에 감염되면 발생한다.

⑤ 내부 기생충에 감염되면 발생한다.

제 2 장

고양이·토끼·햄스터 사육기술

최근 전 세계적으로 인간과 동물의 관계가 관심의 초점이 되고 있다. 한편 서구사회에서는 동물도 하나의 생명인 이상 자연상태에서 인간과 같이 그 수명을 누릴 권리가 있으며, 이기적 목적으로 동물을 이용해서는 안된다는 것을 동물보호의 기본정신으로 삼고 있다. 이를 바탕으로 애완동물과의 관계가 반려자로 인식되고 있는 실정이다.

고양이 사육 기술

1. 고양이의 기원과 특성

2. 고양이의 품종과 선택

3. 고양이의 번식과 육성

4. 고양이의 관리

5. 고양이의 질병과 예방

✽ 학습 결과의 정리 및 평가

고양이는 쥐의 폐해를 막기 위하여 지붕, 창고 등에서 반 야생적으로 사육하였으나, 오늘날에는 순수한 애완·관상용으로 사육하고 있다.

이 단원에서는 고양이의 기원과 특성, 품종, 번식과 육성, 질병의 예방 등에 대하여 학습함으로써 고양이에 대한 폭넓은 이해와 사육기술을 습득하도록 한다.

1. 고양이의 기원과 특성

1. 고양이의 기원을 설명할 수 있다.
2. 고양이의 형태적, 생리적, 심리 · 행동적, 감각적 특성을 설명할 수 있다.

1. 고양이의 기원

고양이(Cat)는 식육목 고양이과의 포유류에 속하고, 한 자로 묘(猫)라고 하며 수코양이를 낭묘(郎猫), 암코 양이를 여묘(女猫), 얼룩고양이를 표화묘(豹花猫), 들고양이를 야묘(野猫)라고 한다. 애완용 고양이 는 아프리카 · 남유럽 · 인도에 걸쳐 분포하는 리비아 고양이를 사육하여 순화시킨 것이다.

고양이의 사육 기원은 명확하지 않으나 고대 이집 트의 벽화, 조각, 고양이의 미라 등으로 미루어 약 5천 년 전 아프리카 북부 리비아산의 야생고양이가 고 대 이집트인에 의해 길들여져서 점차 세계 각지에 퍼졌을 것으로 추 측된다.

고양이는 쥐의 폐해를 막기 위하여 지붕, 창고 등에 반 야생적으로 사육하였으나 오늘날에는 순수한 애완 · 관상용으로 사육하는 경향 이다. 1884년 영국 런던에서 고양이 콘테스트가 개최되었으며 1896 년 영국 고양이 협회가 발족되었고 1906년 미국 고양이 협회(CFA) 가 탄생되었다.

2. 고양이의 특성

1. 형태적 특성

　몸 길이는 47~51cm, 꼬리길이 22~38cm, 몸무게 3.5~8.0kg이다. 귀는 삼각형이며 등에 살쾡이에서 볼 수 있는 흰 무늬가 없다.

　고양이의 몸이 매우 유연한 것은 해부학적인 특성으로 등뼈가 매우 유연하여 등을 둥그렇게 구부릴 수도 있고 몸을 반대 방향으로 돌릴 수 있다. 또한 목뼈와 등뼈는 머리를 최대한 자유롭게 움직일 수 있도록 해주며 자기 키의 5배가 넘는 높이를 뛰어넘을 수 있고 네 발을 동시에 사용하여 사뿐히 뛰어내릴 수 있다.

　발가락은 앞발에 5개 뒷발에 4개가 있으며 발톱이 예리하고 속에 감출 수 있다. 발바닥은 연한 육구(肉球)가 있어 소리를 내지 않고 걸을 수 있으며 뒷발이 비교적 길어서 도약력이 뛰어나다.

　입 주위, 턱밑, 윗입술, 뺨, 눈 위에 긴 촉모가 있으며 털색은 흑색, 백색, 갈색, 회색, 오렌지색 등 단일색과 호랑이와 같은 가로무늬가 있는 것과 배 쪽에 큰 테가 있는 것의 두 가지 형이 있다. 고양이는 육식동물로 고기를 물어 찢는 열육치가 예리하다.

2. 생리적 특성

　고양이의 생리적 특성은 다음과 같다.

표 2-1-1　고양이의 생리적 특성

구 분	특 성
번식	1년에 2~3회 번식, 임신기간: 약 65일, 한배 새끼수: 4~6마리
수명	수명은 약 20년이나 최고 31년의 기록도 있다.
식성	육식성 또는 잡식성이다. 개다래의 잎이나 줄기, 열매 등을 먹으면 술에 취한 것 같은 일종의 황홀상태가 된다.
이빨	이빨은 유치가 26개로 생후 8주전에 모두 나며 영구치는 32개로 생후 3~5개월 사이에 이갈이를 한다.
체온	체온은 평균 38.5℃이며 아침에는 저녁보다 0.5℃ 낮아진다.
맥박	고양이의 맥박수는 1분당 110~140 회이다.
수면	고양이는 잠꾸러기로 하루에 16시간 정도를 잔다. 20년을 수명으로 가정하면 깨어있는 시간은 6~7년이 된다.

3. 심리·행동적 특성

① 야행성으로서 주로 밤 11시경에 행동이 활발하고 단독으로 사냥을 한다.

② 감정표현의 행동은 다음과 같다.

- 어리광: 꼬리를 꼿꼿이 세우고 머리를 비빈다.
- 위협: 몸을 크게 보이기 위해 등을 둥글게 하고 꼬리를 부풀려 털을 세운다.
- 공포: 실제보다 작게 보이기 위해 몸을 움츠린다.
- 불안: 몸을 핥는다.
- 기분이 나쁠 때: 꼬리를 휘휘 돌린다.

③ 세력권은 생활영역과 사냥영역으로 나눈다.

④ 자기의 세력권에 자신의 냄새를 묻혀 영역을 표시한다.

⑤ 여러 마리를 같이 키우는 경우 우열의 순위를 형성한다.

⑥ 움직이는 공이나 장난감 등을 가지고 장난치는 것을 매우 좋아한다.

⑦ 본능적으로 할퀴는 행동과 물어뜯는 행동을 한다.

⑧ 골골대는 소리는 먹이를 요구하거나 어리광을 부리는 행동이다.

⑨ 사냥할 때, 호기심을 느낄 때, 이상한 소리를 들을 때 귀를 쫑긋 세운다.

⑩ 공격과 위협의 표시는 이빨을 보이며 털을 세우고 비스듬히 서 있다.

> **참고** 생활 영역(Home Area)
> : 다른 고양이의 출입을 허락하지 않는 영역
> 사냥영역(Hunting Area)
> : 다른 고양이와 공유하는 공간으로 반경 100~500m

4. 감각적 특성

① 시력: 사람이 볼 수 있는 빛의 양의 6분의 1 정도로 어두운 곳에서 잘 볼 수 있다. 또한 동공이 수직모양의 커튼처럼 여닫히는 것은 갑작스럽게 많은 양의 빛에 노출됐을 때 눈을 보호하기 위해 눈동자를 조절하기 때문이다.

② 청각: 가청 주파수가 30Hz~60KHz로 사람이나 애완견 (20Hz~40Khz)보다 높다.

③ 후각: 후각은 애완견보다 뒤떨어지나 생활영역(Home Area)과 사냥영역(Hunting Area)을 구분하고 음식의 부패 여부, 맛 등을

냄새로 확인한다.

④ 균형 감각: 긴 꼬리를 이용하여 뛰어 오르거나 높은 곳에서 뛰어 내릴 때 균형을 유지한다.

⑤ 고양이는 자신을 싫어하는 사람에게는 가려고 하지 않는다. 혹시 공격할지도 모른다는 불안을 느끼고 있기 때문이다.

⑥ 입 주변에 감각모(촉모)가 있어 야간에 이동할 때 안테나 역할을 하며 먹이의 움직임을 파악하기도 한다. 그러므로 고양이의 수염을 자르지 말아야 한다.

고양이의 눈은 어둠 속에서 빛이 날까?

야행성 동물들은 어두운 곳에서는 눈에 빛이 나는데 이 현상은 어둠 속에서 좋은 시각을 유지할 수 있도록 눈의 망막에 있는 거울 같은 세포층에 빛이 반사되기 때문이다. 이런 기능은 어떤 물체의 정확한 모양이나 움직임을 판단하는 데 인간이 필요로 하는 빛의 1/6 정도로도 능력을 발휘할 수 있다.

2. 고양이의 품종과 선택

1. 고양이의 품종별 특징을 설명할 수 있다.
2. 고양이의 특성에 따른 적당한 품종을 선택할 수 있다.

1. 고양이의 품종

장모종과 단모종으로 분류되며 품종별 체형과 털색이 다양하고 아종이 발달되어 있다.

1. 장모종

그림 2-1-1
페르시안 고양이

1 페르시안 고양이

① 단색 페르시안: 흑, 청, 백, 적, 크림색 등이 있고, 짙은 구릿빛 눈이 인상적이다.

② 실버 페르시안: 친칠라 고양이라고 하며, 순백색 털의 끝이 일부 검고 마치 은색으로 덮인 것 같아서 아름답다. 눈빛은 짙은 에메랄드 그린이다.

③ 태비 페르시안: 몸 표면에 독특한 얼룩 무늬가 있다. 견갑부에 나비 무늬가 있다.

④ 스모그 페르시안: 털의 하부가 희고 표면은 검은빛으로 되어 있다.

2 히말라야 고양이

샴 고양이와 페르시아 고양이의 인공 교배에 의한 신품종이다.

2. 단모종

① 샴: 태국이 원산으로 왕궁에서 애육되어 왔다.

② 아비시니안: 미국에서 개량되었으며 희끗희끗한 무늬가 특징이다.

③ 미얀마: 털 빛깔은 짙은 다갈색이며 눈은 황금색이다.

④ 망스: 꼬리가 작고 몸통은 짧으며 털빛이 다양하고 눈이 구릿빛이다.

⑤ 러시아 블루: 북유럽 원산으로 청색이며 눈은 황록색 또는 녹색이다.

⑥ 렉스: 돌연변이에 의해 나타난 것으로 털이 짧고 곱슬곱슬하다.

⑦ 바하나 브라운: 영국에서 육성되었고 밤색이며 눈은 녹색이다.

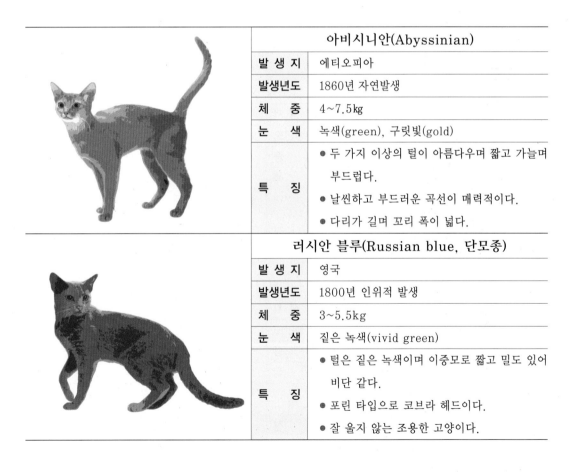

아비시니안(Abyssinian)	
발 생 지	에티오피아
발생년도	1860년 자연발생
체　　중	4~7.5kg
눈　　색	녹색(green), 구릿빛(gold)
특　　징	● 두 가지 이상의 털이 아름다우며 짧고 가늘며 부드럽다. ● 날씬하고 부드러운 곡선이 매력적이다. ● 다리가 길며 꼬리 폭이 넓다.
러시안 블루(Russian blue, 단모종)	
발 생 지	영국
발생년도	1800년 인위적 발생
체　　중	3~5.5kg
눈　　색	짙은 녹색(vivid green)
특　　징	● 털은 짙은 녹색이며 이중모로 짧고 밀도 있어 비단 같다. ● 포린 타입으로 코브라 헤드이다. ● 잘 울지 않는 조용한 고양이다.

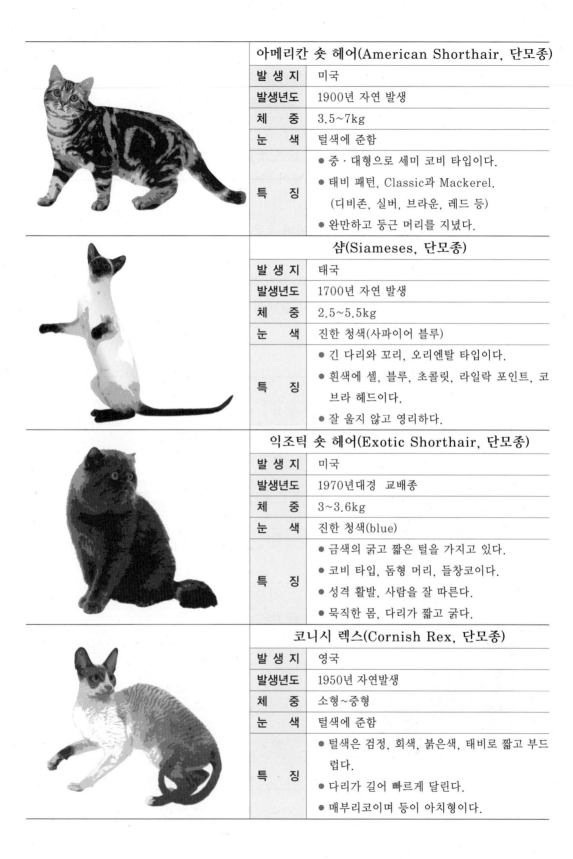

아메리칸 숏 헤어(American Shorthair, 단모종)

발 생 지	미국
발생년도	1900년 자연 발생
체 중	3.5~7kg
눈 색	털색에 준함
특 징	● 중·대형으로 세미 코비 타입이다. ● 태비 패턴, Classic과 Mackerel. 　(디비존, 실버, 브라운, 레드 등) ● 완만하고 둥근 머리를 지녔다.

샴(Siameses, 단모종)

발 생 지	태국
발생년도	1700년 자연 발생
체 중	2.5~5.5kg
눈 색	진한 청색(사파이어 블루)
특 징	● 긴 다리와 꼬리, 오리엔탈 타입이다. ● 흰색에 셀, 블루, 초콜릿, 라일락 포인트, 코 　브라 헤드이다. ● 잘 울지 않고 영리하다.

익조틱 숏 헤어(Exotic Shorthair, 단모종)

발 생 지	미국
발생년도	1970년대경　교배종
체 중	3~3.6kg
눈 색	진한 청색(blue)
특 징	● 금색의 굵고 짧은 털을 가지고 있다. ● 코비 타입, 돔형 머리, 들창코이다. ● 성격 활발, 사람을 잘 따른다. ● 묵직한 몸, 다리가 짧고 굵다.

코니시 렉스(Cornish Rex, 단모종)

발 생 지	영국
발생년도	1950년 자연발생
체 중	소형~중형
눈 색	털색에 준함
특 징	● 털색은 검정, 회색, 붉은색, 태비로 짧고 부드 　럽다. ● 다리가 길어 빠르게 달린다. ● 매부리코이며 등이 아치형이다.

옥시캣(Ocicat, 단모종)

발 생 지	미국
발생년도	1964년(아비시니안, 시아미즈, 아메리칸 숏 헤어의 교잡종)
체　　중	4.5~7kg
눈　　색	다양한 색(청색 제외)
특　　징	● 갈색, 청색, 은색에 반점(스포트)이 있다. ● 매우 영리하고 훈련이 잘 된다. ● 털은 짧고 빽빽하며 반점은 윤기가 난다.

망스(Manx, 단모종)

발 생 지	영국 맨 아일랜드 섬(Man섬)
발생년도	1920년대 CFA승인, 돌연변이종
체　　중	3.5~5.5kg
눈　　색	구릿빛
특　　징	● 꼬리가 없거나 짧다. ● 숏 헤어와 롱 헤어가 있다. ● 언더 코트, 오버 코트로 되어 있다. ● 털 관리가 필요하며 장난을 즐긴다.

코랫(Korat, 단모종)

발 생 지	태국 코랫 지방
발생년도	1700년 자연 발생
체　　중	2.5~4.5kg
눈　　색	녹색(green)
특　　징	● 회색 털이 비단같이 부드럽다. ● 하트형 머리에 귀가 쫑긋하다. ● 근육이 발달되어 잘 뛰어 다닌다. ● 낯을 가리지만 영리하다.

오리엔탈 숏 헤어(Oriental Shorthair)

발 생 지	태국 방콕
발생년도	1814년
체　　중	3~4kg
눈　　색	에메랄드그린
특　　징	● 털색은 청회색, 갈색, 크림색, 회색, 또는 줄무늬가 있다. ● 늘씬하고 튼튼한 몸매를 가진다. ● 장난을 즐기고 호기심이 있다.

	페르시안(Persian, 장모종)	
발 생 지	페르시아	
발생년도	1930년 CFA 공인	
체　중	3~4kg	
눈　색	구릿빛, 청색(에메랄드 그린)	
특　징	● 흑, 청, 백, 적, 크림색이 있다. ● 온화하고 얌전(아파트에 적당)하다. ● 얼굴이 짧고 아름다운 외모이다. ● 몸통이 둥글고 작은 귀, 들창코이다.	

	발리니스(Balinese, 장모종)	
발 생 지	미국 뉴욕	
발생년도	1950년 돌연변이	
체　중	2.5~5kg	
눈　색	청색(blue)	
특　징	● 털이 길고, 비단 같은 오버코트이다. ● 회색, 청색, 초콜릿, 라일락색의 4가지 종류가 있다. ● 날씬하고 유연하다(별명: 발리 댄서).	

	소말리(Somali, 장모종)	
발 생 지	영국	
발생년도	1963년 아비시니안의 돌연변이	
체　중	3.5~5.5kg	
눈　색	녹색(green), 황금색(glold)	
특　징	● 머리가 둥글고 부드러운 이중모이다. ● 털색은 붉은색, 푸른색, 황갈색이다. ● 목소리가 아름답고 날렵한 체형이다. ● 매우 활동적이다.	

	버만(Birman, 장모종)	
발 생 지	버마(미얀마)	
발생년도	1916년(1966년 공인) 샴 교배종	
체　중	4.5~8kg	
눈　색	청색(blue)	
특　징	● 길고 부드러운 털에 점박이이다. ● 얼굴이 둥글고 다리가 짧다. ● 미얀마에서 신성시한다. ● 성격이 원만하며 목소리가 부드럽다.	

아메리칸 컬(American Curl, 장모종)

발 생 지	미국
발생년도	1881년 돌연변이적 발생
체 중	3~5kg
눈 색	청색(blue)
특 징	● 몸의 끝 부분만 진한 색이다. ● 온순하고 총명하며 사람을 잘 따른다. ● 몸이 짧고 털색과 무늬가 다양하다. ● 귀가 젖혀지고 끝이 둥글다.

봄베이(Bombay, 단모종)

발 생 지	미국 켄터키
발생년도	1953년 교배종
체 중	3.5~5kg
눈 색	황금색, 구릿빛
특 징	● 큰 눈, 짧게 빛나는 검정색 털을 가지고 있다. ● 민첩하고 적응성이 강하다. ● 버미즈와 검정색 아메리칸 숏 헤어의 혼성 교배종이다.

아메리칸 와이어 헤어(American Wirehair)

발 생 지	미국 뉴욕
발생년도	1966년 자연발생(1967년 등록)
체 중	3.5~5kg
눈 색	명료한 색
특 징	● 털이 뻣뻣하고 곱슬거린다. ● 태어날 때의 털 전체가 와이어인 것이 이상적이다. ● 머리가 둥글고 눈이 크다.

하바나 브라운(Havana Brown)

발 생 지	동남아시아의 Siam
발생년도	1956년(1964년 공인)
체 중	2.7~4.5kg
눈 색	녹색(green), 크고 타원형 모양
특 징	● 마호가니 색조의 갈색 털이다. ● 얼굴이 약간 길고 턱이 정방형이다. ● 이마가 크고 높으며 귀의 끝이 둥글다. ● 체구가 중형으로 건실하고 근육질이다.

터키시 앙고라(Turkish Angora, 장모종)	
발 생 지	터키
발생년도	1400년 순수한 자연발생
체　　중	2.5~5kg
눈　　색	청색(blue), 암갈색, 황갈색
특　　징	● 영리하고 온화한 성격이다. ● 뼈가 가늘고 길며 얼굴이 뾰족하다. ● 단일색, 줄무늬, 회색, 초콜릿색이다. ● 호기심이 많고 장난을 즐긴다.

터키시 밴(Turkish Van, 장모종)	
발 생 지	터키(중앙 아시아)
발생년도	1988년 CFA에 등록
체　　중	중형
눈　　색	호박색, 청색(blue)
특　　징	● 흰색의 긴 털에 얼룩무늬가 있다. ● 물을 좋아해 '수영하는 고양이'라고 한다. ● 털은 방수성이 있고 잘 엉기지 않는다. ● 기민하고 튼튼하며 영리하다.

 관련 사이트 및 자료의 출처

www.petsaver.co.kr　　　　www.skycat.net

www.kcaclub.com　　　　　www.cats.netian.com

2. 고양이의 선택

1. 특성에 따른 선택

그림 2-1-2

아메리칸 숏 헤어

① 애교성 있는 고양이: 시간적 여유가 많은 사람에게 적합하다. 러시안 블루, 코랫, 봄베이, 싱가포라, 코니시 렉스, 망스, 페르시안 등이 있다.

② 조용한 고양이: 오랜 시간 집을 비우는 직장인에게 적합하다. 아메리칸 숏 헤어, 브리티시 숏 헤어, 아메리칸 와이어 헤어 등이 있다.

③ 다양한 색상의 고양이: 이지티안 마우, 오리엔탈, 버만, 코니시, 데본 렉스, 스코티시 홀드, 히말라얀, 페르시안 등이 있다.

④ 놀기를 좋아하는 고양이: 샴, 오리엔탈 숏 헤어, 버미즈 등은 집에 혼자 있는 것을 싫어한다.

⑤ 활동성: 아비시니안 고양이는 매우 활동적이며 페르시안은 성격이 온화하여 아파트에서도 잘 적응한다.

그림 2-1-3
아비시니안

2. 암·수의 선택

1 암고양이

암고양이는 새침한 성격으로 함께 놀기보다는 혼자 털을 다듬는 시간이 많아 수컷에 비해 상대적으로 깨끗하지만 발정기가 되면 큰 소리로 울어대기도 하고 일년에 3번 정도 출산을 하기 때문에 많은 관심이 필요하다.

2 수고양이

수고양이는 애교도 많고 행동범위가 넓어 자주 외출을 하려고 하며 발정기가 되면 수컷들끼리 싸움도 종종 일어나기도 한다.

3. 건강한 고양이 고르기

구입 시기는 생후 6~8주가 적합하며 건강한 고양이의 상태는 다음과 같다.

표 2-1-2 건강한 고양이의 상태

구 분	상 태
눈	총명하며 눈곱이 끼어있지 않을 것.
혀	백태가 끼지 않고 연분홍색일 것.
코	콧등이 마르지 않고 땀이 나며 콧물을 흘리지 않을 것.
귀	깨끗하고 건조한 상태로 분홍색일 것.
털	부드럽고 윤기가 나며 밀생일 것(외부 기생충이 없을 것).
동작	경쾌하고 활발히 움직일 것.
식욕	식욕이 왕성할 것.
배변	설사를 하지 않아 항문 주변이 깨끗할 것.

3. 고양이의 번식과 육성

1. 고양이의 발정 증상을 파악하여 적기에 교배시킬 수 있다.
2. 고양이에게 균형있는 사료를 급여하고 사양 관리를 할 수 있다.

1. 고양이의 번식

1. 발 정

고양이의 첫 발정은 생후 6개월령에 오지만 신체기관이 완전히 성숙한 생후 12개월령 이후에 교배시키는 것이 바람직하다.

암컷은 1년에 3~5회 정도 발정하는 것이 보통이나 부정기적으로 발정하는 예도 있다. 발정은 일조량과 밀접한 관련이 있어 실내에서 사육하는 고양이가 더 많은 발정을 하며 계절적으로는 이른 봄에서 여름까지 강한 발정이 오는 교미 후 배란동물이다.

수컷은 특정한 발정기가 없고 암컷에 비해 성숙도가 다소 늦어 생후 8~10개월 후 완전히 성숙된다.

발정기의 특성은 다음과 같다.

① 발정기의 암컷은 사람에게 몸을 비벼대거나 달라붙는다.

② 등을 둥글게 하고 꼬리를 바깥쪽으로 감거나 아기 우는 소리를 낸다.

③ 불안해 하고 식욕이 감퇴되나 출혈은 일어나지 않는다.

④ 고양이는 암컷이 수컷을 선택하는 선택권을 갖는다.

2. 교 배

암컷을 수컷이 있는 곳으로 이동시켜 교배시킨다. 고양이를 구입한 펫숍이나 캣클럽에서 교배시킬 수 있으며 교배료, 사고 시 처리 문제, 건강관리 등을 약정하고 실시하는 것이 안전하다.

참고 교미 후 배란
일반적으로 동물은 한 발정 주기에 교미와 관계없이 배란 현상이 일어나지만 고양이, 토끼 등은 교미의 자극에 의하여 배란이 일어난다.

발정 징후가 나타나면 암·수고양이를 4~5일 정도 합사하여 자연 교미가 이루어지도록 한다.

교배 후에는 충분한 휴식과 안정을 취하게 하고 균형된 영양분을 섭취하도록 해준다. 과식으로 인한 설사가 오지 않도록 유의하고 목욕도 삼가하는 것이 좋다. 수정란이 착상하는 데는 약 2주 정도 걸린다.

3. 임신과 관리

고양이의 임신기간은 약 63~65일이며 한 배에 4~6마리의 새끼를 낳는다. 교배 후 4~5주경이 되면 배가 불러오고 젖 주위의 털이 조금씩 빠지며 젖꼭지가 분홍색으로 변하고 어미 고양이의 식욕이 왕성하게 된다.

임신 중에는 평소의 2배 에너지가 필요하므로 사료량과 횟수를 늘려 주어야 한다. 고양이 체중의 약 4% 정도의 사료를 3~4회 나누어 주고 또한 단백질과 칼슘을 많이 공급해 주어 태아가 튼튼히 자랄 수 있도록 한다.

4. 분만과 관리

1 분만 준비물

분만 예정 1주일 전에 조용하고 고양이가 편히 쉴 수 있는 곳에 분만 상자를 놓아 익숙해지도록 한다. 분만 상자는 시판되는 애견용 방석이나 골판지 상자를 이용하여 직접 만들 수도 있다. 크기는 어미 고양이가 다리를 펴도 충분한 넓이가 될 수 있는 정도면 적당하다.

어미 고양이의 부담을 줄여주기 위해 배변기와 급수기를 분만 상자 근처로 옮겨 주도록 한다.

2 분만 징후

고양이의 분만은 주로 밤에 이루어지며 분만 당일은 사료를 먹지 않고 자리를 발로 긁는 등의 분만 증상을 나타낸다.

분만 예정일 전후에는 고양이의 상태를 주의 깊게 관찰하여 다른 장소에서 분만을 하는 일이 없도록 하며 진통이 시작되어 분만이 이루어지면 주위를 조용히 하고 약간 어둡게 하여 안정시킨다.

2. 고양이의 육성

1. 고양이의 사료

1 적합한 사료

쇠고기 또는 돼지고기, 닭고기와 그 내장, 생선, 달걀 노른자 등 주로 동물성 단백질의 사료를 좋아하나 고기류는 전체 급여량의 1/3 정도를 급여하는 것이 비만을 예방할 수 있다.

고양이에 따라 쌀밥, 빵, 마카로니 등 탄수화물을 좋아하는 것도 있다. 어류는 기름을 잘 뺀 것이 좋다.

② 주어서는 안 되는 사료

① 오징어, 낙지, 새우, 조개류는 털이 빠지거나 알레르기 질환이 생길 수 있다.

② 등푸른 생선은 불포화지방산을 함유하고 있으므로 계속 주면 좋지 않다.

③ 양파, 파, 향신료 등과 너무 뜨거운 것, 찬 것, 매운 것 등도 좋지 않다.

④ 사람이 먹는 음식은 양념과 소금, 기름기가 많으므로 좋지 않다.

⑤ 모든 종류의 뼈

⑥ 사람이 먹는 우유는 설사를 일으킬 수 있으므로 전용 분유를 급여해야 한다.

⑦ 초콜릿, 알코올 등 자극성 있는 것.

③ 고양이 전용사료

야생 고양이는 쥐, 새 등을 잡아먹으므로 단백질과 비타민을 섭취할 수 있으나 집에서 키우는 고양이는 사람이 먹는 음식과 생선이 전부이기 때문에 영양 불균형이 일어날 수 있다. 따라서 고양이 전용사료를 급여하는 것이 영양적으로 바람직하다.

그림 2-1-4

고양이 사료

고양이 전용사료는 건조 사료와 캔 사료가 있으며 그 차이점은 다음과 같다.

표 2-1-3　건조 사료와 캔 사료의 비교

구 분	건조 사료	캔 사료
영 양	종합 영양식으로 균형이 있다.	특정 영양 성분이 편중되어 있다.
보존성	수분 함량이 적어 보존성이 높다.	수분이 많아 개봉 후 부패 주의를 요한다.
건 강	이빨 건강에 도움이 된다.	치석이 생길 수 있다.

2. 먹이 습관 길들이기

① 먹이 급여 습관은 어릴 때부터 철저하게 길들여야 한다.

② 사람이 먹는 것은 절대로 주지 않아야 한다.

③ 가족의 식사 때 고양이에게 음식을 주게 되면 식사 때마다 달라고 조르게 된다.

④ 사료 급여 횟수는 어린 고양이는 1일 3~4회, 큰 고양이는 2회 정도 규칙적으로 준다.

⑤ 먹기 전에 반드시 냄새로 확인하는 습관이 있다.

⑥ 가급적 영양적 균형을 이룬 건조 사료를 급여하는 것이 안전하다.

읽기마당

고양이에 대한 재미있는 이야기

● 고양이의 40%는 양발잡이, 40%는 오른발잡이, 20%는 왼발잡이다.

● 푸른 눈의 흰 고양이 중에는 난청이 많다.

● 가장 많은 새끼를 낳은 암 고양이는 평생 동안 420마리의 새끼를 낳는다.

● 고양이는 입으로 냄새를 맡을 수 있다. 플레만 반응이라고도 하는데 콧구멍을 통해 들어간 냄새는 '야콥슨' 조직이라는 곳에서 인식되며 이 영역이 바로 고양이의 입천장에 있다.

● 고양이를 사랑한 역사 속의 인물은 에이브러햄 링컨, 이탈리아의 독재자 무솔리니, 어니스트 헤밍웨이 등이다.

● 고양이는 자기 키의 5배가 넘는 높이를 뛰어넘을 수 있다.

● 고양이의 혓바닥에는 많은 수의 돌기가 돋아 있어 매우 까칠까칠한데 이는 뼈나 가시 등을 발라먹거나 핥아서 입속으로 전달하기 쉽게 하며 또한 자신의 털을 고르게 관리하는 역할도 한다. 그래서 헤어 볼이 잘 생긴다.

● 고양이는 하루에 600~1,000번까지 혀로 털 손질을 한다.

4. 고양이의 관리

학습목표

1. 고양이의 일반적인 관리를 할 수 있다.
2. 고양이의 미용 관리를 할 수 있다.

1. 고양이의 이빨 관리

고양이의 입 냄새가 심하면 어금니 쪽 입술을 들어 올려 잇몸이 붓고 빨개졌는가, 치석이 많이 끼었는가를 관찰한다.

고양이의 이빨 관리는 고양이 전용 치약과 칫솔로 이를 닦아주는 것이 최선의 방법이다. 양치방법은 편안한 자세로 사람에게 안겨 있거나 쉬고 있을 때 손가락으로 입술이나 윗니와 아랫니 사이를 문질러주어 양치 행위에 익숙해지도록 한 후 손가락에 물을 묻힌 거즈를 사용하여 입술과 잇몸을 문질러본 후 이것에 익숙해지면 고양이 전용 칫솔과 치약을 묻혀 시도해 본다.

그림 2-1-5

고양이 전용
칫솔과 치약

양치질을 강하게 거부하는 고양이들은 치아 청소용 과자나 구강 스프레이를 솜에 묻혀 닦아주거나 젤 형태의 치약을 사용할 수도 있다. 특히 캔 사료와 간식을 많이 먹는 고양이의 경우 입 냄새가 심하고 치석도 많이 끼게 되므로 가능한 한 마른 사료로 급여하는 것이 좋다.

2. 고양이의 배변 길들이기

고양이는 선천적으로 청결한 것을 좋아하여 배변 훈련은 비교적 쉬운 편이다. 한번 배변 습관을 익히면 스스로 배변 장소를 찾게 된다.

1. 배변기의 설치 장소
① 편안한 마음을 가지고 배변할 수 있는 곳.

② 모래를 갈아주기 쉬운 곳.

③ 가능한 사람의 통행이 적은 곳.

④ 배변 장소의 위치를 바꿀 때는 이전에 사용했던 배변기에 모래나 오물이 약간 묻어 있는 것을 원하는 배변 위치에 놓아두면 쉽게 적응한다. 원하지 않는 곳에서 배변하였다면 깨끗이 청소하여 냄새를 제거해 주어야 한다.

2. 길들이기 방법

① 배변 순간을 포착한다.

고양이는 배변 시기가 되면 안절부절 하면서 몸을 떨거나 방안을 돌아다니며 냄새를 맡고 바닥을 앞발로 긁기도 한다. 이럴 경우 즉시 배변 장소로 고양이를 옮긴다.

② 편안하고 조용한 배변 장소로 이동시킨다.

고양이가 놀라지 않게 안정시키며 조심스럽게 옮기고 그 장소에서 도망치면 몇 번 반복하여 원하는 장소에서 배변하게 한다.

③ 배변 장소를 청결히 한다.

고양이는 배변 장소가 청결하지 않으면 다른 장소에 배변하게 된다. 따라서 모래를 자주 갈아주어야 하며 배변 상자를 햇빛에 잘 말려 청결과 살균에 신경써야 한다.

3. 고양이의 발톱 관리

1. 발톱의 역할

고양이의 날카로운 발톱은 사냥감을 잡거나 가파른 벽이나 나무를 기어오르는 데 편리한 구조를 가지고 있다. 이 발톱은 필요할 때 빠르게 빠져 나오고 쉽게 감추어진다.

관리에 편하도록 하기 위하여 발톱을 너무 짧게 깎아주면 물건을 잘 잡지 못하고 서거나 걷거나 달리고 오르고 뻗는 일 등을 제대로 할 수 없게 된다.

2. 발톱의 관리

발톱을 깎아주면 자신을 방어하는 수단이 없다는 것을 알고 자극에 민감하여 사람을 물을 수 있으며 우울해지기 쉽다. 따라서 발톱은 계속 자라도록 관리를 해주어야 한다.

실내에서 키우는 고양이의 경우 발톱이 너무 자라 부러지거나 갈라질 수 있으므로 이럴 때는 끝 부분을 조금만 잘라 주어야 하며 너무 짧게 깎거나 제거해서는 안 된다. 고양이는 스스로 발톱 갈기를 하는 본능이 있기 때문에 발톱 갈기를 할 수 있는 나무판자나 나무 빨래판 등의 도구를 넣어주면 좋다.

4. 고양이의 털 손질하기

고양이의 털은 주기적으로 묵은 털이 빠지고 새로운 털이 생겨나며 빛의 양에 따라 털 빠짐이 다르다. 실내에서 생활하는 고양이가 털 빠짐이 많으며 장모종이 단모종보다 많고 겨울에 적게 빠진다. 털이 긴 장모종은 2~3일에 1회 약 10~15분 정도 빗질과 브러시질을 한다.

1. 빗과 브러시 사용법

1 빗의 사용법
① 어깨와 팔목의 힘을 빼고 빗을 잡는다.
② 손목을 부드럽게 움직여 털 방향에 따라 옆으로 빗질한다(장모종은 털이 끊어지지 않도록 주의).
③ 털이 엉킨 경우 빗을 세워 빗의 끝 부분으로 빗는다.

2 브러시 사용법
① 어떤 방법으로 잡든 반드시 손목만을 움직여 빗어내려야 한다.
② 털이 많은 경우 구역을 나누어 아래부터 완전히 빗고 위쪽으로 빗어 올라간다.

2. 단모종 털 손질법

털이 짧은 단모종 즉, 아비시니안, 브리티시 숏 헤어, 샴은 털 길이가 2.5~5cm 정도로 짧으며 스스로 털 단장을 하기 때문에 세심한 털 관리는 필요치 않지만 가끔 빗질과 브러시질을 해주어 빠진 털을 제거하고 피부의 혈액 순환을 촉진시킨다.

3. 고양이 헤어 볼 예방법

고양이는 계절이 바뀌는 늦봄이나 초가을에 털갈이를 한다. 이때 빠지는 털과 카펫이나 바닥에 있는 털을 혀로 핥게 되어 위나 장으로 들어가 헤어 볼을 만든다.

일반적으로 고양이 중 50~80% 정도는 헤어 볼이 만들어지는데 크기가 커지면 소화기능이 떨어지고 심하면 장을 막아 버릴 수 있어 수술로 헤어 볼을 제거해야 한다. 헤어 볼의 예방은 정기적인 털 손질과 빗질을 해 주어야 하며 헤어볼 예방약을 먹이는 것이 필요하다.

참고 헤어 볼(hair ball)
고양이가 털을 섭취하면 소화가 되지 않고 위에 남아 실타래처럼 엉키게 되어 아주 단단한 털 뭉침을 만드는 것.

5. 고양이의 목욕시키기

그림 2-1-6

고양이 샴푸

목욕은 생후 3~4개월부터 시작하며 처음에는 목욕을 싫어하므로 꾸지람과 칭찬을 반복하며 목욕을 시켜야 한다. 목욕의 횟수는 한 달에 1~2회 정도가 적당하다. 너무 자주 해주면 피부가 건조해져 피부병의 원인이 될 수 있다.

사람용 샴푸의 사용은 피부병의 원인이 되므로 고양이 전용 샴푸를 사용해야 한다. 목욕 후에는 털을 완전히 건조시킨다.

5. 고양이의 질병과 예방

1. 고양이의 외모와 행동을 관찰하여 건강 상태를 식별할 수 있다.
2. 질병을 조기에 예방하고 진단·치료할 수 있다.

1. 고양이의 건강 관리

고양이의 건강 관리는 가능하면 1개월에 1회 건강 체크하는 날을 정해 기록하는 것이 좋다. 관찰 요령은 식욕 상태, 음수량, 배뇨량과 색깔, 횟수, 변의 상태 등의 생리적 상태와 동작, 털의 상태, 눈, 코, 귀, 혀 등의 외형적인 상태를 점검한다.

고양이의 체온과 맥박 측정 · 보충학습

1. 체온계에 글리세린이나 올리브유를 바르고 항문에 2cm 정도 넣는다.
2. 3분 후 체온계를 뽑아내어 눈 높이에서 눈금을 읽는다.
3. 고양이의 체온
   - 평상시에는 38~39℃이나, 수면 후에는 0.5℃ 낮아진다.
   - 일반적으로 여름에 높고 겨울에 낮으며 아침보다 저녁이 약간 높다.
4. 맥박은 뒷다리 안쪽의 대퇴동맥에 오른손의 인지를 대어 잰다.
   - 평상시의 맥박은 1분당 100~150회, 호흡수는 20~30회이다.

---

2. 고양이의 전염병

1. 백혈구 감소증 (파보 바이러스)

혈액 속의 백혈구가 감소하고 심한 장염을 일으키는 것이 특징이다. 초기에는 발열과 식욕부진이 나타나고 구토나 혈변, 탈수를 일으키며 계속해서 설사를 하는 경우가 있다. 고양이 전염성 장염, 고양이 디스템퍼라고 하며 새끼 고양이의 폐사율이 매우 높다. 예방 접종을 하는 것이 최선의 방법이며 항생제 치료와 수액요법을 실시한다.

2. 전염성 비기관염(FVR)

일명 고양이의 '감기'라고 불리는 호흡기병으로 헤르페 바이러스(herpes virus)가 원인이다. 이 병에 걸리면 눈물과 눈곱이 생기고 콧물, 재채기, 침 흘림이 자주 관찰되며 열이 나고 식욕이 없어진다. 감염된 고양이의 재채기로 인해 전염된다.

3. 칼리시 바이러스 감염증(FCI)

구강점막과 호흡기관에 감염되며 고양이 전염성 비염과 비슷한 증상이 나타난다. 발열, 원기 부족, 식욕 저하와 눈곱과 콧물이 나오고 폐렴을 일으키기도 한다. 병의 경과는 감염 후 수일 동안은 여러 가지 증상을 보이다가 1주일경에 회복된다. 예방 접종을 철저히 하고 식기, 변기 등은 염소계 표백제로 소독해야 한다.

4. 톡소플라스마

원충에 의한 전염병으로 사람과 고양이에 공통된 전염병이다. 원충에 감염되면 발열, 폐렴, 설사, 간 장애(황달) 등의 여러 가지 증세를 나타낸다.

5. 백혈병 바이러스 감염증(FeLV)

빈혈이나 면역력의 저하, 유산, 신장병 등이 나타나는 질병으로 특히 어린 고양이의 주요 폐사 원인이 된다. 만성형은 면역력 저하로 열이 나고 식욕이 없으며 상처가 나면 잘 낫지 않거나 이빨이 하얗게 되며 흔들거리기도 한다. 예방 접종이 최선의 예방책이다.

6. 고양이 광견병

고양이 광견병은 애완견의 광견병과 같은 증상을 나타낸다. 사나워지고 불안과 식욕 부진, 침 흘림, 눈 충혈, 뒷다리 및 목의 마비 등의 증상이 나타난다. 광견병에 걸린 고양이에게 물릴 경우 타액(침)에서 바이러스가 사람의 상처부위로 전염되는 인수 공통 전염병이다.

7. 전염성 복막염

코로나 바이러스가 원인으로 전신의 장기에 침입한다. 복막염으로 인해 배나 가슴에 물이 차는 경우가 있다. 눈이나 뇌에 이상이 있는 경우도 있으며 질병에 걸렸어도 비교적 식욕이 있는 경우가 있으나 일반적으로 증상이 나타난 고양이는 서서히 쇠약해지고 예후가 불량하다.

3. 전염병의 예방 접종

고양이의 예방 접종은 전염병을 효과적으로 예방할 수 있도록 하는 것이다. 따라서 예방 약품의 적합한 선택과 보관, 예방 주사 방법, 접종의 시기와 접종량 등을 정확하게 하여야 한다.

고양이의 예방 접종(백신) 방법은 다음과 같다.

표 2-1-4   고양이의 예방 접종

연 령	백신 종류
6~8주령	● 백혈구 감소증(FPV), 바이러스성 호흡기질환(FVR, FCV)
12주령	● 2차 백혈구 감소증(FPV), 바이러스성 호흡기질환(FVR, FCV), 백혈병(FeLV)
16 주령	● 1차: 전염성 복막염(FIP), 광견병(rabies) ● 2차: 백혈병 (FeLV) ● 3차: 백혈구 감소증(FPV), 바이러스성 호흡기질환(FVR, FCV)
매년	● 백혈구 감소증, 바이러스성 호흡기질환(FVR, FCV), 백혈병, 광견병

※ 종합백신 추가 접종시에는 바이러스 검사를 해야 한다.
〈3종 종합백신〉 범 백혈구 감소증, 고양이 전염성 비기관염, 칼리시 바이러스 감염증
〈4종 종합백신〉 3종 백신＋백혈병 바이러스

탐구활동

1. 야생 고양이 또는 도둑 고양이의 증가로 사회적인 문제가 되고 있다. 그 원인과 피해 상황, 대책에 대하여 논의해 보자.
2. '교미 후 배란 동물'의 종류와 다른 가축의 번식 생리와 다른 점을 조사해 보자.
3. 인터넷을 통하여 각종 고양이 관련 사이트에 접속해 보자.

❶ 고양이(Cat)는 식육목(食肉目) 고양이과의 포유류에 속하며 리비아 고양이를 순화시킨 것이다.

❷ 고양이의 몸이 매우 유연한 것은 해부학적인 특성으로 등뼈가 매우 유연하여 등을 둥그렇게 구부릴 수도 있고 몸을 반대 방향으로 돌릴 수 있다.

❸ 고양이는 1년에 2~3회 번식하며 임신기간은 약 65일이고, 한배 새끼 수는 4~6마리이다.

❹ 고양이는 야행성으로서 주로 밤 11시경에 행동이 활발하고 단독으로 사냥을 한다.

❺ 장모종은 페르시아 고양이, 히말라야 고양이가 있으며 단모종은 샴 고양이, 아비시니안 고양이, 미얀마 고양이, 망스 고양이, 러시아 청색고양이, 렉스 고양이 등이 있다.

❻ 고양이는 교미 후 배란동물로 첫 발정은 생후 6개월경에 오지만 신체기관이 완전히 성숙하는 생후 12개월령 이후에 교배를 시키는 것이 바람직하다.

❼ 고양이의 임신기간은 약 63~65일이며 한 배에 4~6마리의 새끼를 낳는다.

❽ 고양이에게 적합한 사료는 쇠고기 또는 돼지고기, 닭고기와 그 내장, 생선, 달걀 노른자 등 주로 동물성 단백질의 사료나 전용사료를 급여하는 것이 비만을 예방할 수 있다.

❾ 고양이의 예방 접종 프로그램은 다음과 같다.

연 령	백신 종류
6~8주령	● 백혈구 감소증, 바이러스성 호흡기질환
12주령	● 2차 백혈구 감소증, 바이러스성 호흡기질환, 백혈병
16 주령	● 1차: 전염성 복막염, 광견병 ● 2차: 백혈병 ● 3차: 백혈구 감소증, 바이러스성 호흡기질환
매년	● 백혈구 감소증, 바이러스성 호흡기질환, 백혈병, 광견병

1. 다음 중 고양이의 특성이라고 볼 수 없는 것은?

① 야행성으로 밤에 행동이 활발하다.

② 임신기간은 평균 65일이다.

③ 골골대는 소리는 공격적인 행동이다.

④ 긴 꼬리로 몸의 균형을 잡는다.

⑤ 고기를 물어 찢는 열육치가 예리하다.

2. 다음 중 장모종 고양이 품종은?

① 샴 고양이　　　　② 페르시아 고양이　　　　③ 아비시니안 고양이

④ 망스 고양이　　　　⑤ 바하나 고양이

3. 다음 중 놀기를 좋아하는 고양이 품종은?

① 브리티시 숏 헤어　　　　② 샴　　　　③ 페르시안

④ 망스　　　　⑤ 오리엔탈 숏 헤어

4. 고양이의 발정기 특징이라고 볼 수 없는 것은?

① 사람에게 비벼대거나 달라붙는다.

② 아기 우는 소리를 낸다.

③ 불안해하고 식욕이 감퇴된다.

④ 수컷이 암컷을 선택한다.

⑤ 출혈이 일어나지 않는다.

5. 고양이에게 주어서는 안 되는 사료는?

① 오징어, 양파　　　　② 쇠고기, 닭고기　　　　③ 쌀밥, 마카로니

④ 달걀 노른자, 빵　　　　⑤ 돼지고기, 생선

6. 고양이의 감기라고 불리는 호흡기 질병은?

① 전염성 비기관염　　　　② 칼리시 바이러스　　　　③ 톡소플라스마

④ 파보 바이러스　　　　⑤ 광견병

토끼 사육 기술

1. 토끼의 기원과 특성

2. 토끼의 품종과 선택

3. 토끼의 번식과 육성

4. 토끼의 관리

5. 토끼의 질병과 예방

✽ 학습 결과의 정리 및 평가

토끼는 고기, 털가죽, 털 등을 이용하는 가축으로 우리나라에서도 많이 사육되고 있다. 최근에는 소형종은 물론 대형종도 애완 및 관상용으로 사육되고 있다.

이 단원에서는 토끼의 기원과 품종 특성, 번식과 육성, 사양관리, 질병의 예방관리에 대하여 학습하기로 한다.

1. 토끼의 기원과 특성

1. 토끼의 기원을 설명하고 분류할 수 있다.
2. 토끼의 형태적, 심리적, 행동적 특성을 설명할 수 있다.

1. 토끼의 사육 기원과 분류

1. 토끼의 사육 기원

사람들이 토끼를 기르기 시작한 것은 기원 전 로마시대까지 거슬러 올라간다. 식용뿐 아니라 모피용으로 다양한 품종 개량이 이루어졌고 현재는 애완동물로 사육되기 시작했다. 1859년 영국에서 처음으로 토끼품평회가 열렸고 1888년 토끼협회가 설립되었다. 현재 세계적으로 존재하는 토끼의 품종은 약 150여 종이 있다.

토끼는 크기에 따라 소형종(1~2kg), 중형종(4~5kg), 대형종(8~9kg)으로 나누며 흔히 작은 토끼(미니토끼)를 애완용으로 알고 있으나 외국에서는 대형종인 자이언트 플레미시종을 애완용으로 기르고 있으므로 일반토끼와 구분하는 것은 무의미하다.

현재 사육되고 있는 토끼는 유럽 동굴 토끼의 후손인 집 토끼류(굴토끼, rabbit)로 사람에 의해 순화되고 개량 육종된 것이다. 우리나라는 1859년 오스트레일리아에서 토끼가 들어왔으며 이 종류로부터 집토끼의 여러 가지 품종이 만들어졌다.

2. 토끼의 분류

토끼는 포유강 토끼목 토끼과의 초식동물로 2과 12속 59종으로 분류되고 있으며 전 세계적으로 분포되어 있다. 토끼목은 토끼과와 새앙 토끼과로 분류되며 위턱의 앞니가 2쌍이 나 있어 중치목이라고 부른다. 토끼과는 굴토끼(wild rabbit)와 산토끼(hare)로 나눌 수 있다.

일반적으로 토끼라고 하면 유럽 굴토끼의 후손인 집토끼를 가리키는 것으로 크기, 생김새, 털 색깔에 따라 많은 품종으로 나누어진다.

집토끼의 학명은 *Oryctolagus cuniculus* L.이며 영명은 Rabbit, 한자는 토(兎)라고 하며 염색체수는 집토끼 44개, 산토끼는 48개이다.

표 2-2-1 집토끼의 분류

구 분	품 종
모피용	친칠라종(Chinchilla), 렉스종(Rex: 미니 렉스, 블랙 렉스, 에르민 렉스, 오렌지 렉스)
모용종	앙고라종(Angora: 잉글리시 앙고라, 프랑스 앙고라, 자이언트 앙고라, 새틴 앙고라)
겸용종	뉴질랜드 화이트종(New Zealand White), 백색 일본종
육용종	벨기안종(Belgian), 플레미시종(Flemish)
애완용종	히말라얀(Himalayan), 폴리시종(Polish), 드워프(Dwarf), 더치(Dutch), 라이언 헤드(Lion Head), 롭 이어(Lop Ear: 잉글리시 롭, 네덜란드 롭, 드워프 롭, 마이너스 롭, 아메리칸 퍼지 롭), 플레미시 자이언트(Flemish Giant), 아메리칸 드워프 오토, 잉글리시 스포트(English Spot), 저지 울리(Jersey wooly), 할리퀸(Harlequin: 블랙 할리퀸, 맥파이 할리퀸), 벨기안 헤어(Belgian hare), 아르장트 드 샹파뉴, 브랑드 오토, 시나몬

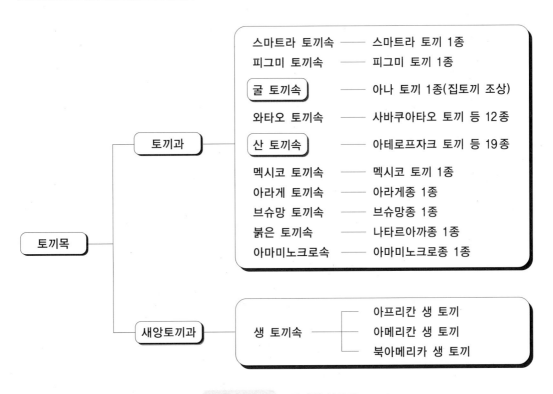

그림 2-2-1   토끼의 분류도

3. 굴토끼와 산토끼의 차이

굴토끼와 산토끼의 차이점은 다음과 같다.

표 2-2-2 굴토끼와 산토끼의 차이점

구 분	굴토끼(Rabbit)	산토끼(hare)
생 활 사	● 집단생활을 한다. ● 땅 속에 굴을 파고 산다.	● 단독으로 생활한다. ● 숲 속에서 산다.
번식 생리	● 산자수가 많고 임신기간이 짧다. ● 갓 태어난 새끼는 털이 없고 눈을 뜨지 못한다.	● 굴 토끼에 비하여 산자수가 적고 임신기간이 길다. ● 눈을 뜨고 있고 털도 많으며 곧 뛸 수 있다.
형 태	● 귀가 작고 다리가 발달되지 못하고 몸이 작다. ● 계절 변화에 털이 변하지 않는다.	● 굴 토끼에 비하여 다리가 발달되고 몸이 크다. ● 겨울에는 털이 흰색 빛을 띤다.
가 축 화	● 순화되었고 다양한 품종이 있다.	● 가축화되지 못하였다.

2. 토끼의 특성

1. 형태적 특성

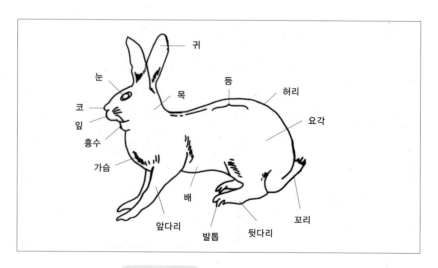

그림 2-2-2 토끼의 각 부위 명칭

1 귀

귀는 소리를 듣고 많은 혈관이 있어 열을 발산하여 체온을 조절하는 기능이 있다. 따라서 귀를 잡거나 들어올리면 안 된다.

귀는 길고 날씬하며 자유롭게 움직이고 깔때기 모양으로 소리를 모으는 작용을 한다. 양쪽 귀를 따로 따로 움직이는 것이 가능하고 청각이 매우 발달되었다.

2 눈

토끼의 두 눈은 얼굴의 옆쪽에 있어 시야가 매우 넓지만 얼굴 가까이에 있는 물체는 보지 못한다. 눈동자가 빨간 토끼는 선천적으로 색소가 없기 때문이며 눈 안쪽에는 제3안검이라는 하얀 막이 있는데 놀랐을 경우 튀어나온다.

3 코

코를 찡긋거리며 후각이 매우 발달하여 미세한 냄새도 구별해 낼 수 있다. 콧등이 축축한 것이 건강한 것이다. 코 주변의 길고 많은 수염은 중요한 감각기관 중 하나이다.

4 입과 이빨

코와 입은 ∧자로 연결되어 있고 이빨은 생후 3~5주가 되면 영구치로 바뀐다. 앞니는 음식을 갉아먹기에 알맞은 구조이며, 1년에 10~12.5cm씩 평생 자란다. 앞니는 이빨이 겹쳐 나있어 중치목과 동물이라고 한다. 토끼의 치식은 다음과 같다.

$$유치 \quad \frac{2 \quad 0 \quad 3 \quad 0}{1 \quad 0 \quad 2 \quad 0} \times 2 = 16,$$

$$영구치(간니) \quad \frac{2 \quad 0 \quad 3 \quad 2\text{~}3}{1 \quad 0 \quad 2 \quad 3} \times 2 = 26\text{~}28$$

부정교합(위턱과 아래턱이 맞지 않음)이 되면 치아가 닳지 않아 계속 자라나게 된다.

5 털

보온 역할을 하며 털에 함축된 기름 성분으로 방수 역할도 한다.

6 꼬리

매우 짧지만 위험을 느낄 때에는 꼬리를 세우고 발로 땅을 구르면서 동료들에게 위험을 알린다.

7 다리와 발바닥

앞발은 뒷발에 비해 짧고 발가락은 5개이며, 뒷다리는 크고 강하여 높은 곳에 뛰어오르고 오르막길을 달리기에 적합한 구조로 되어 있으며 발가락은 4개이다.

발바닥은 털(헤어 패드)로 덮여 있어 쿠션 역할을 하며 눈 위에서도 미끄러지지 않고 달릴 수 있다. 평지에서는 시속 80km까지 속도를 낼 수 있다.

보충학습	토끼의 일반적인 생리				
수 명	임신기간	체 온	맥박수	호흡수	생활적온
5~10년	31일	38~40℃	130~325/분	32~60회/분	18~24℃

2. 심리·행동적 특성

① 머리를 쓰다듬으면 기분이 좋아서 눈을 감고 이를 간다.

② 사람 주위를 빙글빙글 도는 행동은 토끼의 성적인 행동으로 구애의 표현이다.

③ 토끼가 성적으로 성숙하면 자기 영역을 표시하는 행동으로 소변을 뿌린다.

④ 자기 똥을 먹는다.

⑤ 얼굴과 귀를 닦고 털을 다듬는다.

⑥ 공중에서 뛰어 내리고 뛰어다니는 것은 기분이 좋을 때 하는 행동이다.

⑦ 토끼의 아래턱에 냄새를 분비하는 취선이 있어 턱을 문지르고
   다니는 것은 영역을 표시하는 행동이다.
⑧ 토끼가 편할 때는 뒷다리를 쭉 뻗고 잔다.
⑨ 보통 눈을 뜨고 자는데 아주 편할 때는 감고 자기도 한다.
⑩ 놀랐을 때나 위험을 알리는 행동으로 두발을 쿵쿵 구른다.
⑪ 이상한 소리가 들리거나 주위를 경계할 때는 뒷다리로 일어서
   귀를 쫑긋한다.

3. 사람과 토끼의 나이 비교

표 2-2-3   사람과 토끼의 나이 비교

사람	1세	7세	15~16세	20세	25세	37세	44세	58세	91세
토끼	7주	3개월	6~7개월	1년	1.5년	3년	4년	6년	10년

토끼의 눈이 빨간 이유는?   보 충 학 습

　토끼 눈의 일반적인 색은 밤색(내추럴 아이)이나 빨간색의 눈을 가진 토끼도 있다. 흰 토끼에서 볼 수 있는 빨간색의 눈은 홍채에 멜라닌 색소가 없어 망막의 뒤편에 있는 혈관이 그대로 비치기 때문이다.
　흰 토끼가 모두 빨간색의 눈을 가지고 있는 것은 아니다.

2. 토끼의 품종과 선택

학습목표

1. 토끼의 품종별 특징을 설명할 수 있다.
2. 토끼의 특성에 따른 적당한 품종을 선택할 수 있다.

1. 토끼의 주요 품종

드워프 (dwarf) 	원산지	네덜란드	체 중	1.5~1.8kg
	특 징	• 모색은 흰색, 암갈색, 검정색 등으로 다양하다. • 크고 빛나는 눈, 작으면서도 쫑긋한 귀가 매력적이다. • 유사한 종류로 폴리시 드워프 호토(눈가에 검은 줄무늬의 흰색 토끼), 브리타니아 페티트(몸집이 가볍고 경주용으로 대부분 흰색) 등이 있다. • 대부분 온화한 성격으로 온순하고 손쉽게 길들일 수 있다.		
라이언 헤드 (lion head) 	원산지	벨기에	체 중	1.5~1.8kg
	특 징	• 모색은 흰색, 갈색 등으로 다양하다. • 얼굴과 목에 사자의 갈기처럼 털이 길게 나 있다. • 성격이 예민하나 긴 털과 화려한 색상으로 최고의 인기를 누리고 있다. • 벨기안 드워프와 스위스 폭스를 교배하여 만든 품종이다.		
롭 이어 (lop ear) 	원산지	영국, 프랑스, 터키		
	체 중	네덜란드 롭: 2~2.5kg, 아메리칸 퍼지 롭: 1.5kg		
	특 징	• 귀가 늘어지고 털색이 다양하며, 단일 색상과 얼룩점이 있는 것이 있다. • 상반신과 하반신의 무늬 차이가 뚜렷하며 색상과 무늬가 다양하다.		

더치 (dutch)	원산지	네덜란드(벨기에 개량)	체 중	1.5~1.8kg
	특 징	● 몸의 앞부분과 뒷부분의 경계가 뚜렷하여 팬더 토끼로 불린다. ● 귀가 길고 색상과 무늬가 다양하며 브라운 그레이 더치, 삼색 더치, 토터셜 더치 등이 있다.		
저지 울리 (Jersey wooly)	원산지	미국	체 중	1.5~1.8kg
	특 징	● 가장 값이 비싼 종류이며 구입이 어렵다. ● 털의 촉감이 좋고 5~8cm의 긴 털이 나 있다. ● 정기적으로 털의 손질을 해야 한다.		
잉글리시 스포트 (English Spot)	원산지	영국	체 중	2.3~3.6kg
	특 징	● 선명한 반점과 우아한 외모를 가졌다. ● 반점은 검은색, 파란색, 초콜릿색, 회색, 금색, 라일락색, 거북이 등색이 있다. ● 새끼를 잘 낳고 잘 돌보는 특징이 있다.		
아메리칸 퍼지 롭 (American Fuzzy Lop)	원산지	미국	체 중	1.8kg
	특 징	● 앙고라 유전자를 가진 네덜란드 롭의 교배종이다. ● 성격은 매우 순진하고 침착하다. ● 털색이 다양하고 털이 길어 관리가 필요하다. ● 공 모양의 머리와 목이 매우 짧다.		
히말라얀 (Himalayan)	원산지	히말라야(영국에서 개량)	체 중	1.5~2.5kg
	특 징	● 흰색에 귀, 코, 네발, 꼬리는 검정색이다. ● 기온이 내려갈수록 짙은 색상을 띤다. ● 사람을 잘 따르고 애교가 많다.		

캘리포니안 (Californian) 	원산지	미국		체 중	4.5kg
	특 징	• 뉴질랜드 화이트종과 히말라야종의 교잡이다. • 흰색 털에 귀, 코 끝, 발, 꼬리 끝이 암갈색이다. • 1920년대 털가죽용, 식용으로 개량되었으나 애완용으로도 사육되고 있다.			

친칠라 (Chinchilla) 	원산지	프랑스
	체 중	대형 4.5kg, 중형 4kg, 소형 2.5~3.5kg
	특 징	• 히말라얀과 블루 베버렌 및 야생 토끼의 교배종이다. • 털의 뿌리는 청회색, 중간은 진주빛, 끝은 검정색이다. • 애완용, 모피용으로 이용된다.

앙고라 (Angora) 	원산지	터키 앙고라(프랑스 개량)		체 중	2.5~3.5kg
	특 징	• 털색은 흰색, 은색, 푸른색, 금색 등이 있다. • 모용종으로 연간 0.4~1kg의 털이 생산된다. • 부드럽고 빽빽한 털의 관리가 필요하다. • 잉글리시 앙고라, 프랑스 앙고라, 자이언트 앙고라, 세이블 앙고라 등이 있다.			

렉스 (Rexes) 	원산지	프랑스		체 중	4kg
	특 징	• 모피용으로 털이 부드럽고 촉감이 좋다. • 백색, 오렌지색, 청회색, 초콜릿색, 흰 바탕에 오렌지 색과 검은 반점(2색, 3색) 등의 종류가 있다. • 검정색이 가장 흔하며 변종이 많다.			

벨기에 산토끼 (Belgian hare) 	원산지	벨기에		체 중	4kg
	특 징	• 털의 색은 붉은색에 고동색 또는 황갈색이다. • 귀의 길이가 12.5cm로 크다. • 행동이 민첩하고 활발하므로 넓은 공간이 필요하다.			

플레미시 자이언트 (Flemish Giant)	원산지	벨기에	체 중	5~6kg 이상
	특 징	● 털색이 회갈색이나 다양한 변종이 많다. ● 넓은 공간이 있어야 하고 몸집이 커서 애완용으로 다소 부적합할 수도 있다.		
뉴질랜드 화이트 (New zealand White)	원산지	미국	체 중	4~5kg(대형종)
	특 징	● 성장이 빠른 육용종으로 용도가 다양하다. ● 털색은 흰색이며 눈은 빨갛다. ● 털은 조밀하지만 결이 거칠다.		
미니 렉스 (MIni Rexes)	원산지	프랑스	체 중	1.5~1.8kg
	특 징	● 대형종인 렉스종을 소형으로 개량한 애완용이다. ● 털의 감촉이 좋아 코트의 자재로 쓰이기도 하는데 구하기가 어렵다.		
블랙 앤 탄 (Black & Tan)	원산지	영국(1891년 공인됨)	체 중	2kg 내외
	특 징	● 더치종과 야생 토끼의 교배종이다. ● 검정색, 푸른색, 연보라, 초콜릿색 등이 있다. ● 털가죽이 부드럽고 윤기가 나는 멋진 품종이다.		

2. 토끼의 선택

1. 토끼의 선택 기준

토끼는 생명을 가진 동물이므로 장난감처럼 다루거나 돌보는 것을 게을리해서는 안 된다. 집에 데리고 오는 순간 가족으로 생각하는 마음이 중요하다.

애완용 토끼의 종류는 약 150여 종으로 몸의 크기, 털 길이, 털 색상 등 아주 다양하다. 토끼를 선택하는 데 있어서 고려해야 할 점은 다음과 같다.

① 몸의 크기에 따른 선택

체중에 따라 소형종 2kg 이하, 중형종 2~5kg, 대형종 5kg 이상이다.

② 털의 길이에 따른 선택

장모종은 털의 촉감이 좋으나 털 손질이 필수적이며 단모종은 털빠짐이 적으나 촉감이 좋지 않다.

③ 귀의 형태에 따른 선택

대부분의 토끼는 귀가 쫑긋 서 있지만 귀가 처진 품종(롭 이어)도 있다. 다양한 종류의 토끼 중에 자신에게 잘 어울리고 품종의 특성상 알맞은 품종을 선택하는 것이 중요하다.

④ 암·수의 선택과 비율

번식을 목적으로 사육할 경우에는 암·수 한 쌍이 좋으며 수컷 한 마리에 암컷 2~4마리가 이상적이다. 한 장소에 여러 마리의 수컷을 사육하면 싸움으로 인한 피해를 볼 수 있다.

2. 건강한 토끼 고르기

건강한 토끼를 고르는 방법은 다음과 같다.

① 동작이 활발하고 경쾌하며 비만이거나 허약하지 않을 것.
② 몸에 상처가 없고 털의 윤기가 있고 피부병이 없을 것.
③ 엉덩이 부분이 설사 등으로 더럽지 않을 것.
④ 발바닥에 털이 잘 나 있고 상처가 없으며 발가락이 정상일 것.

⑤ 눈이 총명하고 눈곱이나 눈물이 없을 것.

⑥ 귓속이 깨끗하고 냄새가 없을 것.

⑦ 콧등에 땀이 나 있고 주위가 깨끗하며 콧물을 흘리지 않을 것.

⑧ 식욕이 왕성하고 입이 정교합일 것.

토끼가 자기 똥을 먹는다구요? 보충학습

토끼는 자기 똥을 먹는 식분 습성(Coprophagia)이 있다. 똥 속에 있는 완전히 소화 흡수되지 않은 영양분을 다시 한 번 먹어 흡수하는 행위이다.

토끼는 똥을 누면서 아래로 떨어지지 않게 직접 항문에 입을 대고 받아먹는다.

읽기마당

토끼에 관한 수수께끼

◆ 체중이 가장 무거운 토끼는?

1980년 스페인의 5개월령의 프렌치 롭 토끼의 몸무게가 무려 12kg이었다.

◆ 가장 많이 새끼를 낳은 토끼는?

1978년 캐나다 노바스코셔에서 뉴질랜드 화이트종 토끼가 한번에 24마리를 낳았다.

◆ 가장 큰 귀를 가진 토끼는?

1996년 12월 당시 생후 6개월 된 잉글리시 롭은 길이 75.3cm, 폭 18.24cm의 귀를 가졌다.

3. 토끼의 번식과 육성

학습목표

1. 토끼의 외부 생식기를 관찰하여 암·수를 구별할 수 있다.
2. 토끼를 적기에 교배하여 번식시킬 수 있다.
3. 토끼에게 균형있는 사료를 급여하고 사양관리를 할 수 있다.

1. 토끼의 번식

1. 토끼의 번식 적령기

암토끼는 생후 3~4개월이면 성적으로 성숙하여 발정을 시작하지만 번식 적령기는 체 성숙이 완료되는 생후 7~9개월령이 되어야 한다.

토끼는 연중 번식이 가능하지만 생활환경을 고려하여 습도가 높은 장마철이나 추운 겨울은 피하여 봄이나 가을이 번식에 가장 적당한 계절이다. 번식에 적당한 나이는 생후 1~3년이며 그 후부터는 새끼의 수가 감소된다.

수토끼는 4개월이면 성적으로 성숙을 하지만 7~8개월령부터 5~6년 동안 번식에 이용할 수 있다. 일반적으로 소형 토끼가 성 성숙이 빠르다.

2. 토끼의 발정

토끼의 발정 증상은 다음과 같다.
① 행동이 활발해진다.
② 땅을 파는 행위를 한다.
③ 등을 만지면 엉덩이를 든다.
④ 외부 생식기가 붓게 된다.

3. 토끼의 교배

발정 증상이 나타나면 반드시 암컷을 수컷이 있는 곳으로 옮겨 교배를 시킨다. 수컷을 암컷의 집으로 옮기면 교미가 잘 이루어지지 않을 수도 있다. 보통 2~3회 정도 교배가 이루어지면 암컷을 분리시켜 놓는다. 토끼는 고양이와 같이 교미의 자극에 의하여 배란이 되므로 임신이 잘 된다.

4. 토끼의 임신과 분만

임신 기간은 토끼의 종류와 계절에 따라 약간의 차이가 있으나 평균 31일이다. 임신 증상은 다음과 같다.

① 발정이 오지 않고 식욕이 왕성해진다.
② 성격이 온순해지고 배가 불러온다.
③ 출산 3~4일 전부터 자리깃과 자기의 털을 뽑아 보금자리를 만든다.

임신된 토끼는 출산 후 새끼에게 상처를 입히지 않도록 어미의 발톱을 정리하고 집을 깨끗이 청소한다. 즉 둥지 상자를 만들어 주고 외부에서 잘 보이지 않도록 가려서 안정을 취할 수 있도록 한다.

임신을 원하지 않는다면 생후 4~5개월령에 중성화 수술을 시켜 공격적인 행동과 영역표시를 줄일 수 있도록 함으로써 관리하기에 편리하도록 한다. 토끼는 연중 분만이 가능하며 분만 소요시간은 약 30분이며 한배에 4~7마리의 새끼를 낳는다. 새끼의 크기는 성인의 엄지손가락 정도이다.

암·수를 분리하여 사육해야 하는 이유는?   보충학습

토끼는 약 5개월령이 되면 임신이 가능해지므로 암·수를 한방에 합사할 경우 체 성숙이 완료되기 전에 자연 교미로 인한 조기 임신과 분만, 포유 등으로 인한 어미의 체력 소모와 허약한 새끼의 생산, 새끼 기르기 미숙 등으로 인한 피해가 심하다.

또한 토끼는 교미 후 배란되는 동물로 임신의 확률이 높고 연속적인 임신과 분만이 이루어지므로 4개월령 이후에는 분리하여 사육해야 한다.

토끼의 암·수 감별

1 기구 및 재료

2주령 토끼 암·수 각 1마리, 3개월령 토끼 암·수 각 1마리.

2 순서와 방법

(가) 토끼의 보정

① 토끼의 몸을 왼손 바닥 위에 눕혀 놓는다.

② 오른손의 엄지와 둘째손가락으로 외음부를 누르면서 조심스럽게 벌린다.

③ 항문 바로 밑에 있는 생식기를 관찰한다.

(나) 암·수의 감별

① 암·수의 감별은 생후 2주령 이후 가능하다.

② 수토끼의 생식기는 가늘고 둥근 원통 모양이다.

③ 암토끼의 생식기는 항문과 거의 붙어있으면서 길게 세로로 갈라져 있다.

(다) 3개월령 이후의 암·수 감별

① 음낭을 관찰한다.

   (수토끼는 주름이 있는 길쭉한 주머니 모양의 음낭이 다리 사이로 두 개가 있다.)

② 젖꼭지를 관찰한다.

   (암토끼는 좌우 4쌍씩 8개의 젖꼭지가 있다.)

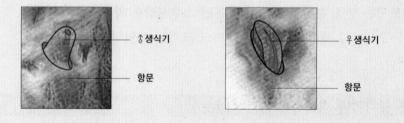

그림 2-2-3　토끼의 암·수 감별법

3 평가

평 가 항 목	평 가 사 항	평 가 관 점
암·수의 감별	● 보정	● 보정 방법의 위치가 정확하고 외음부를 벌리는 동작이 바른가?
	● 감별	● 외음부 상태, 음낭과 젖꼭지를 관찰하여 암·수의 감별이 정확한가?

2. 토끼의 사육 준비

1. 토끼 사육사(토끼집)

토끼사는 금속제로 된 것을 선택해야 갉아먹지 않으며 또 밑바닥 부분은 망으로 되어 있어 배설물이 밑으로 떨어지도록 되어 있는 케이지(cage)를 사용한다.

사육사 바닥의 금속망은 토끼가 발바닥에 상처를 입을 염려가 있으므로 일정 부분에 나무판자 등을 깔아 주는 것이 좋다.

2. 사육 관리기구

급이기는 도기, 스테인리스, 플라스틱 등 여러 가지 종류가 있으나 토끼가 그릇을 쉽게 엎지 못하고 갉아먹지 않는 도기나 스테인리스 제품을 선택하는 것이 좋다. 급수기는 바닥에 놓는 형태의 물통이 있지만 니플 형태(빨대를 빨면 물이 나옴)의 급수기를 선택하는 것이 위생적이다.

토끼를 우리에 가두지 않고 방에서 키우거나 놀게 할 경우 용변기를 사용해야 한다. 용변기에 모래를 깔아 주어도 좋지만 똥이 둥글고 굳게 나오므로 그냥 사용해도 무방하다. 용변기는 강아지용이나 고양이용을 사용하는 것이 일반적이다. 실내에서 토끼가 놀 수 있는 공간을 만들어 주는 칸막이는 크기와 형태가 다양하며 넓이 조정이 가능한 제품이 좋다. 또 방구석의 벽을 이용하면 훨씬 넓게 사용할 수 있다. 기타 관리기구는 브러시, 빗, 발톱 깎기, 이갈이 도구(이갈이 장난감, 미네랄 스톤), 이동장 등이 필요하다.

3. 토끼의 영양과 사료

영양소는 그 구조와 생리 기능에 따라 단백질, 지방, 탄수화물(가용 무질소물, 조섬유), 무기물(광물질), 비타민으로 분류하며 토끼는 초식동물로 섬유소가 중요한 기능을 한다.

1. 토끼의 영양소

1 섬유질

섬유질은 초식동물인 토끼의 건강과 성장 발육에 충분한 양을 급여해야 한다. 따라서 토끼는 1일 급여량의 18~20%의 섬유질을 섭취하여야 하며 최소 10% 이상은 되어야 한다. 시판되는 토끼 사료의 섬유질 함량은 5~14%이므로 별도의 조사료를 급여해야 장의 운동과 소화, 흡수의 기능이 활발해진다.

2 단백질

단백질은 몸의 세포 구성 성분으로 성장 발육에 매우 중요한 영양소이다. 특히 임신이나 포유 중인 토끼는 급여량의 단백질 함량이 17~18% 이상 되어야 한다.

3 지방

지방이 너무 과다할 경우 비만과 번식 장애를 유발시키므로 1~3% 정도면 좋다.

4 탄수화물

탄수화물 중 전분질은 지방과 같이 소량이 요구된다. 따라서 과자나 당분이 많이 들어 있는 간식을 주는 것은 좋지 않다. 당분을 많이 먹으면 비만과 치아 질병, 소화기 장애 등을 일으킬 수 있다.

5 비타민과 무기질

맹장에서 발효과정을 거치면 비타민 B, C, K가 생성된다. 비타민 A, D, E는 사료를 통하여 공급해 주어야 한다.

보 충 학 습 | **조사료(rouhage)란?**

조사료는 부피가 크고 섬유소가 많으며 영양소 함량이 적은 사료를 말한다. 그러나 반추가축이나 초식가축의 소화기능의 유지와 휘발성 지방산을 생성하는 중요한 역할을 한다. 조사료는 야생초, 목초, 풋베기 작물, 볏짚, 건초, 나뭇잎, 해조류 등이 있다.

2. 토끼의 사료

1 기호성이 좋은 사료

표 2-2-4 기호성이 좋은 사료

구 분	종 류	사 료 명
조 사 료	건 초	● 앨팰퍼 큐브, 큰 조아재비, 목초, 호밀, 아카시아 잎 등
	야 생 초	● 민들레, 클로버, 질경이, 별꽃, 잔디, 냉이, 칡잎, 싸리잎, 콩잎, 고구마 잎 등
	채 소	● 당근, 배춧잎, 셀러리, 냉이, 양상추, 호박, 고구마, 시금치, 양배추, 오이 등
	과 일	● 사과, 바나나, 딸기, 포도, 파인애플, 토마토 등
농후사료	펠릿사료	● 가루사료, 펠릿, 익스트루전(어린 토끼용, 성토용)
	곡류사료	● 밀, 보리, 조, 수수 등

2 주어서는 안 되는 사료

양파, 파, 마늘, 부추, 고추, 초콜릿, 땅콩, 옥수수, 생강, 후추 등은 주어서는 안 된다.

3. 사료의 급여

토끼의 사료 급여 방법은 항상 충분한 양을 급여하는 자유급식과 1일 2회 급여하는 제한급식이 있다. 성장 중인 새끼 토끼는 자유급식도 무방하지만 성장한 토끼는 비만의 우려가 있으므로 제한급식이 바람직하다.

사료 급여량은 체중의 4%를 주며 급여 횟수는 7개월령 이전에는 1일 3~4회, 7개월령 이후에는 1일 2회(아침, 저녁) 준다. 낮보다 밤에 활동을 많이 하므로 아침보다 저녁에 많이 주는 것이 좋으며 항상 변 상태를 보고 이상이 없는지 확인하고 주어야 한다.

표 2-2-5   사료 급여 방법

연 령	급여량과 방법
생후 3주까지	● 모유(어미 젖)를 먹인다.
3~4주	● 모유, 앨팰퍼와 펠릿 사료를 잘게 부수어서 준다.
4~7주	● 모유, 앨팰퍼와 펠릿 사료를 조금씩 준다.
7주~7개월	● 펠릿과 건초를 자유 급식한다.
3개월	● 채소를 주기 시작한다. 한번에 한 종류씩 14g 이하로 준다.
7개월~1년	● 풀과 귀리를 주며 앨팰퍼의 양은 줄인다. ● 펠릿은 체중 3kg당 1/2 컵으로 줄인다. ● 채소의 양을 늘리고 과일은 체중 3kg당 28~57g씩 준다.
1~5년 (체중 3kg)	● 풀, 귀리, 볏짚을 자유급식, 펠릿 사료는 1/4~1/2 컵을 준다. ● 채소는 잘게 썰어서 하루에 최소 2컵 이상 준다. ● 과일은 57g 정도 급여한다.
6년 이상	● 펠릿 사료를 자유급식하면 체중이 증가된다. ● 체중이 미달되는 토끼는 앨팰퍼를 급여한다. ● 노령의 토끼는 매년 건강검진을 한다.

보충학습 | **물기 있는 생풀을 주면 설사병이 생긴다.**

　　토끼에게 단백질을 보충하기 위해서 콩, 땅콩을 주는데 옥수수나 땅콩류 등이 부패한 것은 아플라톡신이라는 독성분이 있으므로 먹여서는 안 된다. 토끼에게 생풀, 당근, 채소 등을 줄 때는 반드시 물기가 없는 것을 주어야 설사병이 생기지 않는다.

4. 물의 급여

　　보통 토끼에게 물을 먹이면 안 되는 것으로 알고 있으나 절대 그렇지 않다. 항상 신선하고 깨끗한 물을 주어야 한다. 하루에 주는 물의 양은 대략 체중의 10% 정도가 적당하며 수분이 많은 채소를 자주 줄 경우 조금 적게 주어도 된다.

　　건초를 주로 먹일 경우는 물 섭취량이 많으므로 항상 물을 먹을 수 있도록 해주어야 한다.

4. 토끼의 사양 관리

1. 사육 환경

토끼는 낯선 환경에 민감하며 스트레스를 많이 받는다. 따라서 조용하고 통풍이 잘 되며 햇빛이 잘 드는 곳에 토끼장을 설치하는 것이 좋다. 청각이 발달해 겁이 많고 TV나 오디오 근처에 두면 스트레스를 받을 수 있으며 전선이나 이불, 가구 등을 갉지 못하도록 주의해야 한다. 생활 적온은 15~20℃이며 습도는 40~60% 정도가 적당하다.

2. 토끼의 구입과 관리

토끼의 구입 시기는 생후 2개월령 이상이 되어야 안심할 수 있으며 구입 후 관리 사항은 다음과 같다.

① 구입 후 환경 변화에 민감함으로 편안하게 안정을 취할 수 있도록 한다.
② 우리 안에 짚과 건초를 많이 넣어 보온을 하고 7~10일 정도는 만지지 않는다.
③ 수컷은 한 우리에 같이 두면 서로 싸우는 경우가 생기므로 따로 사육한다.
④ 사료는 구입 전에 먹던 것을 주고 서서히 교체하여 준다.
⑤ 물은 항상 먹을 수 있도록 해 준다.

3. 토끼의 인공 포유

인공 포유는 어미 토끼의 폐사로 젖을 먹일 수 없거나 1개월 이내의 어린 토끼를 구입하였을 경우에 실시한다.

새끼 토끼의 정상적인 포유(젖먹이) 기간은 50일이다.

4. 토끼의 사양관리

어미 토끼는 하루에 2~3회 1회에 5분 정도 젖을 먹인다. 새끼는 생후 4일령부터 털이 나기 시작하고 2주령 이후에는 걸을 수 있게 된다.

생후 40~50일경 젖을 떼고 건초와 사료를 조금씩 주어 익숙해지도록 한다. 어미의 건강상태가 좋지 않을 경우 인공 포유를 실시하여야 하며 어린 토끼는 보온에 유의한다.

성장기에는 단백질 함량 18%의 토끼사료와 충분한 양의 건초를 주어야 하며 3개월령 이후에는 채소 등을 주기 시작한다. 포유 중인 토끼는 18% 이상의 단백질과 18~20%의 섬유질이 들어 있는 사료와 앨펠퍼를 충분히 주어 칼슘을 보충해 준다. 어미 토끼는 비만이 되기 쉬우므로 적당한 사료량과 운동을 시켜야 되며 건초와 채소 위주로 사육하고 사료의 단백질 함량은 13%, 섬유질 18~20% 정도면 적당하다.

실습 Ⅱ-2   토끼의 인공 포유

1 기구 및 재료
20mL 주사기 또는 포유병(젖병), 포도당, 분유, 끓여서 식힌 미지근한 물(35~37℃)

2 순서와 방법
① 물을 끓인 후 35~37℃ 정도로 식힌다.
② 고양이 또는 애완견 전용 젖병을 사용한다.
③ 물 90mL에 고양이 분유 또는 강아지 분유 31g, 포도당(40%) 10mL, 수용성 비타민제 0.5g을 넣고 흔든다.
※ 젖병 대신 주사기 바늘을 빼고 실을 달아맨 후 흘려서 빨아먹게 할 수도 있다.
④ 왼손으로 토끼를 잡고 오른손으로 젖병을 잡고 서서히 먹인다.
⑤ 급여량은 체중의 12~15%를 1일 2~3회 급여하며 1회에 3~7mL씩 급여한다.

3 평 가

평 가 항 목	평 가 사 항	평 가 관 점
인공포유	● 젖의 조제	● 물의 온도와 분유, 포도당, 비타민의 함량이 정확한가?
	● 감별	● 포유 자세가 바르고 서서히 급여하는가?

4. 토끼의 관리

1. 토끼를 안전하게 다루고 배변 훈련을 시킬 수 있다.
2. 토끼를 손질하고 토끼집을 청소할 수 있다.

1. 토끼의 배변 훈련

1. 배변기의 설치

사육 토끼는 일정한 장소에서만 대소변을 보기 때문에 애완동물용 배변 용기에 모래를 넣고 대·소변을 조금 넣어 배변 장소를 만든다.
지정된 장소에서 대·소변을 누면 칭찬과 음식을 주고 이외의 곳에서 누면 세제로 깨끗이 닦아서 냄새를 제거해 주어야 한다. 대·소변 냄새가 나는 곳에서 다시 변을 누기 때문이다.

2. 배변 훈련방법

① 케이지 문을 열어두고 토끼가 드나드는 것을 지켜본다.
② 배변기가 없는 구석으로 향하거나 꼬리를 들어 올리면 단호한 목소리로 "안돼!"라고 꾸짖는다.
③ 토끼가 놀라지 않게 배변 장소로 몰아간다.
④ 배변 장소를 잘 사용하면 칭찬과 사료를 준다.
⑤ 훈련이 잘 이루어짐에 따라 토끼의 활동 공간을 늘려준다.
⑥ 배변 장소는 한 번 정하면 옮기지 않도록 하고, 토끼가 완전히 습관을 들일 때까지 그 방에서만 놀게 한다.

2. 토끼 다루기

그림 2-2-4

토끼 다루기

　토끼는 다른 동물보다 경계심이 많은 것이 특징이다. 따라서 친해지기 위해서는 조심스럽게 천천히 다가가야 하며 토끼를 구입하여 처음 집에 왔을 때에는 적응하도록 가만히 두었다가 2~3일 정도 지나면 부드러운 목소리로 이름을 부르고 4~5일 정도 지나면 살짝 쓰다듬으며 손으로 먹이를 준다.

표 2-2-6　토끼를 다룰 때의 주의할 점

구 분	주의할 점
1. 귀 보호	● 귀는 모세혈관이 많아 예민함으로 귀를 잡지 않도록 한다.
2. 안을 때의 주의점	● 토끼를 올바르게 잡는 법은 목 부분을 큼직하게 잡고 다른 한 손으로 엉덩이를 받쳐 들고 토끼와 마주하는 자세로 안는다.
3. 토끼집의 위치	● 토끼우리는 통풍이 잘 되고 건조한 장소가 좋으며 소음이 심한 곳은 피해야 된다.
4. 환경 적응	● 토끼는 매우 겁이 많은 동물이므로 처음 왔을 때는 새로운 환경에 적응하도록 안정을 시키고 전에 먹던 것과 같은 것을 준다.
5. 위험물 제거	● 물건을 갉으며 노는 것을 좋아하므로 전기줄, 전기코드 근처에는 두지 않도록 한다. ● 뛰어 오르기를 좋아하므로 뛰어오를 만한 장소에는 뾰족한 물건 등의 위험물을 두지 말아야 한다. ● 새끼 토끼는 몸집이 작아 좁은 구석이나 구멍에 들어갈 수도 있으니 유의해야 한다. ● 카펫 등은 발톱이 걸릴 우려가 있으므로 깔아주지 않는다.

3. 토끼 손질하기

1. 털 손질

　토끼는 스스로 털을 다듬지만 빗으로 털 손질을 해주어야 한다. 1주일에 1회 정도 슬러커 브러시를 사용해서 털이 자란 반대 방향으로 한 번 빗어 주고 털 결을 따라 다시 빗어 준다. 봄과 가을의 털갈이 시기에는 자주 빗질을 해주어야 하며 장모종은 털이 엉키지 않도록 매일 빗질을 해주는 것이 좋다.

2. 발톱 깎기

발톱이 길면 걸려 넘어져 다칠 수 있기 때문에 1개월에 한번 정도 잘라 준다. 애견용 발톱 깎기로 혈관 바깥쪽의 투명한 부분을 잘라 준다. 발톱에는 혈관이 있기 때문에 잘못 자르면 피가 날 수 있으므로 조심해야 한다.

3. 목욕시키기

토끼는 물을 싫어하고 습기에 약하며 스스로 손질하기 때문에 굳이 목욕을 시켜줄 필요는 없다. 몸이 더러워져 있으면 수건에 따뜻한 물을 적셔서 부분적으로 닦아주는 것이 좋고 목욕이 필요한 경우에는 3개월 이후에 한다.

4. 귀 손질

1주일에 1회 정도 솜에 귀 세정제를 묻혀 귀 안쪽을 닦아준다. 귀에서 냄새가 많이 나거나 염증이 생기면 적절한 치료를 해야 한다.

5. 이빨 관리

토끼는 중치류(앞니가 이중으로 나 있음)이기 때문에 이빨이 빨리 자라며 갉아먹는 습성이 있다. 따라서 적당한 크기의 나무토막이나 미네랄 스톤을 넣어 주어 이빨을 닳게 한다.

4. 토끼집 청소하기

토끼는 환경이 불결하거나 습기가 많으면 병에 걸리기 쉽기 때문에 토끼집은 항상 건조하고 깨끗하게 해주어야 한다. 물그릇의 물이 쏟아지거나 소변으로 토끼집이 축축해지지 않도록 하고 청소 후에 잘 말려야 한다.

급이기(먹이 그릇), 급수기, 배변기 청소는 매일 하고 바닥재는 1주일에 1회 정도 갈아주며 매월 1~2회 소독하는 것이 좋다.

5. 토끼의 질병과 예방

1. 외모와 행동을 관찰하여 건강한 토끼를 식별할 수 있다.
2. 질병을 조기에 예방하고 진단·치료할 수 있다.

1. 질병의 조기 발견

1. 건강한 토끼 식별법

표 2-2-7　건강한 토끼 식별법

구 분	건강한 토끼	이상이 있는 토끼
1. 눈	눈이 총명하고 생기가 있다.	눈동자에 초점이 없고 눈곱이 있다.
2. 귀	소리에 민감하고 잘 움직인다.	귀에 상처가 있거나 냄새가 심하다.
3. 코	콧등이 촉촉하고 깨끗하다.	콧등이 마르고 콧물이 있다.
4. 식욕	식욕이 왕성하고 토실토실하다.	식욕이 부진하고 허약하거나 비만이다.
5. 항문	항문 주변이 깨끗하다.	설사로 항문 주위가 지저분하다.
6. 털	털에 광택이 있고 가지런하다.	털에 광택이 없고 방향이 거꾸로 되어 있다.
7. 발	발바닥에 털이 잘 나 있고 상처가 없으며 부어 있지 않다.	발바닥이 건조하고 털이 빠지고 부어 있다.
8. 행동	무리와 잘 어울리고 활발하다.	혼자 떨어져 있고 구석에 쪼그리고 있다.
9. 똥	둥글고 조금 단단하며 짙고 푸른색이다.	변이 무르거나 너무 딱딱하다. (설사나 변비)
10. 소변	먹이에 따라 흰색, 노란색, 붉은색일 수도 있다.	소변을 볼 때 고통을 느낀다.

2. 1일 건강 관찰 사항

① 먹은 사료의 종류와 급여량, 똥의 상태를 매일 점검한다(똥의 굳기, 색, 냄새 등).
② 소변 관찰(토끼의 소변은 탁한 편이며 먹이에 따라 노란색, 붉은색을 띤다.)
③ 체중감소와 식욕저하 여부를 점검한다.
④ 털의 윤기와 빠짐 상태를 점검한다.
⑤ 피로와 활동성 저하 여부를 관찰한다.
⑥ 콧물과 눈물 여부를 관찰한다.

2. 질병의 예방과 치료

1. 바이러스성 출혈증(VHD)

바이러스성 출혈증은 폐사율이 높고 전염성이 강한 질병으로 겨울과 봄철에 2개월령 이상 토끼에서 갑자기 발병하여 폐사한다. 고열(41℃), 불안, 발작, 괴성을 지르고 선회운동을 하는 신경증상을 보이며 코에 혈액성 삼출물이나 분변에 점액성 물질이 묻어있으며 한쪽으로 처진 귀가 암자색을 띠는 경우도 있다.

예방 접종을 하는 것이 가장 좋은 방법으로 9월 이내에 접종을 하는 것이 좋다.

2. 스너플스(Snuffles)

스너플스는 가장 흔한 토끼의 전염성 질병으로 그람 음성의 파스튜렐라균이 원인균이다. 증상은 재채기, 가래 끓는 소리, 코에 분비물과 눈곱이 끼고 식욕부진, 호흡곤란과 폐렴이 특징이다. 코감기, 뒤틀린 목(사경), 머리 기울이기, 균형상실을 일으키며 패혈증, 고환의 농양, 자궁축농증으로 인한 불임이 되기도 한다.

스너플스에 감염된 토끼와의 직접 접촉, 오염원과의 접촉에 의해 전염되므로 전염원을 차단해야 한다.

3. 점액종(Myxomatosis)

모기가 전염시키는 질병으로 홍반, 안검 부종, 결막염, 눈곱 및 분비물이 나오고 고열(39~41℃)이 발생한다.

만성의 경우에는 동물의 신체에 결절성 종양을 형성하고, 말기에 호흡곤란이 일어난다. 잠복기는 5일 정도이고 효과적인 치료방법은 없으며 가장 좋은 방법은 모기를 구제하는 것이다.

4. 콕시듐

토끼에서 가장 흔한 질병으로 원충에 의하여 발생되며 장형과 간형이 있다.

장형은 식욕 부진, 설사, 혈변, 악취, 복부 팽대 등의 증상을 보이고 간형은 식욕 부진, 황달 증상을 나타낸다. 질병이 발생되면 케이지를 깨끗이 청소하고 소독을 해야 하며 설파제나 항생제를 투여한다.

5. 장독혈증

장독혈증은 4~8주령의 어린 토끼, 어미 토끼는 분만 전후에 흔히 발생하며 세균이 원인균이다. 무기력해지며 피부와 털이 거칠게 되고 갑작스런 녹갈색 설사를 하는 증상이 나타난다.

채소를 너무 많이 줄 때 발생할 수 있으며 녹색의 설사가 나타나면 2일 이내에 죽는 경우가 대부분이므로 예방에 주력해야 한다. 평소 건초를 주는 것이 예방법의 하나이다.

6. 토끼 매독

토끼 매독의 증상은 항문 주위에 털이 빠지거나 코 주변, 입술, 눈꺼풀, 생식기 등에서 궤양이 형성되었다가 궁극적으로는 두꺼운 딱지가 생긴다.

사람에게는 전염이 안 되지만 다른 동물에게 전염이 되므로 격리 치료를 해야 한다.

7. 기타 질병

토끼에서 발생하는 일반 질병과 기생충병은 다음과 같다.

표 2-2-8   기타 질병의 종류

질 병 명	원 인	증 상	예방 치료
설사	각종 세균, 물기 있는 채소 급여	설사, 식욕 부진, 원기 소실, 혈변	건초를 급여하고 급수를 제한한다. 펠릿사료 급여를 중지하고 요구르트를 급여한다.
외이염	세균 감염이나 진드기 또는 곰팡이 감염	귀 냄새가 나고 붓고 열이 난다.	진드기 구제, 귀 청소
귀 진드기	귀 안에 진드기 감염	가려움, 냄새, 분비물	외부 구충제를 살포한다.
곰팡이성 피부병	곰팡이에 의해 발생, 어린 토끼 발생	원형 탈모, 피부 반점, 가려움증	습기 제거 및 곰팡이가 낀 사료를 주지 않는다. 우리의 청소와 소독을 실시한다.

3. 전염병의 예방 접종

토끼의 예방접종 프로그램은 다음과 같다.

표 2-2-9   전염병의 예방 접종 프로그램

질 병 명	접종 방법
VHD (바이러스성 출혈병)	● 3개월 미만: 1차 접종 1개월 후 2차 접종한다. ● 3개월 이상: 1차 접종 후 6개월~1년마다 보강 접종한다.
광견병	● 3개월 이후 1차 접종, 6개월~1년마다 보강 접종한다.
외부 기생충 구제	● 약물 샴푸로 목욕을 시키거나 구충제를 살포한다.
내부 구충제 투여	● 2개월령 이후 2~3개월마다 투여한다.

탐구활동

1. 초식동물인 토끼의 소화기관 특징을 알아보고 우리 주변에서 구할 수 있는 풀사료(조사료)를 조사해 보자.
2. 토끼가 자기 똥을 먹는 이유를 조사해 보자.
3. 토끼 사육 시 잘 걸리는 질병과 전염병을 알아 보고 대책을 조사해 보자.

❶ 현재 사육되고 있는 토끼는 동굴 토끼의 후손인 집토끼류로 사람에 의해 순화되고 개량 육종된 것으로 우리나라는 1859년에 오스트레일리아에서 들어왔다.

❷ 집토끼의 영명은 Rabbit, 한자로는 토(兎)라고 하며 염색체수는 집토끼 44개, 산토끼는 48개로 다르지만 분류학적으로는 같은 과에 속하기 때문에 서로 교배가 가능하다.

❸ 귀는 소리를 듣고 많은 혈관이 있어 피부로부터 열을 발산하여 체온을 조절하는 기능이 있다. 따라서 귀를 잡거나 들어올리면 안 된다.

❹ 번식을 목적으로 사육할 경우에는 암·수 한 쌍이 좋으며 수컷 한 마리에 암컷 2~4마리가 이상적이다.

❺ 토끼는 자기 똥을 먹는 식분 습성(Coprophagia)이 있다. 이것은 똥 속에 있는 완전히 소화 흡수되지 않은 영양분을 다시 한 번 먹어 흡수하는 행위이다.

❻ 토끼의 번식은 생후 7~9개월령 이상으로 봄과 가을이 번식에 가장 적당한 계절이다. 번식에 적당한 나이는 생후 1~3년이며 3년 후에는 새끼의 수가 감소한다.

❼ 임신 기간은 토끼의 종류와 계절에 따라 약간의 차이가 있으나 평균 31일이다.

❽ 주어서는 안 되는 사료는 양파, 파, 마늘, 부추, 고추, 초콜릿, 땅콩, 옥수수, 생강, 후추 등이다.

❾ 사료 급여량은 체중의 4%를 주며 급여 횟수는 7개월령 이전에는 1일 3~4회, 7개월령 이후에는 1일 2회(아침, 저녁) 준다.

❿ 토끼에게 생풀, 당근, 채소 등을 줄 때는 반드시 물기가 없는 것을 주어야 설사병이 생기지 않는다.

1. 다음 중 토끼에 대한 설명이 바르지 않은 것은?

① 애완용 토끼는 작은 토끼(소형종)를 말한다.

② 현재 사육되고 있는 토끼는 유럽의 동굴 토끼이다.

③ 염색체수는 집토끼 44개, 산토끼는 48개이다.

④ 산토끼는 태어나면서 눈을 뜨고 있고 털이 나 있다.

⑤ 귀는 열을 발산하여 체온을 조절하는 기능이 있다.

2. 토끼의 품종 중 애완용으로 사육되고 있는 품종으로 짝지어진 것은?

ㄱ. 친칠라	ㄴ. 드워프	ㄷ. 롭 이어	ㄹ. 렉스
ㅁ. 앙고라	ㅂ. 뉴질랜드 화이트종	ㅅ. 아메리칸 퍼지 롭	ㅇ. 백색 일본종

① ㄱ, ㄴ, ㄷ   ② ㄹ, ㅁ, ㅂ   ③ ㄴ, ㅅ, ㅇ   ④ ㄴ, ㄷ   ⑤ ㄴ, ㄷ, ㅅ

3. 벨기에가 원산지이며 얼굴과 목에 사자의 갈기처럼 털이 나 있는 품종은?

① 드워프   ② 라이언 헤드   ③ 더치   ④ 롭 이어   ⑤ 저지 울리

4. 토끼의 임신 증상이 아닌 것은?

① 발정이 오지 않는다.   ② 식욕이 왕성해진다.

③ 성격이 온순해진다.   ④ 불안해하고 식욕이 줄어든다.

⑤ 털을 뽑아 보금자리를 만든다.

5. 토끼의 사료 급여에 대한 설명 중 바르지 않은 것은?

① 양파, 파, 마늘 등은 주어서는 안 된다.   ② 사료 급여량은 체중의 4%를 준다.

③ 아침보다 저녁에 많이 주는 것이 좋다.   ④ 물을 먹이면 설사의 원인이 된다.

⑤ 3개월이 되면 채소를 주기 시작한다.

6. 다음 중 건강한 토끼로 볼 수 없는 것은?

① 콧등이 마르고 콧물이 있다.   ② 눈이 총명하고 생기가 있다.

③ 소리에 민감하고 잘 움직인다.   ④ 무리와 잘 어울린다.

⑤ 털에 광택이 있고 가지런하다.

햄스터 사육 기술

1. 햄스터의 사육 기원과 특성

2. 햄스터의 품종과 선택

3. 햄스터의 번식과 육성

4. 햄스터의 질병과 예방

✱ 학습 결과의 정리 및 평가

햄스터는 영국의 동물학자 조지 워터하우스에
의해 1839년 중동의 시리아에서 최초로 발견된
이래 1970년대부터 애완동물로 사육되기 시작
하였으며 그 후 다양한 변종들이 생겨났다.

이 단원에서는 햄스터의 기원과 특성,
품종과 선택, 번식과 육성, 질병의 예방과
치료에 대하여 학습함으로써 햄스터에 대한
이론과 사육 기술을 습득하기로 한다.

1. 햄스터의 사육 기원과 특성

학습목표

1. 햄스터의 정의와 사육 기원을 설명할 수 있다.
2. 햄스터의 특성을 설명할 수 있다.

1. 햄스터 사육의 기원

1. 햄스터의 정의

햄스터는 설치목 비단털쥐과에 속하는 동물로 꼬리가 짧으며 크기는 집쥐(10~15cm) 정도이다. 원래 햄스터는 초지나 들판과 같은 광활한 지역에서 사는 동물로 돌 틈이나 나무 울타리 속 또는 땅에 60~900cm의 굴을 파고 살며 굴 근처에서 모아온 곡식을 굴 안에 모아 놓는 행동 때문에 햄스터라는 이름이 지어졌다. 특히 많은 음식을 저장할 수 있는 양옆의 볼록하고 귀여운 볼 주머니가 특징이다.

보충학습 햄스터의 뜻

독일어로 hamstern은 '축적하다, 비축하다'라는 뜻을 가지고 있다. 햄스터는 볼 양쪽에 있는 한 쌍의 볼 주머니에 곡식을 넣고 다니기 때문에 붙여진 이름이다.

2. 햄스터 사육의 기원

영국의 동물학자 조지 워터하우스에 의해 1839년 중동의 시리아에서 최초로 햄스터가 발견되었으며, 그 후 1930년 이스라엘의 동물학자 알레포니 교수가 시리아의 한 사막에서 햄스터를 발견하여 사육하였다.

여기에서 태어난 햄스터는 전에 조지 워터하우스가 발견한 햄스터보다 몸집이 더 커서 앞에 Meso라는 접두사를 붙여 Mesocricetus auratus라고 이름 지었다. 따라서 골든 햄스터(또는 시리안 햄스터)가 처음으로 사육되었다.

러시안 햄스터와 중국 햄스터는 1970년대에, 로보로브스키 햄스터는 1990년대부터 애완동물로 사육되기 시작하였으며 그 후 다양한 변종들이 생겨났다.

2. 햄스터의 행태와 특성

1. 햄스터의 형태

[1] 입과 이빨

이빨은 모두 16개로 위턱과 아래턱의 문치 4개는 일생동안 자란다. 입의 좌우에 신축성이 있는 볼 주머니가 있으며 이곳에 음식을 저장하여 운반하는 가방 역할을 한다.

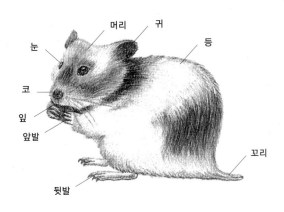

그림 2-3-1   햄스터의 형태

[2] 코

코는 항상 실룩거리며 후각이 매우 발달되어 먹이를 찾거나 발정의 신호 감지 및 적과 친구를 구별하는 기능을 한다. 코 주변의 긴 수염은 주위의 위험을 감지한다.

③ 발

앞 발가락은 4개이며 능숙하게 먹이를 잡을 수 있고 뒷발가락은 5 개로 앞발보다 크고 발가락은 힘이 세다. 땅을 파기 좋게 날카로운 발톱을 가지고 있다. 햄스터는 발을 만지는 것을 매우 싫어한다.

④ 귀

상황에 따라 누워있기도 하고 서 있기도 한다. 멀리서 나는 소리에 귀 기울이고 있을 경우에는 귀가 쫑긋 선다. 큰 소리에 약하므로 놀래지 않도록 조심해야 한다.

⑤ 눈

야행성이기 때문에 어두운 곳에서도 잘 볼 수 있지만 색깔은 구별 못한다.

2. 햄스터의 특성

햄스터는 다음과 같은 특성이 있다.

① 굴을 파고 숨거나 구멍 속에서 돌아다니는 것을 좋아한다.

② 혼자서 잠자리를 만들 줄 알고 주로 밤에 먹이를 먹거나 활동한다.

③ 예민한 후각과 청각을 가지고 있어서 체취와 음성으로 주인을 알아본다.

④ 무리를 짓는 습성이 없어 혼자 생활하고 번식기에만 암수가 만난다.

⑤ 졸린 듯 하품을 하거나 기지개를 펴는 행위는 만족스런 상태를 나타낸다.

⑥ 앞발을 들어올리거나 배를 하늘로 향하는 것은 방어 자세이다.

⑦ 웅크리고 앉아 있는 자세는 냄새나 소리를 관찰할 때 나타나는 반응이다.

⑧ 얼굴을 비비는 모습은 공포를 느낄 때의 반응이다.

⑨ 낮은 자세로 바닥을 기어 다니는 것은 환경에 대한 불안감을 나타내는 것이다.

⑩ 서로 핥아 주는 것은 애정의 표현이며 볼을 부풀리는 것은 겁을 주는 행동이다.

⑪ 공중으로 뛰어오르는 것은 기분이 매우 좋을 때 보이는 행동이다.

⑫ 배변의 형태는 수분이 거의 없는 콩알 같은 형태이며 한 장소에서만 배설한다.

읽기마당

애완동물님, 여권 좀 보여주세요!

2004년부터 유럽연합(EU) 내에서 동물이 국경을 통과할 경우에는 여권을 만들어야 한다. EU 집행위원회는 2004년 7월부터 독일, 프랑스, 영국 등 역내 15개국에서 통용되는 동물 여권제를 시행할 계획이라고 보도했다. 이에 따라 개, 고양이와 족제비 등 애완동물이 유럽 내에서 외국 여행을 할 경우 여권 소지가 의무화된다. 그러나 이 제도는 토끼, 햄스터, 뱀 등에는 해당되지 않는다.

동물 여권제 도입으로 유럽 내 동물 여행에 관한 회원국간의 서로 다른 규정이 간소화될 전망이다. 현재 유럽 내에서 동물이 이탈리아나 그리스에 입국할 경우에는 필수적으로 광견병 예방접종을 받아야 한다. 프랑스의 경우는 추가로 마이크로 칩을 부착해 건강상태를 따로 입증해야만 한다.

새로 만들어질 동물여권에는 동물의 사진, 이름, 출생연도, 성별, 종류, 색깔 등이 기재될 예정이다. 해당 동물의 건강상태도 상세히 기재된다. 여권 발급은 각국 수의사가 맡는다.

(출처: 2003년 11월 ○○일보)

2. 햄스터의 품종과 선택

1. 햄스터의 품종별 특징을 설명할 수 있다.
2. 햄스터 선택 시 주의점을 알고 건강한 햄스터를 선택할 수 있다.

1. 햄스터의 주요 품종

1. 골든 햄스터(Golden hamster, 시리안 햄스터, 테디 베어 햄스터)

	원 산 지	동유럽, 이란, 시리아
	모 색	밤색, 검정색과 흰색의 혼합, 흰색, 검정색, 회색, 진한 갈색 등의 단색
	크 기	몸길이: 18~19cm, 몸무게: 80~150g
	특 징	● 일반적으로 단모종보다 장모종의 성격이 온순하다. ● 드워프 햄스터에 비해 큰 편이며 가장 많이 보급된 햄스터이다. ● 같은 케이지에 2마리 이상을 기르면 싸우므로 1마리씩 길러야 한다. ● 긴 머리털(Long haired) 시리안 햄스터는 테디베어 햄스터라고도 한다.

2. 드워프 햄스터

드워프(Dwarf)는 '난장이'라는 뜻으로 드워프 햄스터는 시리안 햄스터에 비해 상대적으로 작은 햄스터들을 총칭하며 캠벨 러시안 햄스터, 장가리안 햄스터(시베리안 햄스터), 중국 햄스터(차이니즈 햄스터), 로보로브스키 햄스터가 있다.

캠벨 러시안 햄스터 (Campbell hamster)	원산지	중앙아시아, 중국, 북 러시아, 몽고
	크 기	몸길이: 10~12cm, 몸무게: 20~50g
	특 징	● 1963년 영국에 소개된 뒤 1970년부터 사육되었다. ● 신경질적인 기질이 있다. ● 잘 길들여진 러시안 햄스터는 사람을 물지 않는다. ● 햄스터 중 쳇바퀴를 제일 좋아하는 품종이다.
장가리안 햄스터 (Pzangarian hamster)	원산지	카자흐스탄, 시베리아
	크 기	몸길이: 8~10cm, 몸무게: 30~45g
	특 징	● 봄, 여름에는 갈색, 황색이고 겨울은 흰색이 된다. ● 성격이 까다롭지 않아 사람과 잘 친해진다. ● 눈이 돌출되고 코가 오똑하며 검은 등줄기가 있다. ● 스노우 화이트, 블루 사파이어 등으로 불린다.
로보로브스키 햄스터 (Roborovski hamster)	원산지	구소련 드워프 공화국
	크 기	몸길이: 약 5~7cm, 몸무게: 15~40g
	특 징	● 현재 시판되는 햄스터 중 가장 작은 햄스터이다. ● 동그란 귀와 은색의 수염이 있고 성격이 예민하다. ● 금갈색(배는 흰색)이며 암·수가 같이 산다. ● 냄새가 적게 나고 길들이기가 쉽지 않다.
차이니즈 햄스터(Chenese hamster, 중국 줄무늬 햄스터)	원산지	한반도, 중국의 북서부와 내몽고
	크 기	몸길이: 약 8~12cm, 몸무게: 25~40g
	특 징	● 장가리안 햄스터보다 크고 등에 검은 선이 있다. ● 털이 없는 긴 꼬리가 있고 쥐와 흡사하다. ● 갈색, 회색 또는 두 색의 혼합색이다. ● 냄새가 거의 없어 아주 키우기 쉽다.

3. 유럽산 들 햄스터

유럽산 들 햄스터는 몸길이가 25~30cm로 골든 햄스터의 두 배이
다. 이 햄스터는 투쟁심과 공격성이 있으므로 애완용으로 길들여지
지 않는다. 털의 색깔도 짙고 특히 배가 검은 것이 특징이다.

2. 햄스터의 선택

1. 선택 시 고려할 점
① 햄스터를 끝까지 기를 수 있는 마음가짐이 되어 있는가를 점검한다.
② 야행성인 햄스터를 너무 귀찮게 하여 스트레스를 주어서는 안된다.
③ 오랫동안 집을 비울 때 보살필 수 있는 대책이 있는가를 생각해야 한다.
④ 방안을 자유롭게 돌아다닐 수 있도록 가족들의 동의를 구할 수 있어야 한다.
⑤ 다른 애완동물로부터 안전하게 보호할 수 있는가를 생각해야 한다.

2. 건강한 햄스터 식별법
① 눈은 총명하고 눈곱이 끼지 않았다.
② 콧등이 촉촉하고 콧물이 없으며 귀가 깨끗하다.
③ 움직임이 활발하다.
④ 털이 가지런하고 윤기가 난다.
⑤ 이빨의 배열이 고르고 잘 맞물려 있다.

3. 햄스터의 번식과 육성

학습목표

1. 햄스터를 적기에 교배시켜 번식시킬 수 있다.
2. 햄스터에게 균형있는 사료를 급여하고 사양 관리를 할 수 있다.

1. 햄스터의 번식

1. 햄스터의 번식 적령기

햄스터는 일반적으로 생후 3~4개월령 이후에 번식에 이용하며 1년 중 봄과 가을 2회 번식에 이용하는 것이 좋다. 햄스터는 토끼, 고양이와 더불어 번식력이 강한 동물로 연중 번식이 가능하므로 계획적인 번식이 필요하다.

2. 햄스터의 발정

햄스터의 발정 주기는 3~4일이며 발정 지속시간은 약 20시간이다. 암컷의 발정 증상은 다음과 같다.

① 움직임이 활발해지고 생식기가 충혈되고 흰 분비물이 나온다.
② 엉덩이를 누르면 가만히 있거나 쳐들어 수컷을 맞을 자세를 취한다.
③ 암컷이 발정을 하게 되면 옆 칸에 있는 수컷이 흥분해서 이리 저리 움직인다.

3. 햄스터의 교배

교배를 할 때는 암·수 모두 건강해야 하며 근친번식을 피하도록 한다. 조기에 번식에 이용하면 새끼 기르기를 포기하거나 자신이 낳은 새끼를 잡아먹는 경우가 발생하기도 한다.

햄스터의 교배 시간은 움직임이 활발한 저녁이 좋다.

① 교배 전 번식용 우리를 준비한다.

② 먼저 수컷을 우리에 넣고 냄새를 풍긴 후 암·수를 번갈아 넣어 서로의 냄새를 풍기도록 한다.

③ 우리의 가운데를 칸막이로 나누어 암·수가 각각 자리 잡도록 한다.

④ 칸막이를 없애고 암·수가 직접 만나게 한다. 이때 싸우면 즉시 떼어놓는다.

⑤ 짝짓기가 끝나면 암컷을 원래의 상자로 옮긴다.

햄스터의 교배는 짧게 여러 번에 걸쳐 이루어지며 교배가 이루어지면 암컷은 수컷이 다시 접근하지 못하도록 한다. 이런 행동을 보일 때는 암컷과 수컷을 따로 분리해서 키우는 것이 좋다.

4. 햄스터의 임신과 분만

1 임신과 관리

햄스터의 임신기간은 평균 20일(시리안 햄스터 17일, 드워프 햄스터 18일~21일, 로보로브스키 23일~25일)이며 임신 증상은 다음과 같다.

① 식욕이 왕성해지고 평소보다 잠을 많이 잔다.

② 성격이 민감해져 손을 넣으면 물기도 한다.

③ 자리깃을 한쪽으로 모아 놓고, 먹이도 따로 저장한다.

④ 수컷의 접근을 허용하지 않는다.

⑤ 체중이 증가되고 복부가 팽대해진다.

⑥ 젖꼭지가 뚜렷이 보인다.

임신한 햄스터의 먹이로는 인공사료, 마른 멸치, 치즈, 당근, 사과 등이 적합하며, 해바라기씨나 땅콩 등의 씨앗 종류는 지방분이 많으므로 조금씩 준다.

2 분만 관리

분만이 가까워지면 집을 깨끗이 청소하고 깔짚을 갈아주며 부드러운 천 조각을 넣어 준다.

우리는 신문지나 천 등으로 덮어 주위를 어둡고 조용하게 해 준다. 분만은 주로 밤에 이루어지며 보통 4~15마리의 새끼를 분만한다.

새끼는 생후 4일경에 털이 나기 시작하고, 7일경에 걷기 시작하며, 14일경에 눈을 뜨게 된다. 생후 3~4주경 젖을 떼고 5주경에 분양을 한다.

엄마! 햄스터가 새끼를 잡아먹었어요.

첫째, 너무 어린 암컷(생후 3주령 이하)이 분만했을 때 어미가 새끼 기르기에 부담을 느낄 경우.

둘째, 어미의 건강 상태가 좋지 않거나 너무 많은 새끼를 낳아 새끼 기르기에 부담을 느낄 경우.

셋째, 주위의 소란으로 인한 놀램과 새끼를 손으로 만질 경우 신경이 예민해져서 잡아먹는 경우가 생긴다.

2. 햄스터의 사육 준비

1. 사육장

작은 설치류를 키우기 위한 사육장은 유리 어항(수조), 플라스틱 어항, 철망 또는 플라스틱으로 된 케이지 등이 있으며 철망으로 만들어진 제품이 통풍이나 환기가 잘 된다. 그러나 번식용으로 이용할 경우에는 어항의 형태가 좋으며 어항의 깊이는 햄스터가 도망갈 수 없도록 깊이가 30cm 정도가 되어야 한다.

사육장 안에는 햄스터의 취침과 휴식 장소인 둥지를 넣어준다.

2. 사육관리 기구

급이기(식기)는 종류가 다양하나 입구가 넓고 안정감이 있는 도자기류나 스테인리스제품이 좋다. 급수기는 자동 급수기를 사용하면 필요할 때 언제나 물을 마실 수 있다.

배변기는 높이가 낮고 안정감 있는 용기에 동물용 모래를 넣어 주고 바닥 깔짚(베딩)으로는 대팻밥, 건초, 짚, 신문지 썬 것을 약 4~5cm 넣어주며 짧은 나무 조각을 넣어 갉아먹도록 하여 이빨이 길게 자라는 것을 방지한다.

놀이 용품으로는 쳇바퀴, 사다리, 터널 등이 있다.

3. 햄스터의 사양 관리

1. 햄스터의 사료

1 채소나 과일사료

채소나 과일은 중요한 수분의 공급원이다. 식물성 사료를 줄 경우 잘 씻고 물기를 말린 후 먹기 좋은 크기로 썰어서 주어야 하며 너무 많이 주면 설사하므로 주의한다.

햄스터가 먹어도 좋은 채소와 과일은 앨팰퍼, 양배추, 완두콩, 호박, 고구마, 감자, 셀러리, 무 잎, 토마토, 당근, 배추, 브로콜리, 시금치, 양상추, 딸기, 바나나, 포도, 귤, 사과 등이다.

2 곡류 사료

호두, 잣, 땅콩, 아몬드, 호박씨, 수박씨, 해바라기씨, 좁쌀, 수수, 밀, 쌀, 피, 보리 등이 있다.

호두는 껍데기를 까서 주되 껍질과 함께 주어 껍질을 갉아먹도록 하며 해바라기씨는 햄스터가 좋아하지만 많이 주면 살이 찐다.

3 동물성 사료

동물성 사료로는 마른 멸치, 우유, 치즈, 두부, 삶은 달걀, 닭고기 등이 있으며 이런 사료는 고지방 고칼로리 사료이므로 1주일에 한번씩 소량으로 급여해야 한다.

④ 인공사료

햄스터나 마우스에게 주는 인공사료는 건조사료(익스트루전 사료, 펠릿 사료)와 햄스터 믹스가 있다. 햄스터의 전용 고형사료는 영양분이 균형을 이루고 있는 사료로 산화나 부패를 방지하기 위해 개봉 후에는 밀폐 용기에 보관한다.

급여량은 햄스터 체중의 약 5~10% 정도로 보통 1일 10~15g 정도 급여하며 기타 사료는 5g 정도 준다. 급여시간은 활동이 활발한 저녁 무렵에 준다.

주어서는 안 되는 사료　　　　　　　　　　　　　　보 충 학 습

생강, 양파, 부추, 마늘, 파, 아보카도, 사탕, 초콜릿, 탄산음료, 커피, 생콩(알레르기를 유발), 생감자(독소가 있음), 미나리(독소), 다른 애완동물의 먹이(특히 거북이, 어류 사료는 절대 주지 말 것), 사람이 먹는 음식 중 소금, 감미료가 들어 있는 것, 기름에 튀긴 것, 관엽 식물, 원예용 식물(꽃) 등은 중독을 일으킬 수 있는 사료이다.

---

2. 물의 급여

햄스터에게 물을 주면 죽는다는 말은 사실이 아니다. 야생의 햄스터는 채소나 과일 등에서 필요로 하는 수분을 섭취하기 때문에 따로 물을 먹지 않았으나 가정에서 사육할 때는 급수기를 통해 항상 깨끗하고 신선한 물을 주어야 한다. 수돗물은 끓인 후 식혀 주거나 하루 정도 그릇에 담아 놓아 소독약 성분이 없어진 후 주는 것이 좋다.

3. 계절별 사양 관리

① 봄철의 사료 급여

봄은 번식기이므로 고단백질 고에너지 사료로 소맥, 당근, 멸치, 우유, 치즈, 호두, 아몬드, 땅콩 등과 비타민, 섬유질이 풍부한 채소를 중심으로 급여한다.

② 여름의 사료 급여

여름에는 햄스터가 더위에 지치지 않도록 수분을 많이 함유한 과일과 채소를 늘려주고 물을 충분히 급여한다.

③ 가을과 겨울의 사료급여

가을과 겨울은 햄스터가 많은 열량을 필요로 하는 계절이므로 먹는 양을 증가시키고 몸의 피하지방을 두껍게 할 수 있도록 고칼로리의 먹이를 주도록 한다. 해바라기씨, 땅콩, 치즈, 버터, 소맥, 마른 멸치, 당근, 땅콩 등이 좋은 사료이다.

4. 햄스터의 관리

1. 햄스터 길들이기

야생의 습성이 남아있는 동물들을 길들이기까지는 충분한 시간이 필요하며 다음과 같은 방법으로 길들이기를 한다.

① 집에 데리고 온 날은 편히 쉴 수 있도록 하여 환경에 적응할 수 있도록 한다.

② 햄스터가 심리적인 안정을 찾고 친해질 수 있도록 케이지 밖에서 먹이를 준다.

③ 먹이를 잘 받아먹으면 케이지에 손을 넣어 먹이를 주어 본다.

④ 햄스터가 다가오면 손바닥 위에 올려놓고 먹이를 주어 본다. 이때 발톱을 세우면서 긴장하면 다시 집안으로 넣어준다.

⑤ 손바닥에서 먹이를 먹게 되면 친하게 된 것이며 손위에서 데리고 놀 수 있다.

⑥ 햄스터가 자고 있을 때는 건드리지 않는다.

⑦ 배를 만지거나 누르는 행동과 뒤나 위에서 갑자기 손을 대는 행동을 싫어한다.

2. 산책(운동) 시키기

햄스터의 산책은 햄스터를 케이지에서 꺼내어 방바닥이나 책상 위에 놓아 이리저리 돌아다닐 수 있게 해주는 것을 말한다. 햄스터는 좁은 곳에서 넓은 곳으로 나오게 되면 매우 좋아한다. 이때 방문은 꼭 닫고 장롱 밑이나 그 밖의 햄스터가 들어가 숨을 만한 곳은 막아주어야 한다.

햄스터를 매일 저녁 20~30분 정도 산책시키면 비만 예방과 스트레스 해소에 많은 도움을 준다.

3. 케이지 청소하기

햄스터는 특유의 냄새를 집안 곳곳에 묻혀둔다. 따라서 청소를 한 후 자신의 냄새가 사라져 버리면 불안해하고 스트레스를 받는다. 햄스터의 집을 청소할 때는 바닥에 깔아주었던 깔짚의 일부를 남겼다가 깔아준다.

사용하는 용기는 깨끗이 씻고 햇볕에 일광 소독한 후 사용한다.

4. 비만 관리

1 비만의 원인

비만은 케이지가 너무 좁거나 쳇바퀴 등이 없어 운동량이 부족하거나 고에너지 고지방의 사료를 너무 많이 먹는 경우에 생긴다. 따라서 넓은 집으로 바꾸고 사다리나 쳇바퀴 같은 운동기구를 넣어 주며 먹이의 종류와 양을 조절해 주어야 한다.

2 비만도 측정

비만도 측정은 일반적으로 햄스터가 배를 바닥에 붙이고 다니거나 뒤집어 놓았을 경우 잘 일어나지 못하면 비만으로 본다.

5. 햄스터의 털 관리와 미용

① 털 관리

햄스터는 스스로 털 관리를 하기 때문에 애완견처럼 계속적인 털 관리가 필요 없지만 햄스터와 친해지기 위해서는 가끔 털 손질을 하는 것이 좋다.

털 관리는 칫솔을 이용하여 털의 결을 따라 부드럽게 빗질을 하고 빗질이 끝나면 빠진 털이나 뭉친 털 등은 깨끗이 치워준다.

② 발톱 깎기

햄스터의 발톱은 계속해서 자라기 때문에 길게 자란 발톱은 쉽게 상처를 입힐 수 있으므로 주기적으로 발톱 손질이 필요하다. 발톱이 긴 경우에는 발톱 깎기로 혈관이 지나는 밑 부분까지 깎아 준다. 이때 혈관이 다치지 않게 조심해서 깎아야 한다.

다른 방법은 종이 상자의 안벽에 사포(Sandpaper)를 부착시켜 햄스터가 벽을 기어오를 때 발톱이 닳아 짧아지도록 하거나 초벌 구이한 기와나 도기 또는 화분 등을 케이지에 넣어주어 햄스터가 스스로 돌아다니며 노는 중 발톱이 조금씩 닳게 하는 방법이 있다.

③ 목욕시키기

햄스터는 목욕을 싫어하는 동물로 목욕의 횟수가 많아지면 병이 나거나 스트레스로 죽을 수도 있다. 특별히 목욕을 시킬 필요는 없으며 사육장을 청결히 청소해 주는 것이 좋다.

목욕을 시킬 때는 따뜻한 물에 수건을 적셔 조심스럽게 씻겨주고 털을 완전히 말려준다.

4. 햄스터의 질병과 예방

1. 햄스터의 외모와 행동을 관찰하여 건강 상태를 식별할 수 있다.
2. 햄스터의 질병을 조기에 예방하고 진단·치료할 수 있다.

1. 질병의 조기 발견

1. 1일 건강 관찰 사항

① 먹은 음식의 종류, 양과 똥의 상태를 매일 점검한다(똥의 굳기, 색, 냄새 등).
② 소변의 색과 양을 관찰한다.
③ 체중의 증감과 식욕상태를 점검한다.
④ 털의 거친 상태와 빠짐 상태를 점검한다.
⑤ 피로와 활동 상태를 점검한다.
⑥ 콧물과 눈물의 분비 여부를 점검한다.

2. 햄스터 질병의 예방 관리

① 케이지와 자리깃 상태를 점검하고 청결히한다.
② 충분한 공간을 확보해 주고 잠잘 때 방해하지 않는다.
③ 적절한 운동과 균형있는 영양 섭취를 위한 사료를 급여한다.
④ 적당한 온도와 습도를 유지한다.
   (온도 20~25℃, 습도 40%~60%)

2. 질병의 예방과 치료

1. 싸움에 의한 외상

햄스터는 조용한 성질의 동물이기 때문에 많은 수를 한 곳에 두면 반드시 싸움이 일어나고 심각한 부상을 입는다. 만약 출혈이 있거나 피부에 상처가 생기면 적절한 치료를 해주어야 한다. 따라서 가급적 여러 마리를 같이 키우지 않는 것이 좋다.

2. 설 사

설사는 대장균, 살모넬라, 트리코모나스 등의 세균이나 원충 등의 병원균에 의한 경우와 사료의 급격한 변화, 수분이 많은 사료의 급여, 변질된 물이나 사료를 급여했을 경우 발생한다.

증상은 설사를 하여 항문 주위가 더러워지고 활력과 식욕이 없어진다. 탈수현상이 심할 때는 물에 흑설탕을 조금 타서 급여하고 따뜻하게 해준다.

예방은 주위 환경을 청결히하며 수분이 많은 사료를 피하고 건조 사료 등을 준다.

3. 피부병

햄스터의 피부병은 대부분 옴, 진드기, 이 등의 기생충과 곰팡이에 의하여 발생한다. 감염경로는 피부병에 걸린 햄스터와 접촉하거나 오염된 자리깃, 기구 등을 통해서 전파된다.

증상은 가려움증으로 긁게 되고 털이 빠지며 피부에 괴양, 반점 백선 등의 증상을 볼 수 있다. 주로 감염되는 부위는 등, 귀, 코, 생식기 등이다.

피부병이 발생하면 즉시 격리시키고 감염된 햄스터가 쓰던 모든 것을 완전히 소독하고 정기적으로 외부 기생충을 구제한다.

4. 티저병

바실루스 필리포미스(*Bacillus piliformis*)에 의해서 발병한다. 모든 연령의 햄스터에서 발병하지만 어린 설치류의 경우는 치사율이 매우 높다. 감염된 햄스터는 허약해 보이고 구부린 자세를 취하며 털이 거칠고 윤기가 없어진다.

예방은 햄스터를 구입한 후 격리시켜 상태를 관찰한 후 정상인 경우 합사시킨다. 질병 초기에 항생제를 투여하면 효과적이다.

탐구활동

1. 햄스터의 어원을 알아보고 형태적 · 생리적 특성을 조사해 보자.
2. 햄스터의 선택 시 고려해야할 점을 조사해 보자.
3. 햄스터 번식 생리의 특성을 알아보고 알맞은 번식 계획을 세워보자.
4. 분만 후 새끼를 잡아먹거나 물어 죽이는 이유와 대책을 조사해 보자.
5. 인터넷을 통하여 각종 햄스터 관련 사이트에 접속해 보자.

❶ 영국의 동물학자 조지 워터하우스에 의해 1839년 중동의 시리아에서 최초로 햄스터가 발견되었다. 러시안 햄스터와 중국 햄스터는 1970년대에, 로보로브스키 햄스터는 1990년대부터 애완동물로 사육되기 시작하였으며 그 후 다양한 변종들이 생겨났다.

❷ 햄스터의 종류에는 골든 햄스터(Golden hamster, 시리안 햄스터, 테디 베어 햄스터), 드워프 햄스터는 작은 햄스터들을 총칭하며 캠벨 러시안 햄스터, 장가리안 햄스터(시베리안 햄스터), 중국 햄스터(차이니즈 햄스터), 로보로브스키 햄스터가 있다.

❸ 햄스터는 일반적으로 생후 3~4개월령 이후 번식에 이용하며 1년 중 봄과 가을 2회 번식하는 것이 좋다.

❹ 햄스터의 발정 주기는 3~4일이며 발정 지속시간은 약 20시간이다.

❺ 햄스터의 임신기간은 평균 20일(시리안 햄스터 17일, 드워프 햄스터 18~21일, 로보로브스키 23~25일)이다.

❻ 햄스터가 먹어도 좋은 채소와 과일은 앨펠퍼, 양배추, 완두콩, 호박, 고구마, 감자, 셀러리, 무 잎, 토마토, 당근, 배추, 브로콜리, 시금치, 양상추, 딸기, 바나나, 포도, 귤, 사과 등이며 곡류 사료는 호두, 잣, 땅콩, 아몬드, 호박씨, 수박씨, 해바라기씨, 좁쌀, 수수, 밀, 쌀, 피, 보리 등이 있다.

❼ 적당한 온도와 습도를 유지한다(온도 20~25℃, 습도 40%~60%).

❽ 햄스터는 고독한 성질의 동물이기 때문에 많은 수를 한 곳에 두면 반드시 싸움이 일어나고 심각한 부상을 입는다.

❾ 설사는 대장균이나 살모넬라, 트리코모나스 등 세균이나 원충 등의 병원균에 의한 경우와 사료의 급격한 변화, 수분이 많은 사료의 급여, 변질된 물이나 사료를 급여했을 경우 발생한다.

1. 다음 중 햄스터에 대한 설명으로 바르지 않은 것은?

① 무리를 짓는 습성이 있으며 암·수가 같이 살아간다.

② 독일어로 hamstern은 '축적하다, 비축하다'라는 뜻을 가지고 있다.

③ 영국의 조지 워터하우스에 의해 1839년 시리아에서 최초로 발견되었다.

④ 입의 좌우에 볼 주머니가 있으며 이곳에 음식을 저장하여 운반한다.

⑤ 햄스터는 설치목 비단털쥐과에 속하는 동물이다.

2. 다음 중 드워프 햄스터에 속하는 품종이 아닌 것은?

① 캠벨 러시안 햄스터　　　　② 장가리안 햄스터

③ 중국 햄스터　　　　　　　④ 로보로브스키 햄스터

⑤ 골든 햄스터

3. 햄스터의 번식에 관한 설명이 바른 것은?

① 발정 주기는 13~44일이다.　　② 발정 지속시간은 약 20시간이다.

③ 생후 2개월령 이후 번식에 이용한다.　④ 연중 4회 이상 번식시킨다.

⑤ 햄스터의 임신기간은 평균 30일이다.

4. 햄스터에게 주어서는 안 되는 사료는?

① 토마토, 당근　　② 잣, 땅콩　　③ 밀, 쌀　　④ 마늘, 파　　⑤ 마른 멸치, 우유

5. 햄스터의 생활 적온은?

① 10~15℃　　② 15~20℃　　③ 20~25℃　　④ 25~30℃　　⑤ 30~35℃

6. 햄스터 질병의 원인이 되지 않는 것은?

① 습기가 너무 많거나 적을 때　　② 너무 잠을 많이 잘 때

③ 운동량이 부족할 때　　　　　④ 수분이 많은 먹이만 계속해서 줄 때

⑤ 부적합한 먹이에 의한 영양실조

FCI의 애완견 그룹별 분류기준

제 1 그룹	십 도그와 캐틀 도그(스위스 캐틀 도그 제외) Sheep dogs & Cattle dogs(Except Swiss Cattle dogs)

오스트랄리안 캐틀 도그 Australian Cattle Dog

오스트랄리안 캘피 Australian Kelpie

비어디드 콜리 Bearded Collie

벨지안 테뷰런 Belgian Tervuren

보더 콜리 Border Collie

보비에 드 플란더스 Bouvier Des Flandres

브리어드 Briard

콜리 Collie

저먼 셰퍼드 도그 German Shepherd Dog

코몬돌 Komondor

올드 잉글리시 십 도그 Old English Sheep dog

풀리 Puli

스키퍼키 Schipperke

셔틀랜드 십 도그 Shetland Sheep dog

웰시 코기 카디건 Welsh Corgi Cardigan

웰시 코기 펨브로크 Welsh Corgi Pembroke

제 2 그룹	핀셔, 슈나우저, 몰로시안, 스위스 캐틀 도그(Pinscher, Schnauzer, Molossian Type & Swiss Cattle dogs)

아펜핀셔 Affenpinscher

버니즈 마운틴 도그 Bernese Mountain Dog

보르도 마스티프 Bordeaux Mastiff

복서 Boxer

브라질리안 가드 도그 Brazilian Guard dog

불도그 Bulldog

불 마스티프 Bull Mastiff

도베르만 Dobermann

도고 아르헨티노 Dogo Argentino

자이안트 슈나우저 Giant Schnauzer

그레이트 데인 Great Dane

그레이트 피레니즈 Great Pyrenees

마스티프 Mastiff

미니어처 핀셔 Miniature Pinscher

미니어처 슈나우저 Miniature Schnauzer

나폴리탄 마스티프 Neapolitan Mastiff

뉴 펀들랜드 Newfoundland

로트 바일러 Rottweiler

샤페이 Shar-pei

세인트 버나드 St. Bernard

스탠다드 슈나우저 Standard schnauzer

티베탄 마스티프 Tibetan Mastiff

도사 Tosa

제 3 그 룹	테리어 견종 Terrier

에어델 테리어 Airedale Terrier

오스트랄리안 테리어 Australian Terrier

베들링턴 테리어 Bedlington Terrier

보더 테리어 Border Terrier

불 테리어 Bull Terrier

케른 테리어 Cairn Terrier

댄디 딘먼트 테리어 Dandie Dinmont Terrier

저먼 헌팅 테리어 German Hunting Terrier

아이리시 테리어 Irish Terrier

재패니즈 테리어 Japaness Terrier

캐리 블루 테리어 Kerry Blue Terrier

레이크랜드 테리어 Lakeland Terrier

맨체스터 테리어 Manchester Terrier

미니어처 불 테리어 Miniature Bull Terrier

노폴크 테리어 Norfolk Terrier

노리치 테리어 Norwich Terrier

스코티시 테리어 Scottish Terrier

실리햄 테리어 Sealyham Terrier

실키 테리어 Silky Terrier

스카이 테리어 Sky Terrier

스무스 폭스 테리어 Smooth fox Terrier

소프트 코티드 휘튼 테리어 Soft-Coated Wheaten Terrier

스태퍼드시어 불 테리어 Staffordshire Bull Terrier

토이 맨체스터 테리어 Toy Manchester Terrier

웰시 테리어 Welsh Terrier

웨스트 하이랜드 화이트 테리어 West highland White Terrier

와이어 폭스 테리어 Wire Fox Terrier

요크셔 테리어 Yorkshire Terrier

제 4 그 룹	닥스훈트 견종 Dachshunds

미니어처 닥스훈트 Miniature Dachshund

스탠다드 닥스훈트 Standard Dachshund

래빗 닥스훈트 Rabbit Dachshund

제 5 그 룹	스피츠와 프라이미티브 Spits & Primitive Types

아키다 Akida

알래스칸 말라뮤트 Alaskan Malamute

바센지 Basenji

차우 차우 Chow Chow

그린랜드 도그 Greenland Dog

혹카이도 Hokkaido

재패니즈 스피츠 Japaness Spits

카이 Kai

케이션드 Keeshond

키슈 Kishu

코리아 진도 도그 Korea Jindo Dog

라포니안 허더 Lapponian Herder

포메라니안 Pomeranian

사모예드 Samoyed

시바 Shiba

| 시베리안 허스키 Siberian Husky |
| 시코쿠 Shikoku |

제 6 그 룹	세인트 하운드종 Scent Hounds

아메리칸 폭스 하운드 American Foxhound

바셋 하운드 Basset Hound

비글 Beagle

블랙 앤드 탄 쿤하운드 Black And Tan Coonhound

블러드 하운드 Bloodhound

해리어 Harrier

제 7 그 룹	포인팅 견종 Pointing Dogs

브리타니 스패니얼 Brittany Spaniel

잉글리시 포인터 English Pointer

잉글리시 세터 English Setter

저먼 숏 헤어드 포인터 German Shorthaired Pointer

고든 세터 Gordon Setter

아이리시 세터 Irish Setter

비즐라 Vizsla

바이마라너 Weimarane

제 8 그 룹	리트리버, 블러싱 도그와 워터 도그 견종 Retrievers, Flushing Dogs & Water Dogs

아메리칸 코커 스패니얼 American Cocker Spaniel

체서피크 베이 리트리버 Chesapeake Bay Retriever

클람버 스패니얼 Clumber Spaniel

잉글리시 코커 스패니얼 English Cocker Spaniel

잉글리시 스프링거 스패니얼 English Springer Spaniel

플랫 코티드 리트리버 Flat-Coated Retriver

골든 리트리버 Golden Retriever

래브라도 리트리버 Labrador Retriever

로디지언 리지백 Rhodesian Ridgeback

웰시 스프링거 스패니얼 Welsh Springer Spaniel

제 9 그룹	반려견과 애완 견종 Companions & Toys

비숑 프리제 Bichon Frise

보스톤 테리어 Boston Terrier

브뤼셀 그리펀 brussels Griffon

친 Chin

차이니즈 크레스티드 도그 Chinese Crested Dog

달마시안 Dalmatian

프렌치 불도그 French Bulldog

킹 찰스 스패니얼 King Charles Spaniel

라사 압소 Lhasa Apso

치와와 Chihuahua

말티즈 Maltese

멕시칸 헤어리스 Mexican Hairless

푸들 Poodle

파피용 Papillion

페키니즈 Pekingese

퍼그 Pug

시추 Shih Tzu

티베탄 스패니얼 Tibetan Spaniel

티베탄 테리어 Tibetan Terrier

제 10 그룹	사이트 하운드 견종 Sighthounds

아프간 하운드 Afghan Hound

보르조이 Borzoi

그레이하운드 Greyhound

아이리시 울프하운드 Irish Wolfhound

이탈리안 그레이하운드 Italian Greyhound

살루키 Saluki

스코티시 디어하운드 Scottish Deerhound

스페니시 그레이하운드 Spanish Greyhound

휘핏 Whippet

찾아보기

ㄱ

가상 임신	99
가위	157
가정견	68
간니	38
감염	194
개구기	102
개속	13
개조견	73
개체심사	166
갯과동물	12
건실도	167
견사호	72
견치	39
견티푸스	198
경비견	68
경주견 경기	185
경주용	68
고양이	226
고양이 광견병	248
골격	27
골든 리트리버	58
골든 햄스터	290
골절	215
공 릴레이	185
공수병	200
광견병	200

광물질	123
교미	91
교배	96
구스 럼프	32
구조견	68
구충제	210
구토	213
군용견	68
굴토끼	255
귀 세정제	84
귀 청소	153
균형	167
그레이 하운드	59
그레이트 데인	62
그레이트 피레니즈	61
그루즐	37
글러브	156
급수기	82
급이기	81
깃발 꼬리	33

ㄴ

나선형 꼬리	33
나이프	156
난관	90
난산	104

난소	90
낫 꼬리	33
내림 코	30
내부 기생충	207
네로우 프런트	32
논 스포팅 그룹	14
눈물 자국	153
뉴 펀들랜드	62
뉴질랜드 화이트	263
늘어진 귀	30

ㄷ

다람쥐 꼬리	33
다운 힐	32
닥스훈트	54
단모종	67
단백질	121
단추 귀	29
달마시안	57
대장	119
대형 수렵견 그룹	14
대형견	66
더들레이 코	30
더블 코트	35
더치	261
도그쇼	165
도베르만 핀셔	59
도사견	60
독(Dock)	33
동물보호법	20
드라이 넥	31
드라이어	84
드라잉	145
드워프	260
드워프 햄스터	290
들보 코	30
디스템퍼	196
땀샘	39

ㄹ

라이 마우스	31
라이언 헤드	260
래브라도 리트리버	58
래핑	162
러시안 블루	231
레벨 백	32
레이싱	185
레이크	156
렉스	262
렙토스피라증	198
로만 코	30
로보로브스키 햄스터	291
로운	36
로트바일러	61
롭 이어	260
린스	84
린싱	145
링 테일	33
링클	28

ㅁ

마사지법	108
마스크	83
마스티프	62
마킹	36
막힘 코	30
만산	105
만출기	102
말린 꼬리	33
말티즈	50
망스	233
매너	166
매인	35
머즐 밴드	36
목양견	68
목양견 그룹	14
목욕시키기	144

목줄	82	브러시	157
문치	39	브론즈	36
물	124	브루셀라	202
미니 렉스	263	브리더	106
미니어처 슈나우저	54	블랙 마스크	36
미니어처 핀셔	52	블랙 앤 탄	36
		블레이즈	37
ㅂ		블록키 헤드	28
		블루 마블	36
바센지	55	비교심사	166
바셋 하운드	56	비글	54
바이러스성 출혈증	279	비숑 프리제	51
박쥐 귀	30	비타민	122
반직립 귀	29	빗	157
발란스 헤드	28		
발리니스	234	**ㅅ**	
발정	92		
발톱 깎기	150	사냥 경기	185
배란	90	사냥견	68
배변 훈련	174	사냥영역	228
백혈구 감소증	247	사료	126
백혈병 바이러스 감염증	248	사산	105
버니즈 마운틴 도그	60	사역견	68
버만	234	사역견 그룹	14
버터플라이 코	30	산자수	103
번견	73	산토끼	255
번식 견사	79	삽살개	19
벌	178	상상 임신	99
벨기에 산토끼	262	상태	167
보르조이	60	새들	36
보상	178	생식 기관	88
보스톤 테리어	53	생활영역	228
보씨	32	샴	232
보행심사	166	샴푸	84
복서	58	샴핑	144
봄베이	235	설사병	272
분만	101	섬마크	36
분비액	39	성 성숙	92
불 테리어	55	세계애견연맹(FCI)	13
불도그	56	세인트 버나드	62

셀비	36	썰매견	68
셀프 마키드	36		
소말리	234	**ㅇ**	
소장	119	아데노 바이러스	197
소형 수렵견 그룹	14	아메리칸 숏 헤어	232
소형견	66	아메리칸 와이어 헤어	235
소화 기관	118	아메리칸 컬	235
손잡이 줄	82	아메리칸 코커 스패니얼	52
쇼크	215	아메리칸 퍼지 롭	261
수고양이	237	아메리칸 폭스 하운드	59
수용성 비타민	123	아몬드 눈	29
수평 꼬리	33	아비시니안	231
스냅 테일	33	아웃 엣 숄더	32
스너플스	279	아치형 꼬리	33
스므스 코트	35	아키다	61
스쿼럴 테일	33	아프칸 하운드	59
스크루 테일	33	아플라톡신	272
스타링 코트	35	알래스칸 말라뮤트	61
스턴 테일	33	암고양이	237
스트레이트 프런트	32	앙고라	262
스트레이트 혹	32	애견의 날	20
슬로핑 숄더	32	애완견 그룹	14
시각	40	애완견 전용사료	128
시리안 햄스터	290	애완견사	78
시베리안 허스키	57	애플 헤드	28
시저스 바이트	31	양치질	152
시추	53	어깨줄	83
시클 테일	33	어질리티	185
식도	118	언더 샷	31
식분 습성	265	언더 코트	35
식육목	13	에너지	125
식자벽	106	에스트로겐	90
실내 훈련	180	에프론	35
실외 훈련	181	열사병	212
실키 코트	35	열육치	227
심장 사상충	207	영구치	38
심장 압박법	212	영양소	120
십이지장충	209	예방 접종	204
싱글 코트	35	오리엔탈 숏 헤어	233

오버 샷	31	임신 중독증	100
오버 코트	35	입	118
오벌 눈	29	잉글리시 스포트	261
오터 테일	33	잉글리시 포인터	56
옥시캣	233		
와이드 프런트	32		
와이어 코트	35	자가 조리 사료	126
외부 기생충	211	자궁	90
외음부	91	자질	167
요도	89	장가리안 햄스터	291
요크셔 테리어	51	장독혈증	280
용변기	81	장모종	67
울프 그레이	37	장미 귀	29
웅성호르몬	88	장애물 경기	185
원반 던지기	184	재패니즈 친	51
웨트 넥	31	저먼 셰퍼드	60
웰시코기 펨브로크	53	저지 울리	261
위	119	전구치	39
윕 테일	33	전기자극법	109
유독 물질	216	전람회	165
유럽산 들 햄스터	291	전립선	89
유산	105	전염병	194
유산균증	202	전염성 간염	196
육구	227	전염성 기관지염	199
육성 견사	80	전염성 복막염	249
음경	89	전염성 비기관염	248
응급 처치	212	점액종	280
이물질	216	정관	89
이중 말린 꼬리	33	정소	88
익스트루전	129	정소상체	89
익조틱 숏 헤어	232	정액	108
인공 포유	274	제주개	20
인공수정	107	조렵견 그룹	14
인공질법	108	조사료	270
인공호흡	212	조산	105
인수 공통 전염병	200	종이 말아싸기	162
일본 스피츠	55	종합 백신	205
일사병	212	중국 줄무늬 햄스터	291
임신	98	중성화 수술	100

중형견 66
지방 121
지용성 비타민 122
직립 귀 29
직립 꼬리 33
진돗개 18
진돗개 백구 21
질 91
집토끼 255

ㅊ

차우차우 57
차이나 눈 29
차이니즈 햄스터 291
척추동물문 13
청각 40
청도견 73
체형 167
초대형견 66
초소형견 66
초유 131
초유 대용유 132
촌충증 210
촙 31
출혈 215
치석 제거 152
치식 38
치와와 51
친칠라 262

ㅋ

카멜 백 32
카우 혹 32
칼 꼬리 33
칼라 36
칼리시 바이러스 감염증 248
캘리포니안 262
캠벨 러시안 햄스터 291

컬드 테일 33
케널 클럽 17
케널코프 199
코니시 렉스 232
코랫 233
코로나 바이러스성 장염 199
코비 32
콕시듐 280
콜리 58
클로디 32
클린 넥 31
클린 헤드 28

ㅌ

타이거 브레인들 36
탄수화물 122
터키시 밴 236
터키시 앙고라 236
턱업 32
턴업 28
털 손질 155
테디베어 햄스터 290
토끼 254
토끼 매독 280
토이 도그 15
톡소플라스마 202
톱 노트 35
투 앵글 헤드 28
투견 68
튤립 귀 30
트라이 칼라 36
트라이앵글 눈 29
트라이얼 185
특성 167
티저병 303
틱킹 36
팁 35

파보 바이러스	195
파티 칼라	36
파피용	52
퍼그	53
펄	35
페로몬	40
페르시안	234
페어 셰이프 헤드	28
페키니즈	52
페퍼 앤 솔트	37
편충증	209
포메라니언	50
포유기	131
포유동물강	13
폭스 테리어	54
푸들	50
풍산개	19
프로게스테론	90
프리스비	184
플라이 볼	185
플래그 테일	33
플레미시 자이언트	263
피그 조우	31
피더링	35
피부	39
피임	99
필라리아	100
필수아미노산	121

하바나 브라운	235
하운드 마킹	36
학 목	31
할리퀸	36
항문낭	39
항문낭 짜기	148
핸들러	168
핸들링	168
햄스터	286
혈액형	137
혈통증명서	72
호신견	68
홍역	196
화상	216
회색 늑대	12
회충증	208
후각	40
후구치	39
후산기	102
훈련	177
휘두르기법	213
히말라얀	261
BIG	168
BIS	168
BOB	168
BOS	168

1. 교육부, 가축 영양·사료, 대한교과서. 1995.

2. 교육부, 축산. 대한교과서. 1996.

3. 농촌진흥청, 가축위생과 질병, 1992.

4. 마이도그 3/4월호, 2002.

5. 실험동물의 관리와 사용 지침, 열린출판사. 1998.

6. 실험동물의학, 서울대학교출판부. 1992.

7. 안제국, 가축관리 실무, 문봉출판사, 2003.

8. 오세영, 개의 번식 생리. 바이엘화학 사보, 1994.

9. 윤석봉, 비교해부학, 선진문화사. 1885.

10. 이용빈, 가축인공 수정론. 향문사, 1980.

11. 임동주, 애견대백과, 도서출판 마야, 2001.

12. 한인규, 비교동물 영양학, 서울대 농생대, 1994.

13. 한홍률, 애완동물의 영양과 질병, 애견생활, 상록, 1991.

14. 홍하일, 박인진, 신생견의 질병, 대한수의학회지 19마, 1993.

15. 한국애견협회, 애견종합관리학, 신흥메드싸이언스, 2004.

http://www.kkc.or.kr
http://www.thekcc.or.kr
http://www.konggi.co.kr
http://www.wooridogs.com
http://www.showpup.com
http://www.kgcf.co.kr
http://choody.mytripod.co.kr
http://www.toki.co.kr
http://www.ilovezoo.com
http://user.kacl.co.kr
http://www.withrabbit.net
http://dogschool.co.kr
http://www.pet365.co.kr
http://www.kjindodog.org
http://www.pungsan.org

http://home.naver.com,
http://www.koreandog.co.kr
http://www.dogbuy.co.kr
http://www.petdog114.com
http://www.mung9.net
http://www.dogdog.info
http://www.dogbuy.co.kr
http://www.pet7575.co.kr
http://yungduk.hihome.com
http://petopia.co.kr
http://www.sinwonfarm.co.kr
http://ww.wooridogs.com
http://www.kdf.or.kr
http://www.kdu.pe.kr

햄스터 백과사전(http://members.tripod.lycos.co.kr)
야야의 햄스터 월드(http://yaya.nafly.net)
로치와 로디의 햄스터 월드   남정호의 햄스터 백과사전

집필 위원

안 제 국
건국대학교 농과대학 농업교육과(축산 전공)
건국대학교 교육대학원 농업교육과(교육학 석사)
네덜란드 IPC Livestock Barneveld college 국제 연수과정 수료
보은자영고등학교 동물자원과 교사
한국애완(반려)동물학회 이사(현재)
저서 : 가축 관리 실무, 축산실습 지침서

심의 위원

김선균 전 우송정보대학 애완동물과
조성구 충북대학교 축산과
김광식 천안연암대학 동물보호계열
임동국 진천생명과학고등학교
장삼롱 공주정명학교

검토 위원

민근홍 우송정보대학 애완동물과
임영철 서울대학교 수의과대학, 하나동물병원장, 수의사
이춘섭 홍천농업고등학교 축산과
황수일 충주농업고등학교 동물자원과
남석우 청주농업고등학교 동물자원과
김성하 발안바이오과학고등학교 동물자원과
조규오 광양실업고등학교 동물자원과

고등학교

애완 동물 사육

초판 발행 : 2005. 3. 2
인   쇄 : 2023. 2. 4
발   행 : 2023. 3. 5
지 은 이 : 안제국
발 행 인 : 부민문화사
　　　　　서울시 용산구 청파로 73길 89(서계동 33-33)
　　　　　전화 : (02) 714-0521~3
　　　　　팩스 : (02) 715-0521
　　　　　홈페이지 : www.bumin33.co.kr
　　　　　E-mail : bumin1@bumin33.co.kr
　　　　　등록 : 1955년 1월 12일 제1955-000001호

정 가 : 13,500원

● 내용 관련 문의 : 부민문화사 편집부   전화 : (02) 714-0521~3   팩스 : (02) 715-0521
● 공급 업무 : 사단법인 한국검인정교과서협회(10881) 경기도 파주시 문발로 439-1(신촌동 734-1)
● 개별 구입 문의 : 사단법인 한국검인정교과서협회(031) 956-8581~4   홈페이지 주소 www.ktbook.com

이 도서에 게재된 저작물에 대한 보상금은 문화체육관광부 장관이 정하는 기준에 따라
사단법인 한국복제전송저작권협회(02-2608-2800, www.korra.kr)에서 저작재산권자에게 지급합니다.